Aishang Shougong
Ertong Maoyi

爱上手工
儿童毛衣

谭阳春　主编

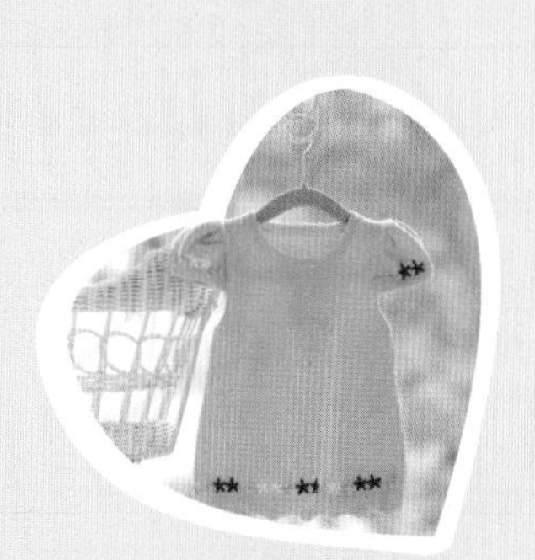

辽宁科学技术出版社
· 沈阳 ·

本书编委会
主　编　谭阳春
编　委　贺　丹　李玉栋　贺梦瑶

图书在版编目（CIP）数据

爱上手工儿童毛衣 / 谭阳春主编. —沈阳：辽宁科学技术出版社，2012.8（2013.3 重印）
ISBN 978-7-5381-7555-4

Ⅰ. ①爱… Ⅱ. ①谭… Ⅲ. ①童服—毛衣—编织—图集 Ⅳ. ①TS941.763.1-64

中国版本图书馆 CIP 数据核字（2012）第 139450 号

如有图书质量问题，请电话联系
湖南攀辰图书发行有限公司
地　　址：长沙市车站北路 236 号芙蓉国土局 B 栋 1401 室
邮　　编：410000
网　　址：www.penqen.cn
电　　话：0731-82276692　82276693

出版发行：辽宁科学技术出版社
（地址：沈阳市和平区十一纬路 29 号　邮编：110003）
印 刷 者：湖南新华精品印务有限公司
经 销 者：各地新华书店
幅面尺寸：210mm × 285mm
印　　张：11.5
字　　数：40 千字
出版时间：2012 年 8 月第 1 版
印刷时间：2013 年 3 月第 3 次印刷
责任编辑：李春艳　攀　辰
摄　　影：方　为
封面设计：多米诺设计・咨询　吴颖辉　黄凯妮
版式设计：攀辰图书
责任校对：王玉宝

书　　号：ISBN 978-7-5381-7555-4
定　　价：29.80 元
联系电话：024-23284376
邮购热线：024-23284502
淘宝商城：http://lkjcbs.tmall.com
E-mail：lnkjc@126.com
http：//www.lnkj.com.cn
本书网址：www.lnkj.cn/uri.sh/7555

CONTENTS 目 录

编织图解见第 089 页

帅气学院风开衫

经典的开衫款式配上卡通图案，宝宝穿上会显得非常阳光帅气。

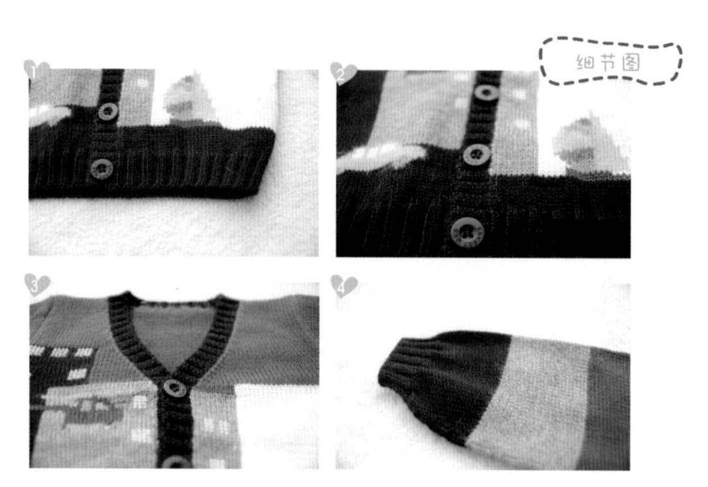

编织图解见第 090 页

愤怒小鸟个性毛衣

经典的愤怒的小鸟图案，给开衫带来了个性味道。

背面

细节图

1

2

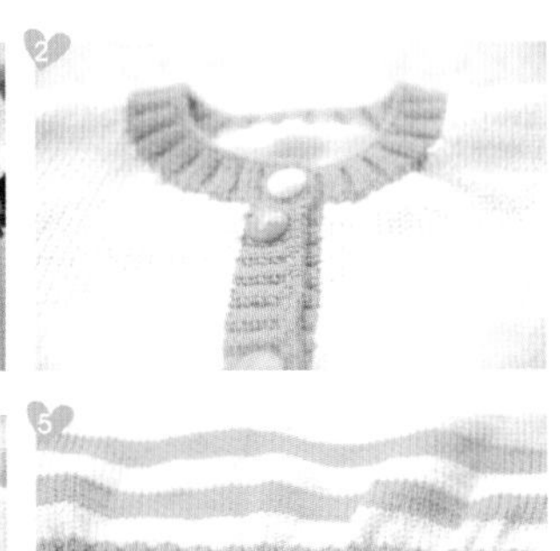

3

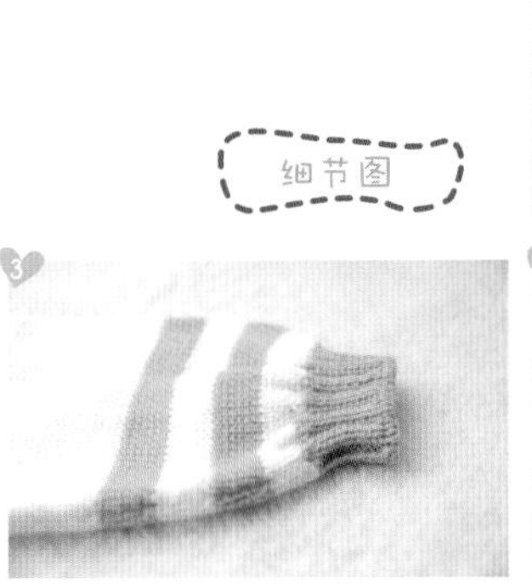

4

5

编织图解见第 091 页

三色条纹拼接毛衣

蓝白相间条纹的袖子和口袋十分具有个性。

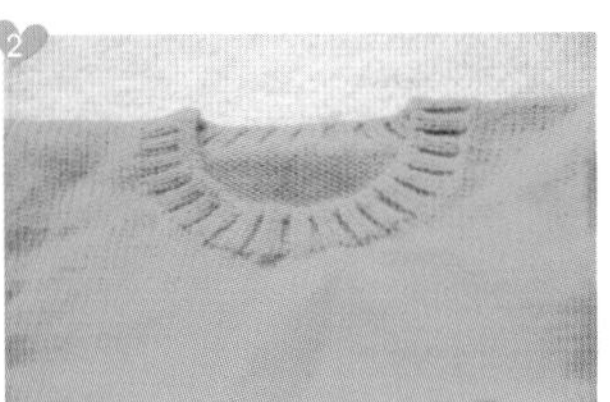

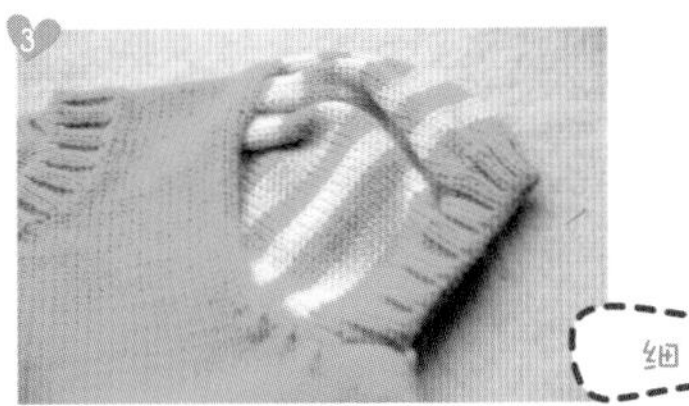

细节图

条纹短袖毛衣

蓝色和白色的条纹富有活力，胸前的卡通图案富有童趣。

编织图解见第 092 页

编织图解见第 093 页

民族风套头毛衣

黑色和红色的经典搭配加上胸前黑色调的图案，民族风十足。

细节图

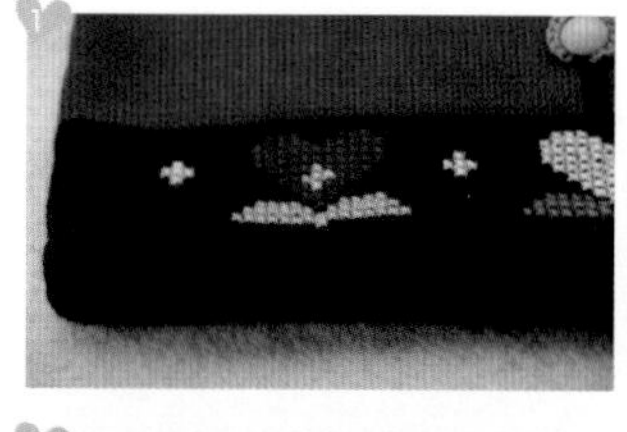

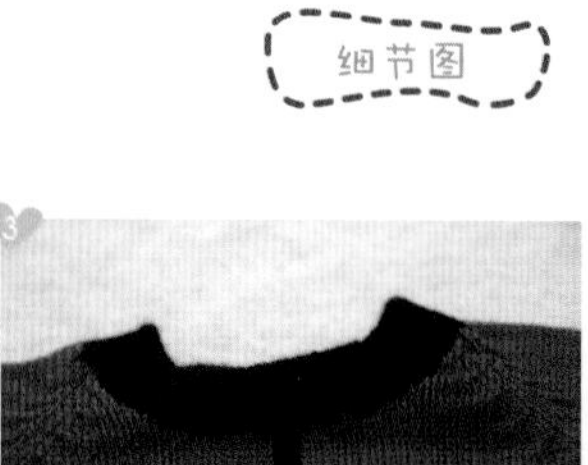

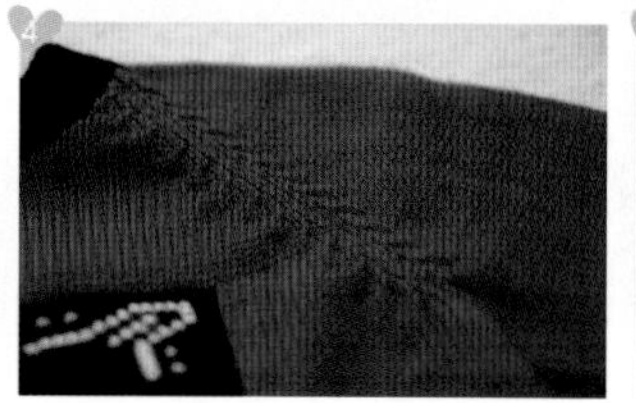

红艳艳中袖毛衣

红艳艳的颜色给人热情向上的感觉，穿上它，会让宝宝显得朝气蓬勃。

时尚童星套装

开衫和吊带相结合的款式，带来不一样的视觉享受，搭配小摆裙，尽显淑女温柔婉约气质。

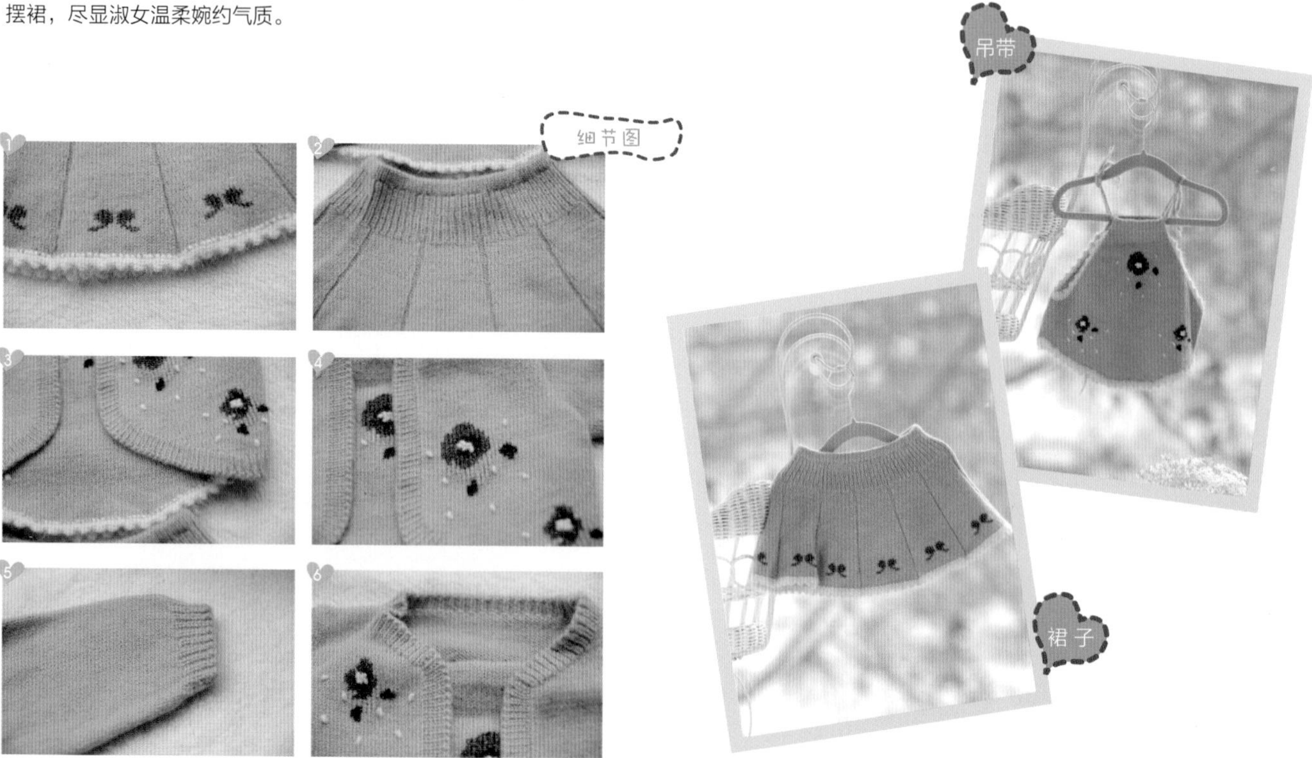

背面

编织图解见第 097 页

条纹卡通连帽外套

灰白的条纹，落落大方而又个性突出，后背经典的卡通图案又有了俏皮的味道。

细节图

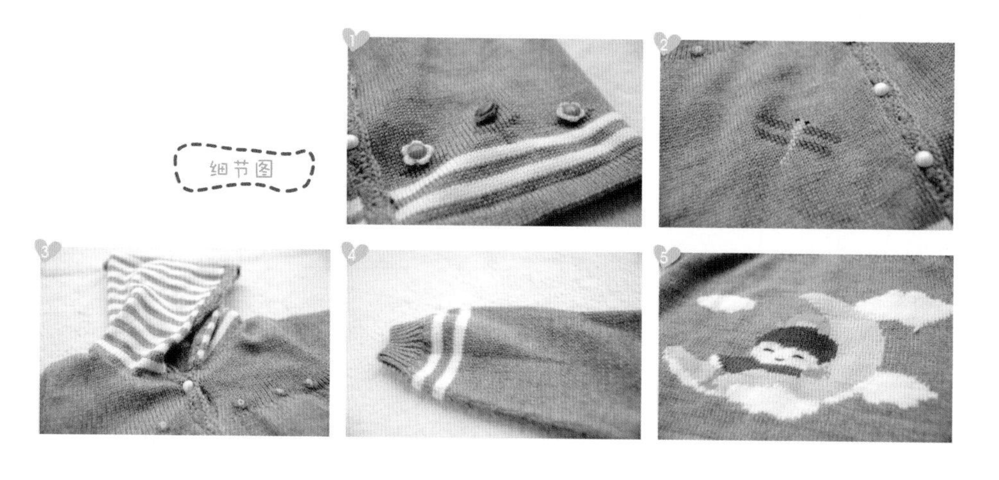

背面

编织图解见第 098 页

黄色短袖娃娃装

袖口和下摆小花的点缀让毛衣顿时有了活力，宽松的下摆使宝宝穿上感觉更舒适。

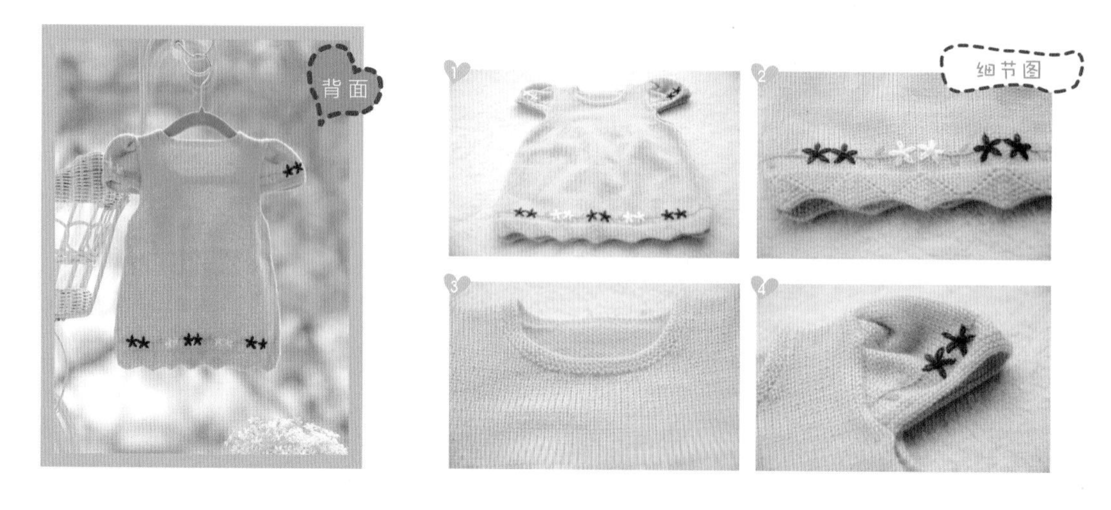

编织图解见第 099 页

顽皮小猴连体装

顽皮的小猴和五彩的纽扣让毛衣充满了童趣。

背面

细节图

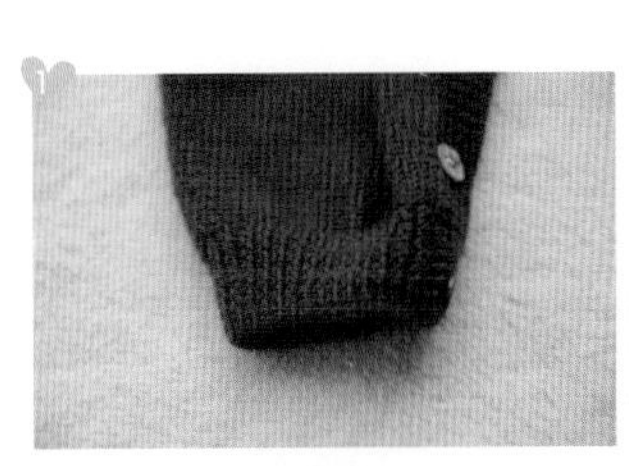

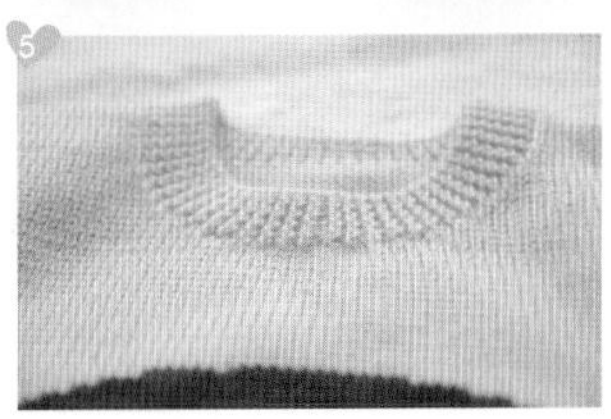

卡通套头毛衣

此款毛衣既可单穿，也可以和外套搭配穿，罗纹收脚十分保暖。

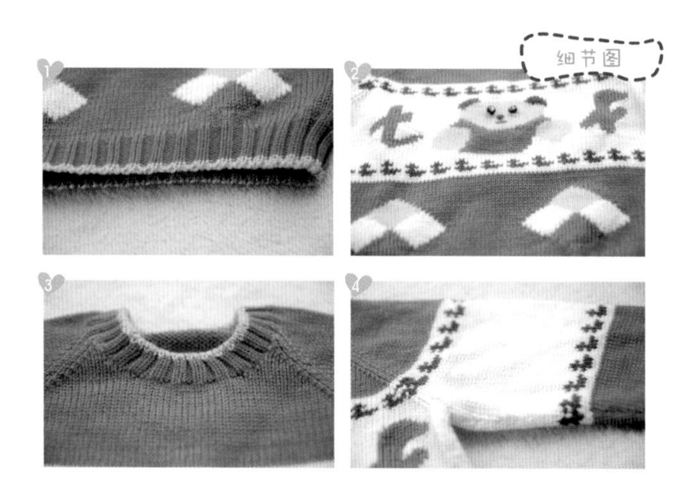

编织图解见第101页

可爱卡通毛衣

长颈鹿和树木的图案，十分俏皮可爱。

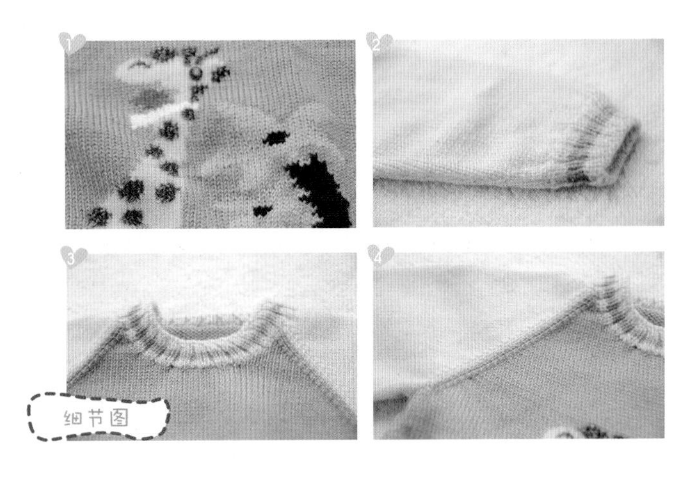

编织图解见第102页

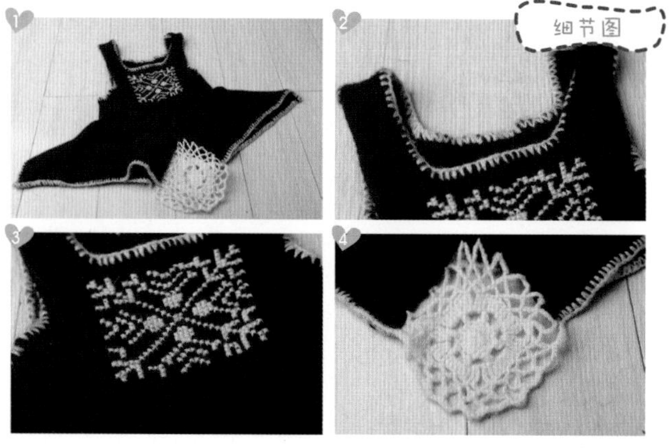

个性黑白无袖裙

黑白配永远走在时尚的前沿，下摆更是提升了衣服的特色和美丽度，充满高贵和灵气。

编织图解见第103页

靓丽花朵毛衣

红色永远是儿童的大爱。这款毛衣以红色作为主色调，加上小巧玲珑的心形组合，活泼欢快，尤其受到小朋友们的欢迎。

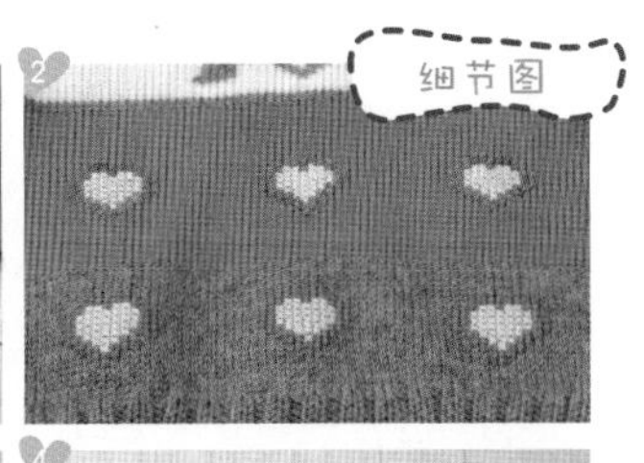

平铺

编织图解见第 104~105 页

亮丽黄色圆领毛衣

黄色是欢快活泼的色彩，是暖色系中最温暖的颜色，也能很好衬托出宝宝健康、白皙的肤色。

细节图

平铺

编织图解见第106页

可爱世博套头装

明朗清新的色彩，经典的世博图案，让毛衣十分有活力。

编织图解见第107页

甜美镶珠娃娃裙

粉色的裙子看起来很甜美，收腰的设计，亮珠的点缀，让小裙子更加甜美迷人。

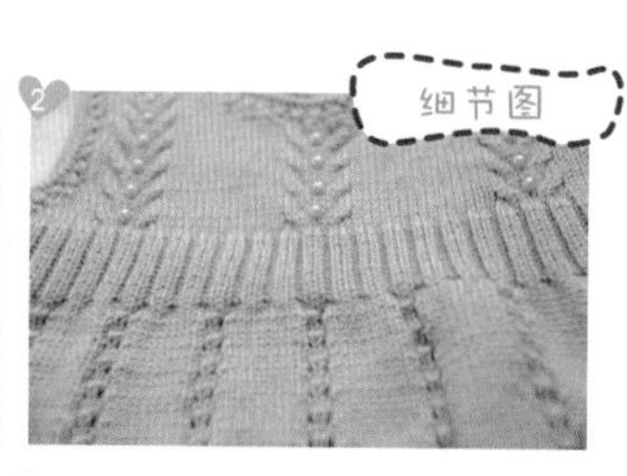

编织图解见第108~109页

粉色卡通图案毛衣

粉嫩的颜色，可爱的卡通图案，都增加了衣服的可爱度。

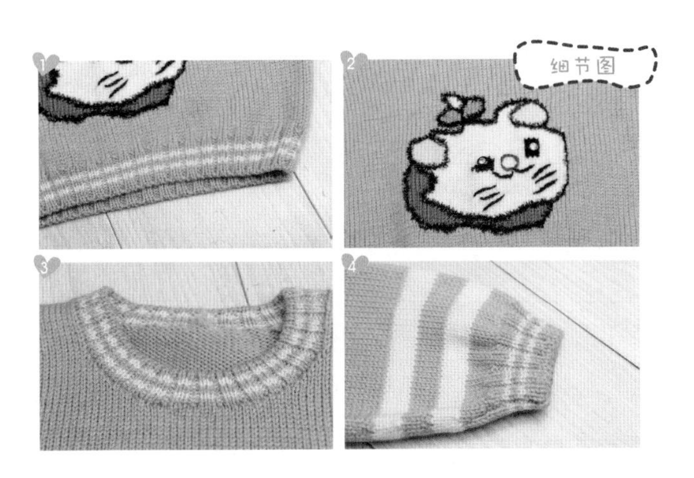

编织图解见第110页

童趣条纹卡通图案毛衣

卡通图案使衣服显得很可爱。

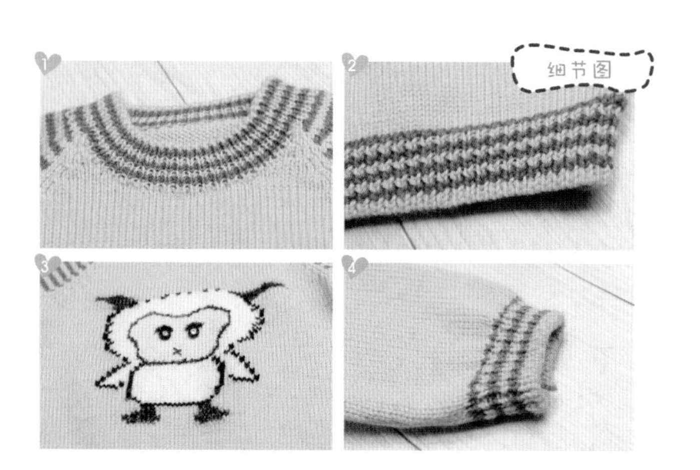

编织图解见第111~112页

休闲黄色小背心

微微镂空的花纹设计十分透气，让宝宝穿得更舒适。

编织图解见第112~113页

可爱卡通图案毛衣

蓝色的毛衣在白色卡通图案的点缀下富有童趣，立刻生动起来。

编织图解见第114~115页

卡通条纹毛衣

可爱的图案配上蓝色的条纹，使毛衣富有生机。

编织图解见第116~117页

休闲卡通图案毛衣

此款毛衣简单大方，图案俏皮可爱。宝宝穿上后显得休闲大方。

可爱小老鼠毛衣

仅仅是这只可爱的小老鼠，立即就能赢得孩子的喜爱。穿上这款毛衣，尽显孩子的稚气纯真。

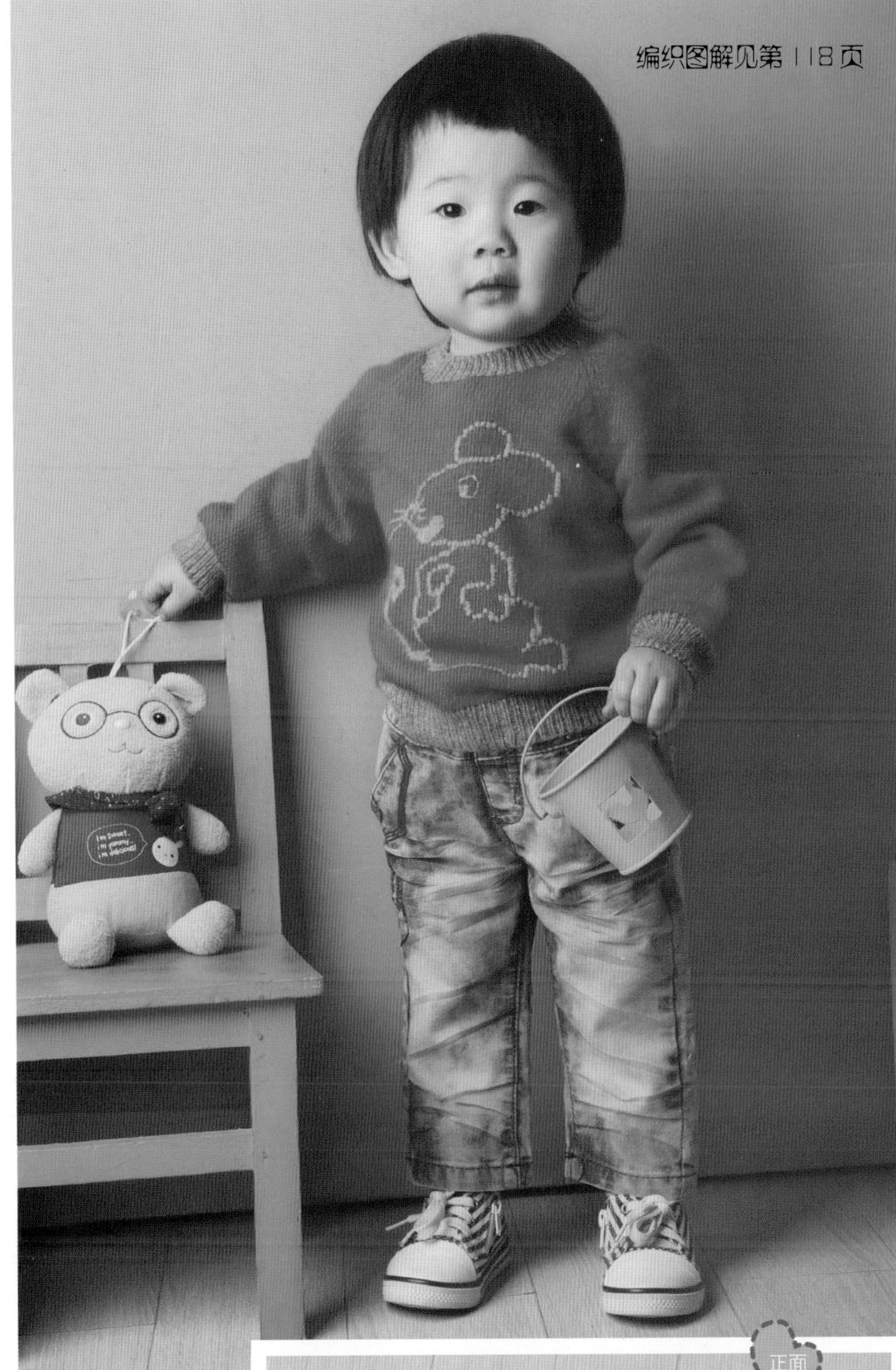

编织图解见第118页

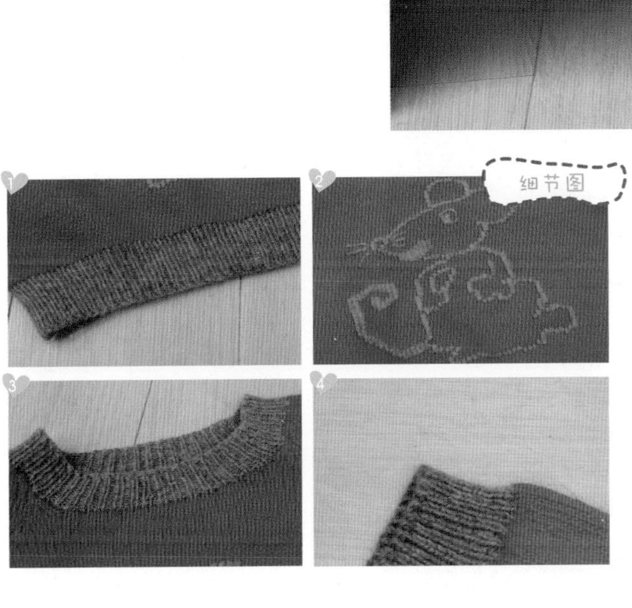

正面

编织图解见第119~120页

黑白条纹毛衣

经典的品牌图案加上经典的黑白条纹，个性十足。

背面

细节图

灰色圆领毛衣

胸前亮丽的兔子图案提升了毛衣的亮度，使毛衣具有活力。

编织图解见第122~123页

清新舒适毛衣

简单的款式，配上彩色的图案，给人温暖随意的感觉。

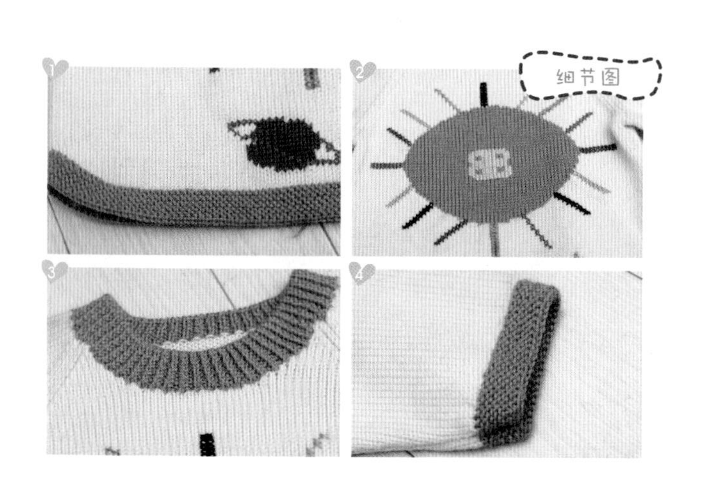

红色心形爱心毛衣

红色的心形图案，代表了爸爸妈妈对宝宝寄予的期望和厚爱。

编织图解见第124页

编织图解见第125页

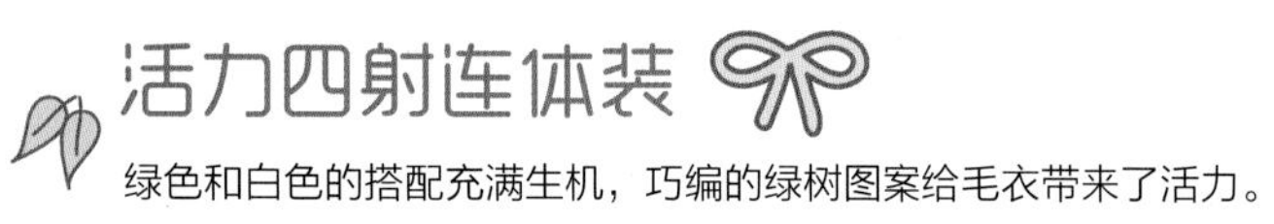

活力四射连体装

绿色和白色的搭配充满生机，巧编的绿树图案给毛衣带来了活力。

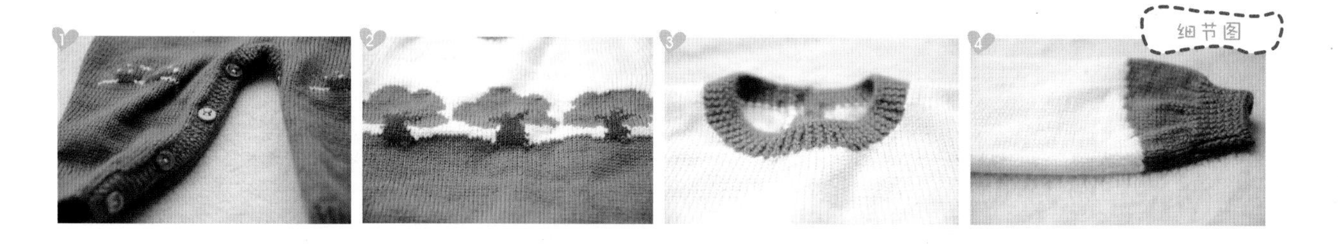

背面

编织图解见第126页

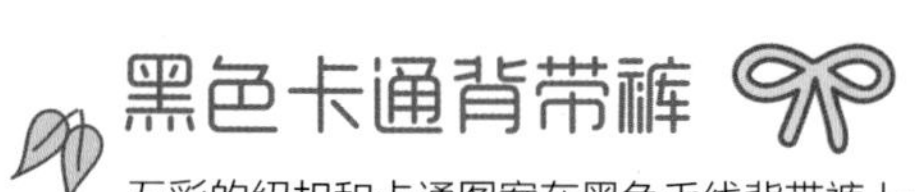

黑色卡通背带裤

五彩的纽扣和卡通图案在黑色毛线背带裤上十分醒目有趣。

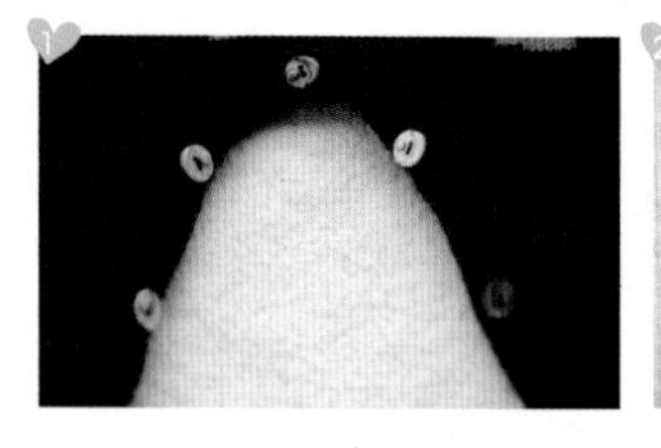

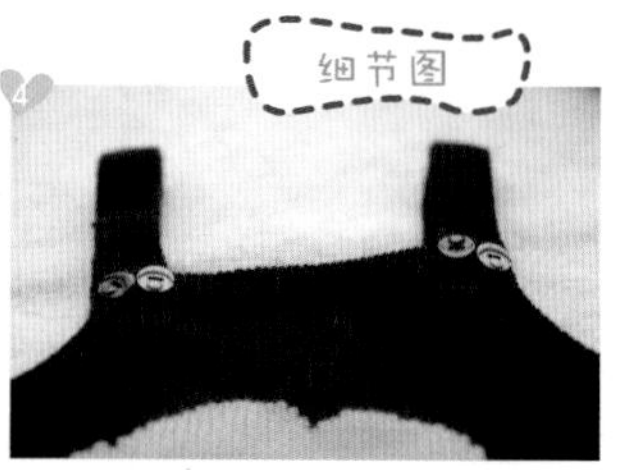

编织图解见第 127~128 页

字母条纹毛衣

字母条纹的点缀使毛衣富有个性。

细节图

特色拼接背心裙

花色的拼接使裙子十分独特，清新的黄色花边将背带裙点缀得俏皮可爱。

编织图解见第130~131页

卡通开襟毛衣

白色的云朵，逼真的小鸭子，增加了衣服的色彩和内容，毛衣穿在宝宝身上，让宝宝更显甜美和乖巧。

细节图

平铺

编织图解见第132页

韩版条纹男生毛衣

条纹十分具有动感，孩子穿上它显得阳光帅气。

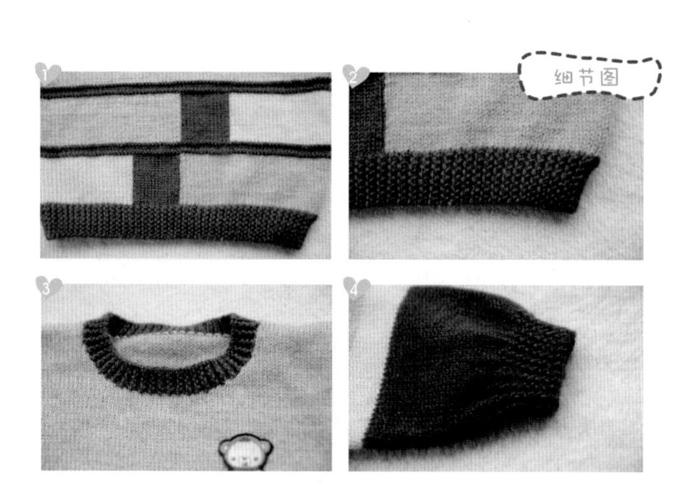

编织图解见第133页

简约字母背心

在春秋季节，穿上这件简约小背心，非常休闲。

简约灰色毛衣

毛衣款式简约，带给人很温暖的感觉。

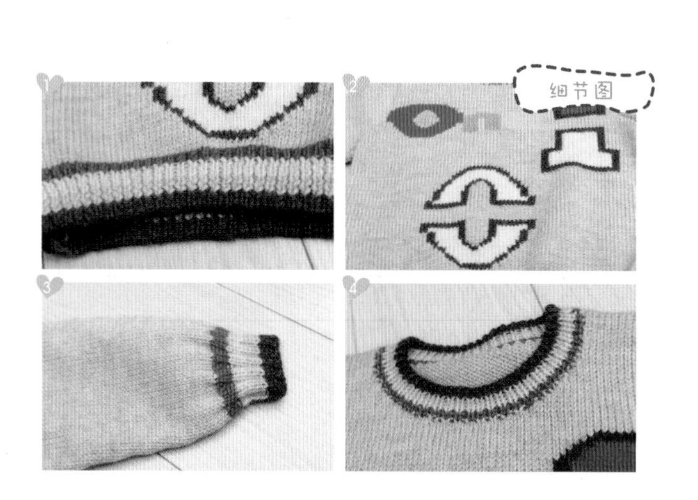

编织图解见第 | 36 页

菱形格子背心

经典的菱形花纹，使背心有了时尚感。

编织图解见第137页

休闲圆领毛衣

龙腾图案栩栩如生，圆领的设计保暖且舒适。

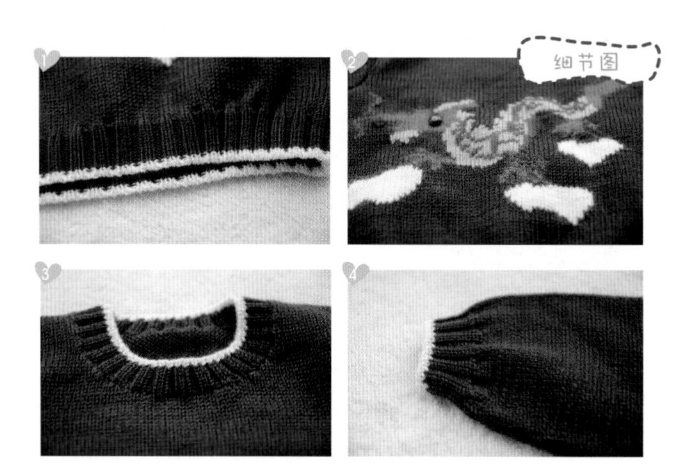

编织图解见第138~139页

动感男生毛衣

条纹和字母图案让毛衣显得有动感。

细节图

背面

编织图解见第140页

美观大方卡通毛衣

圆圆的领口，亮丽的黄色，可爱的卡通图案让这款毛衣充满了活力。

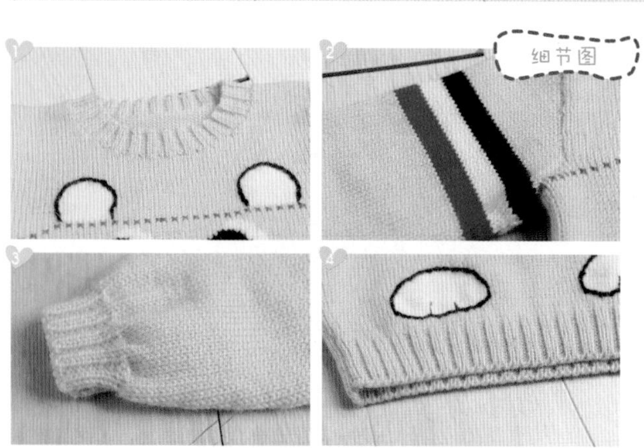

编织图解见第141页

三色童趣毛衣

亮丽的颜色和精美图案的搭配给人积极向上的感觉。毛衣选用黄色、蓝色和橘色三种色彩鲜明的颜色，显得活力十足。

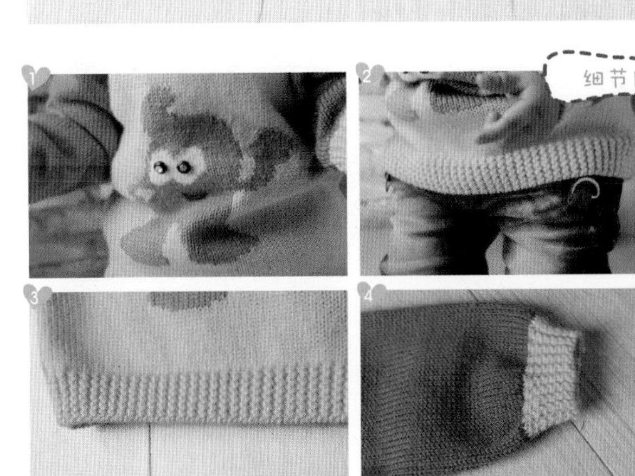

编织图解见第142页

个性小披肩

艳丽的色彩，独特的款式，孩子穿上它定会独特、出众。

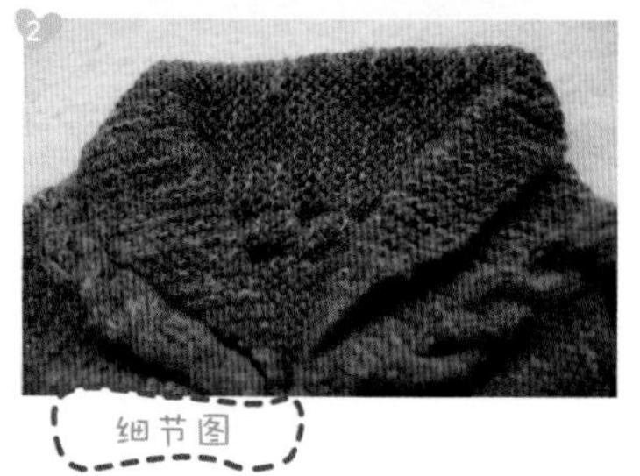

细节图

编织图解见第143页

粉色宽松无袖装

麻花纹的设计打造出宽松的下摆，宝宝穿上后运动自如，粉嫩的颜色增添了毛衣的甜美感觉。

细节图

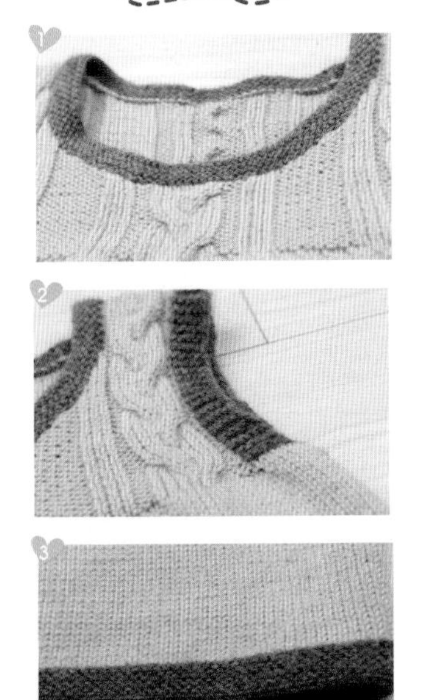

背面

编织图解见第144~145页

田园风套头毛衣

田园农场图案，充满生气。孩子穿上它显得朝气蓬勃。

编织图解见第146页

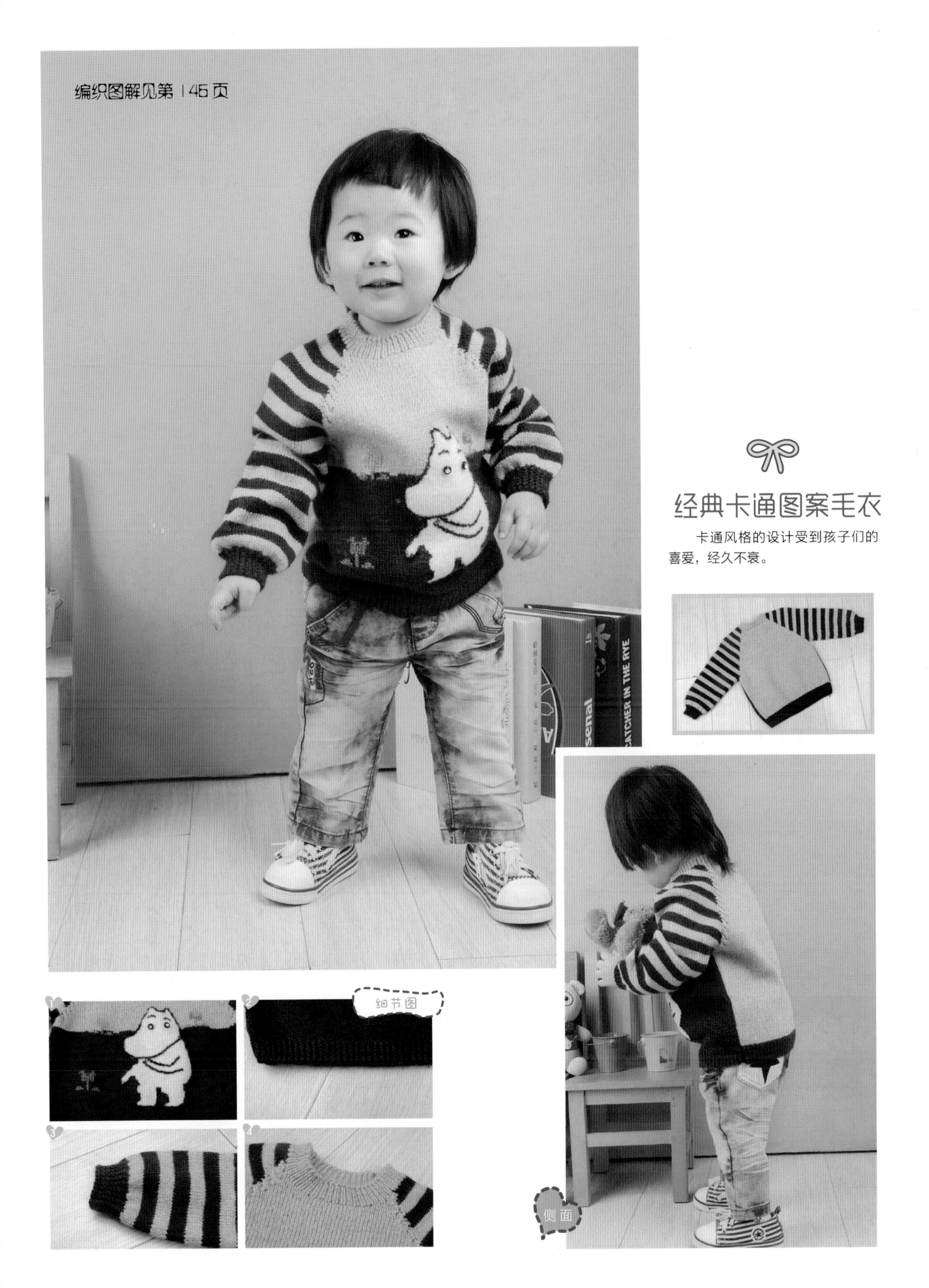

经典卡通图案毛衣

卡通风格的设计受到孩子们的喜爱，经久不衰。

编织图解见第147~148页

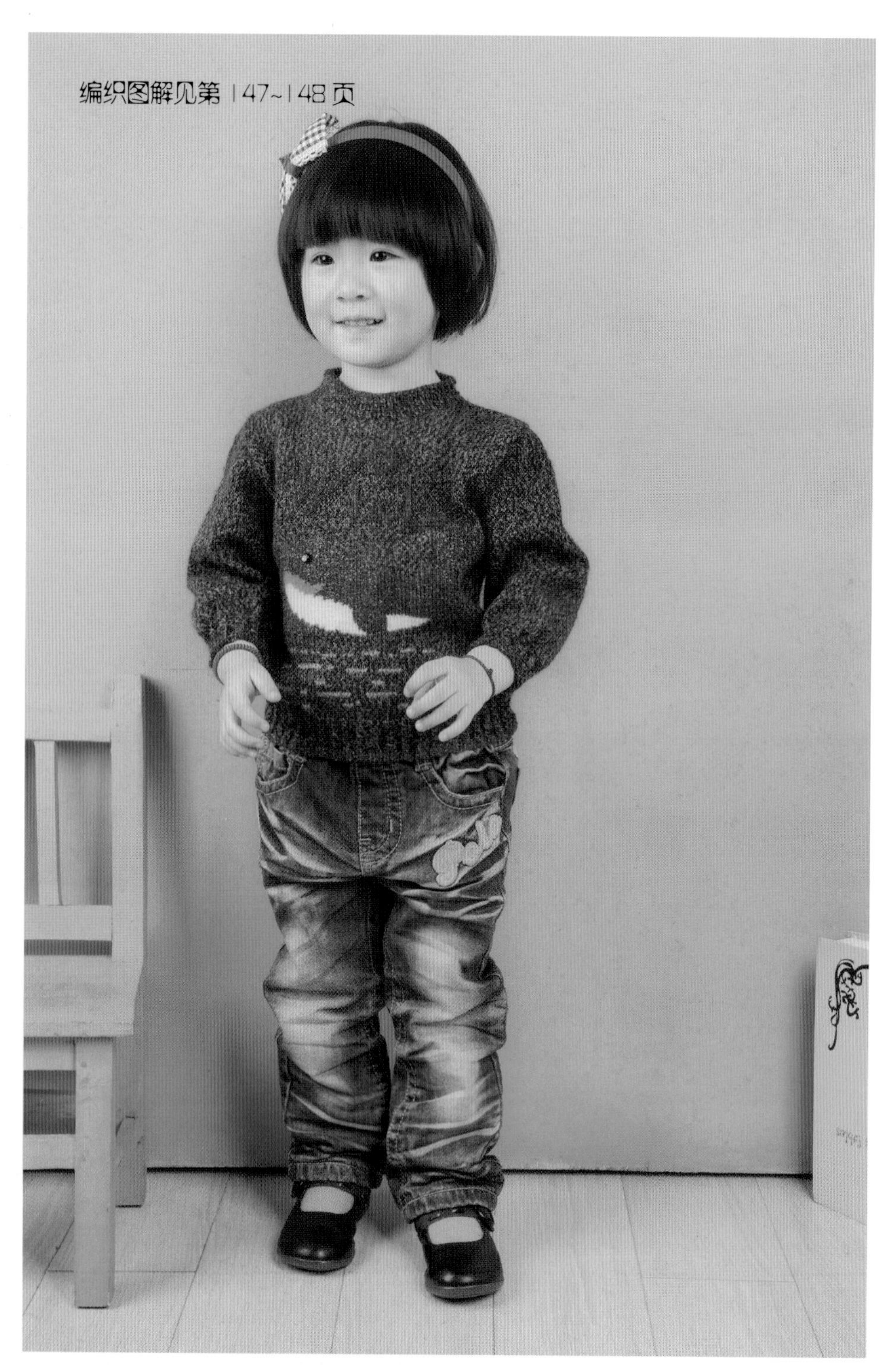

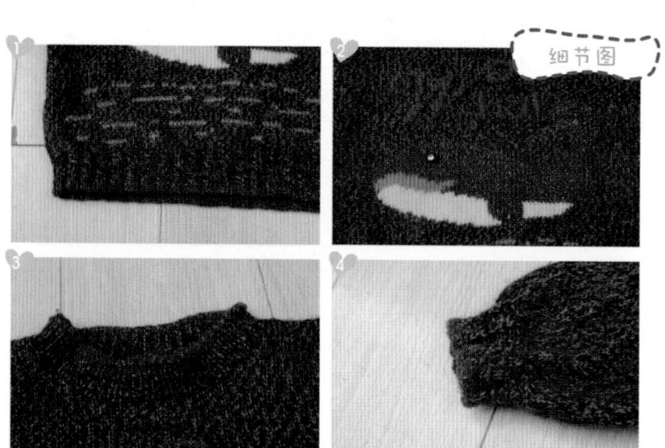

卡通鲸鱼毛衣

蓝色的海水，畅游的鲸鱼，使整个画面充满安宁和静谧的感觉，衬托出孩子特有的沉稳气质。

编织图解见第149页

宽松休闲开襟毛衣

雄赳赳报晓的公鸡，红白色的条纹，丰富了毛衣的内容，衬托出孩子的调皮可爱。

背面

编织图解见第150~151页

可爱小兔背心

可爱的图案，使款式简单的小背心充满童趣。

编织图解见第151~152页

条纹袖卡通毛衣

乖巧的小熊图案，看起来很可爱，袖上三色的条纹，使毛衣显得有活力！

细节图

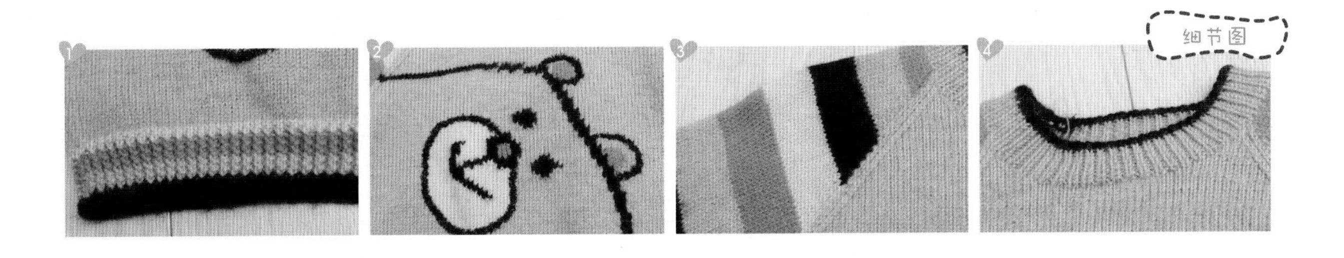

编织图解见第153~154页

熊宝宝卡通毛衣

活灵活现的小熊宝宝图案特别讨孩子的喜欢。

编织图解见第154~155页

顽皮小猴灰色毛衣

灰色的毛衣在顽皮小猴图案的点缀下顿时有了活力。

编织图解见第 56 页

休闲条纹毛衣

整齐排列的条纹使毛衣休闲运动感十足。

编织图解见第157页

黑色和白色的拼接，加上字母的搭配，简约而不单调。

编织图解见第 158 页

温馨花卉毛衣

雅致绚烂的花朵搭配在粉红色的背景里，与众不同，穿在宝宝的身上，体现妈妈对宝宝的无限爱意。

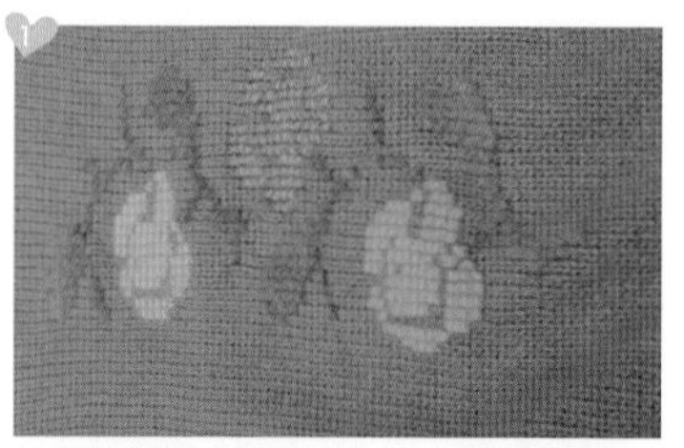

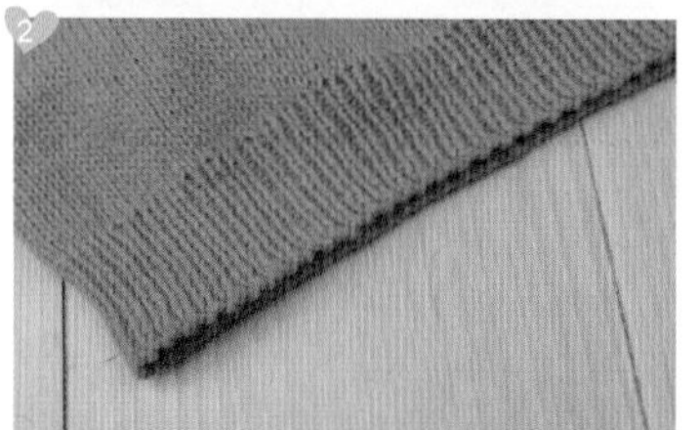

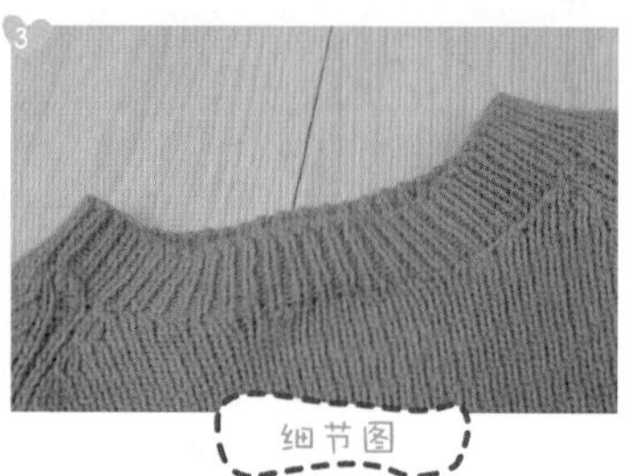

细节图

编织图解见第159页

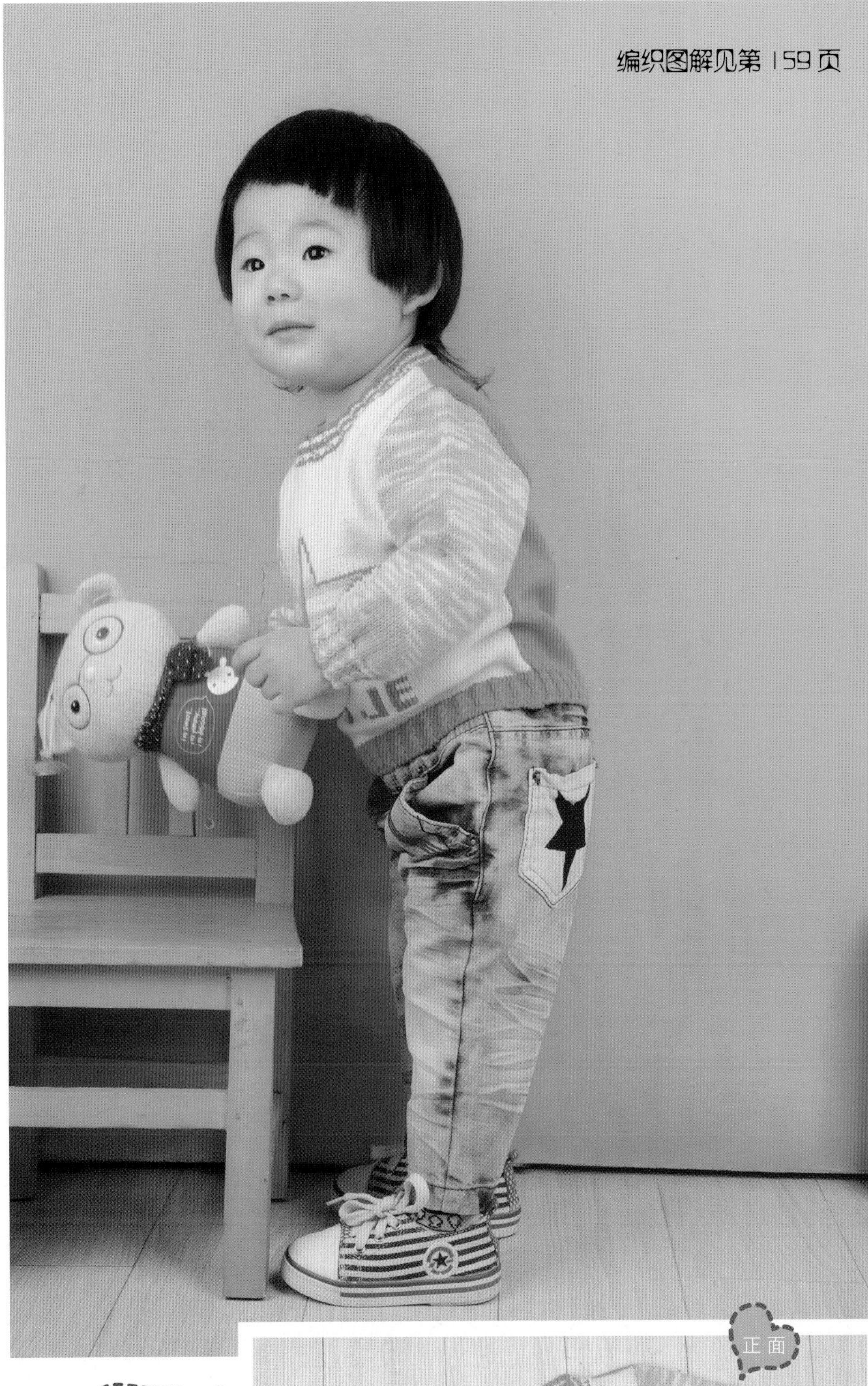

五彩星星毛衣

亮丽饱满的色彩，给毛衣增添了更多的甜美感觉。

细节图

正面

编织图解见第160页

帅气套头男生毛衣

衣服的整体线条给人一种视觉上的冲击，毛衣美观大方，温暖舒适，让人不禁期待冬天的来临。

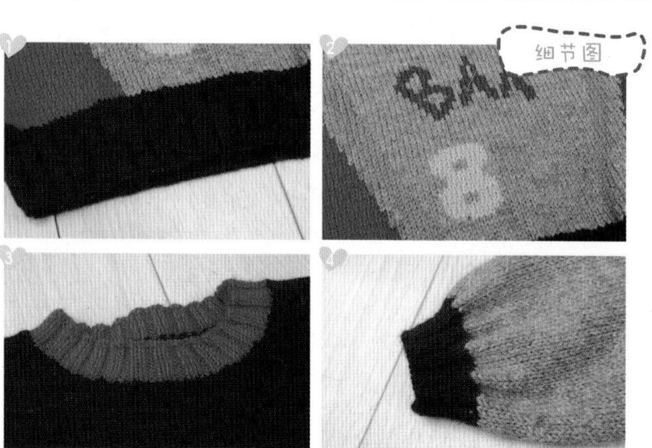

背面

编织图解见第161页

舒适运动毛衣

这款毛衣设计得非常时尚，一个简单的汽车图案，看起来舒适又充满活力。

编织图解见第162页

活力帅气毛衣

简练的线条，简单的图案，显示出孩子的沉稳风范。此款毛衣简单中透出帅气。

编织图解见第163页

俏皮童趣男生毛衣

可爱调皮的小猴图案是此款毛衣的一大亮点，特别讨孩子的喜欢。

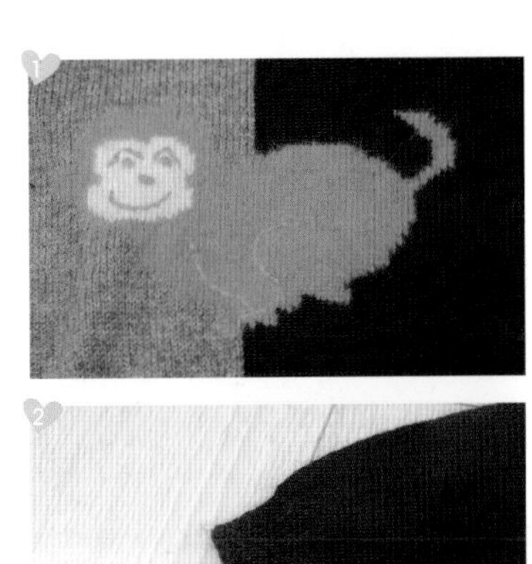

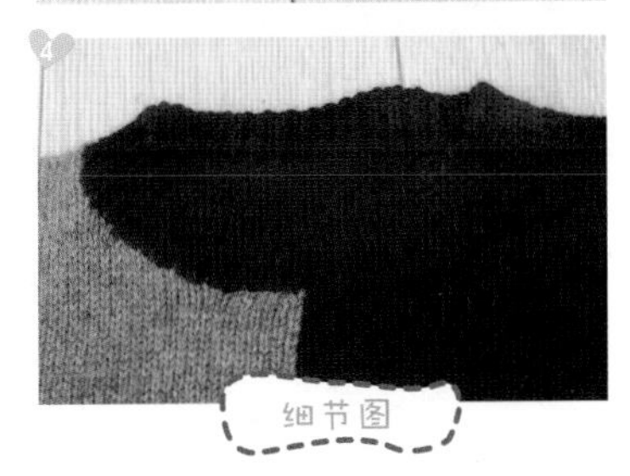

细节图

可爱花朵毛衣

此款毛衣用色非常大胆，红色的花朵热烈开放，色彩鲜明。

编织图解见第165页

田园图案毛衣

蓝天白云，阳光普照，美丽的农家田园风光会很吸引宝宝哦！

编织图解见第166页

简约图案毛衣

清新的色彩和简约的图案同样能赢得孩子的喜爱！

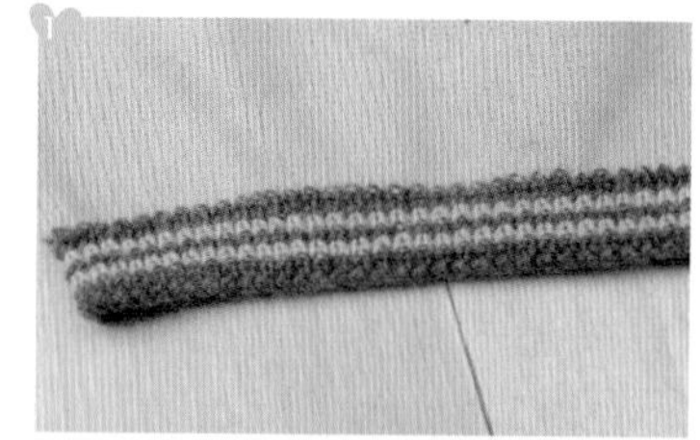

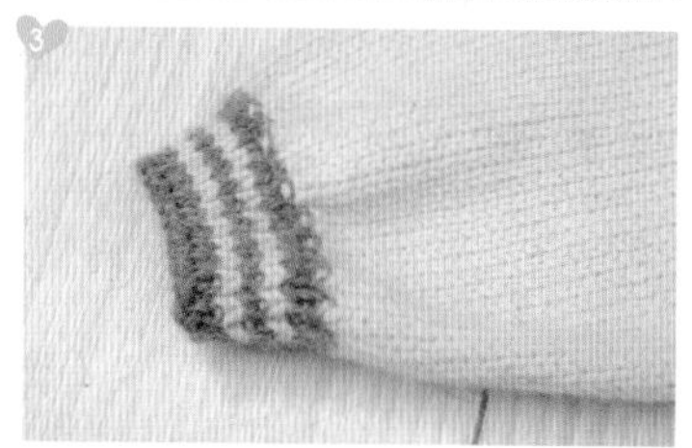

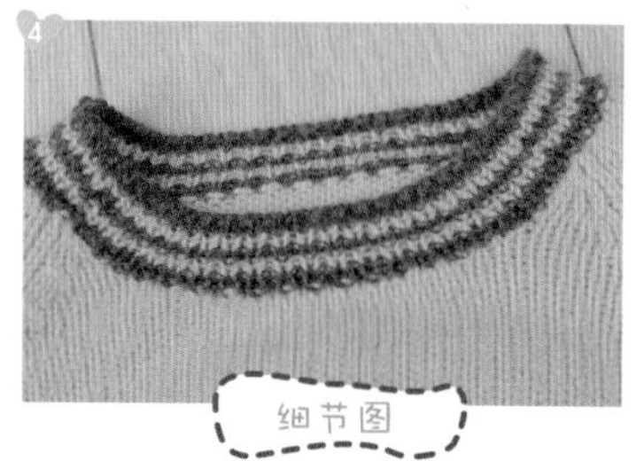

细节图

烂漫田园风格毛衣

弯曲的小路，美丽的房屋，还有小树和栅栏，穿在身上，美丽极了。

编织图解见第167页

细节图

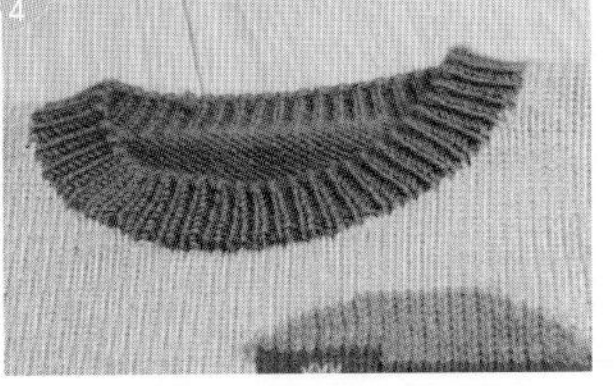

背面

白色条纹字母毛衣

白色条纹十分醒目，领口、袖口和下摆的白色罗纹提升了毛衣的整体效果。

编织图解见第169页

三色拼接毛衣

灰色、白色和黑色的拼接十分有视觉冲击力，字母的点缀，给人休闲运动的感觉。

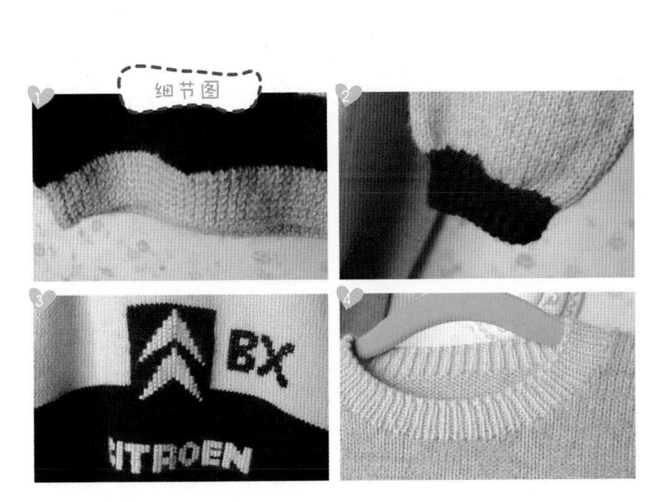

编织图解见第170~171页

简约男生毛衣

此款毛衣用不规则的灰白条纹搭配低调的黑色，休闲简约，孩子穿上它显得安静、儒雅。

休闲字母毛衣

胸前的字母让毛衣充满了无限的活力。宝宝穿上它休闲运动感十足。

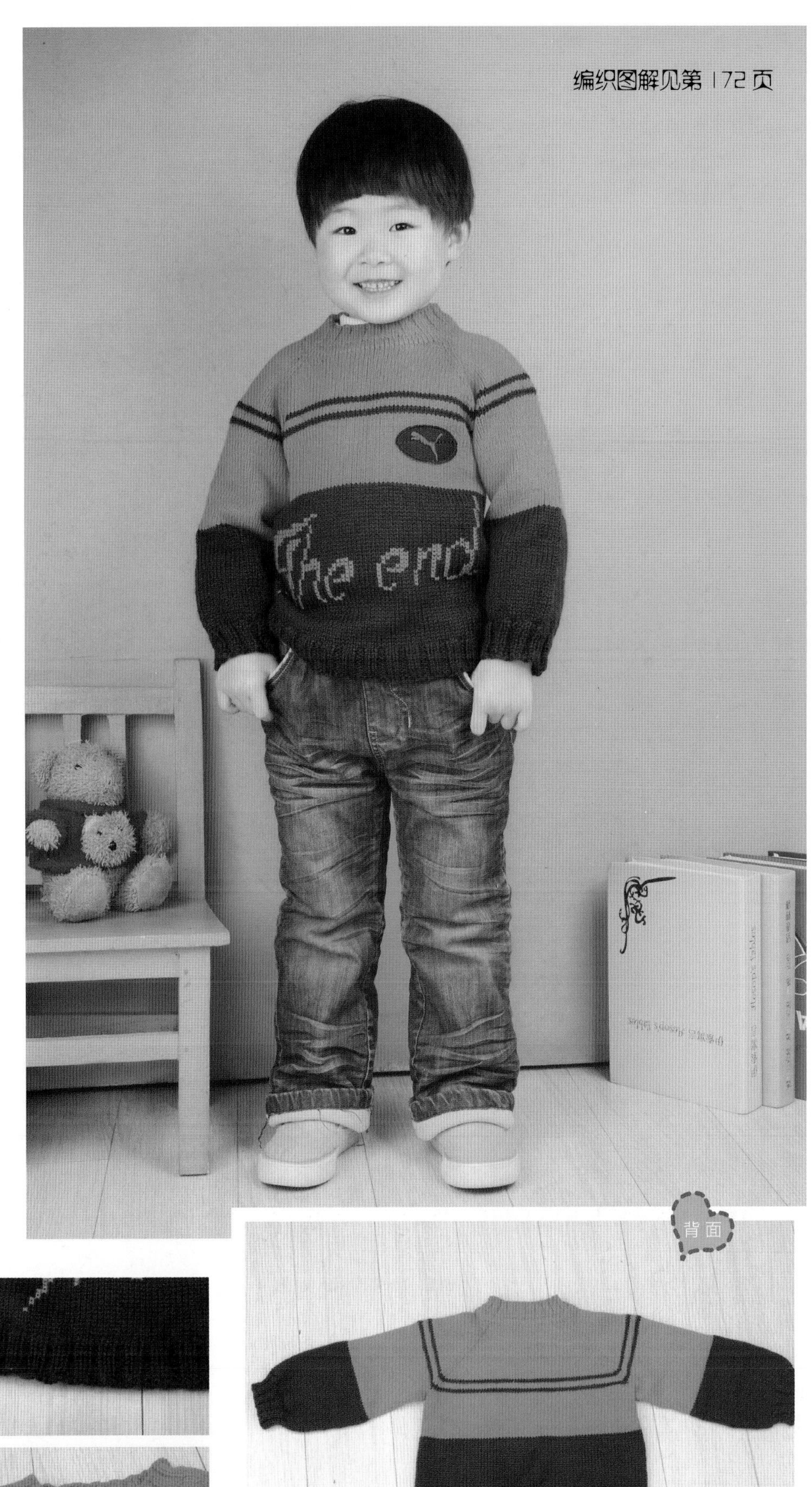

编织图解见第172页

细节图

背面

编织图解见第173页

时尚男生毛衣

黑、白、灰色条纹的变化搭配增添了毛衣的时尚感。

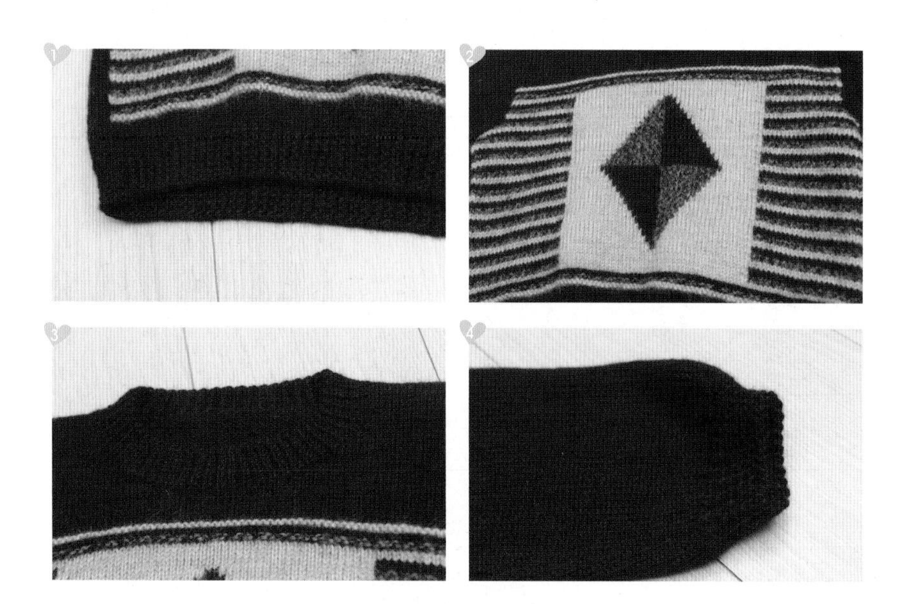

细节图

编织图解见第174页

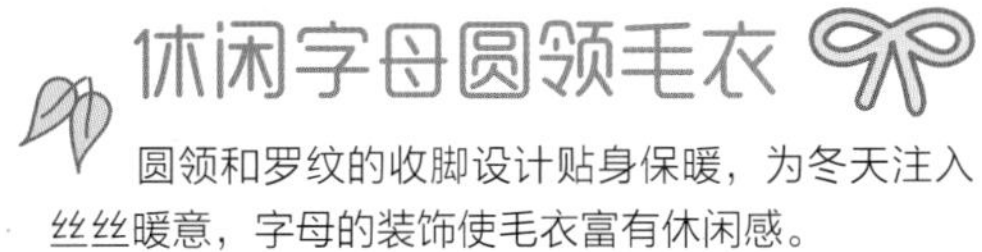

休闲字母圆领毛衣

圆领和罗纹的收脚设计贴身保暖，为冬天注入丝丝暖意，字母的装饰使毛衣富有休闲感。

背面

细节图

编织图解见第175页

纯白色系带外套

粉色的卡通动物形状纽扣和带毛毛球的系带秀出了毛衣的优雅与可爱。

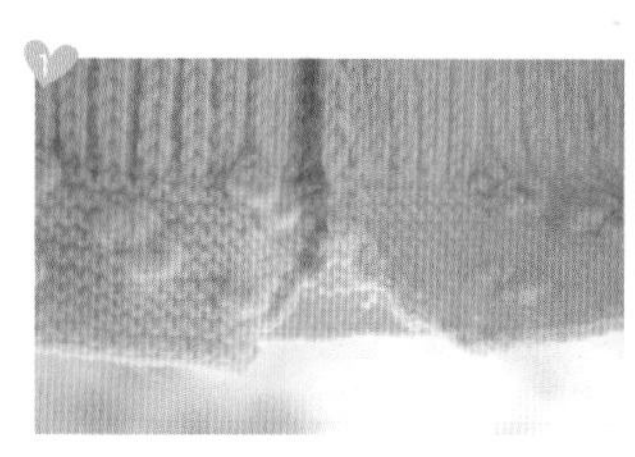

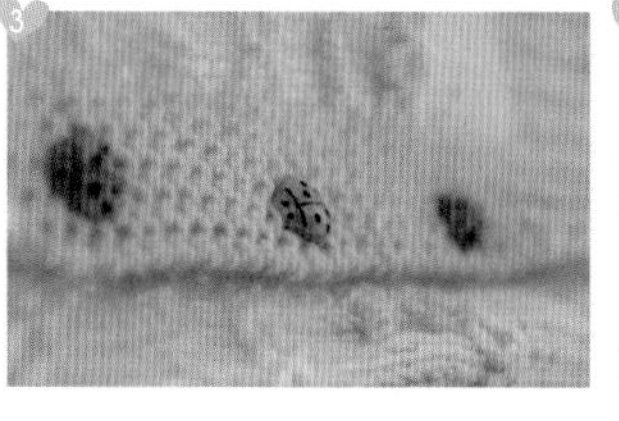

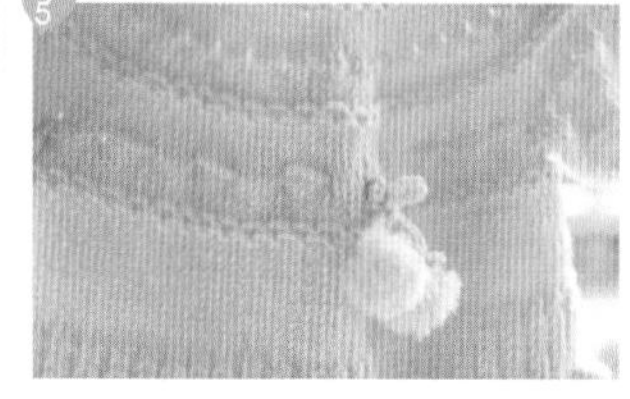

背面

编织图解见第176页

红色毛球系带外套

花边领口，看起来个性突出，拼接的袖子，显出不拘泥的个性，毛毛球的腰带，十分活泼可爱。

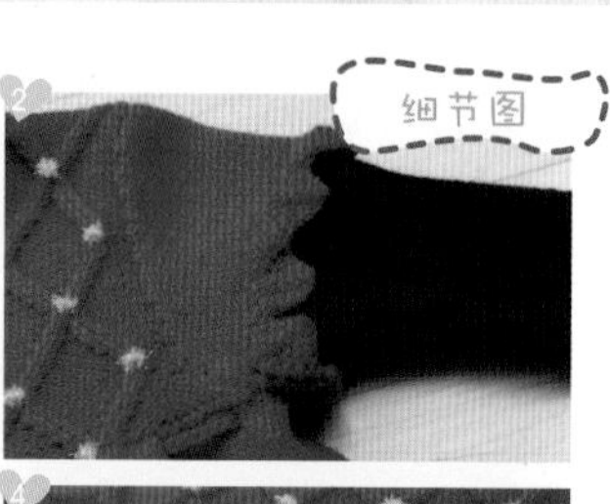

编织图解见第 177 页

蓝色卡通小背心

蓝色的背心上点缀着白色的山羊图案，非常吸引人的目光，很讨人喜欢。

背面

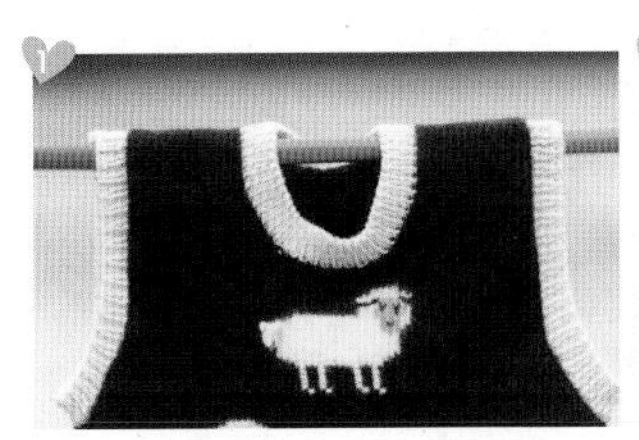

细节图

编织图解见第178页

可爱小狗图案背心

很可爱的一件小背心，灰色的背心上绣上宝宝们喜欢的卡通图案，简单大方，无论外穿还是内搭都会让宝宝秀出可爱之感。

细节图

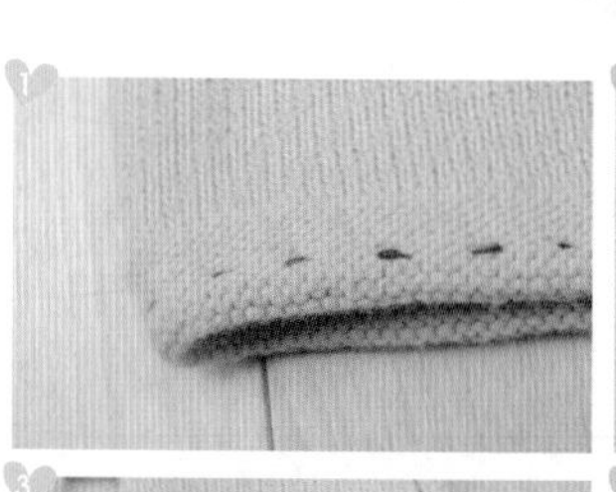

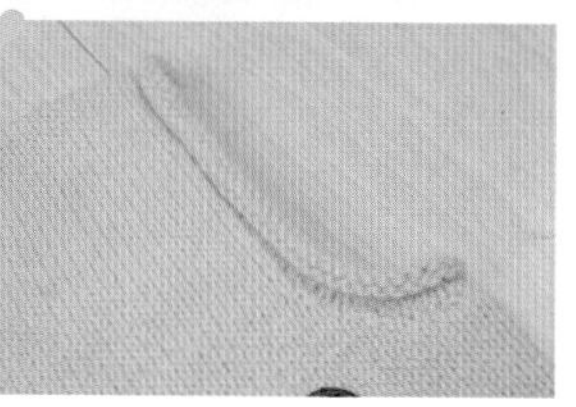

编织图解见第 179 页

甜美公主小背心

花纹细小的镂空设计，有很好的透气效果。粉粉的颜色给人清新淡雅的感觉，宝宝穿上它，散发出小公主甜美的味道。

细节图

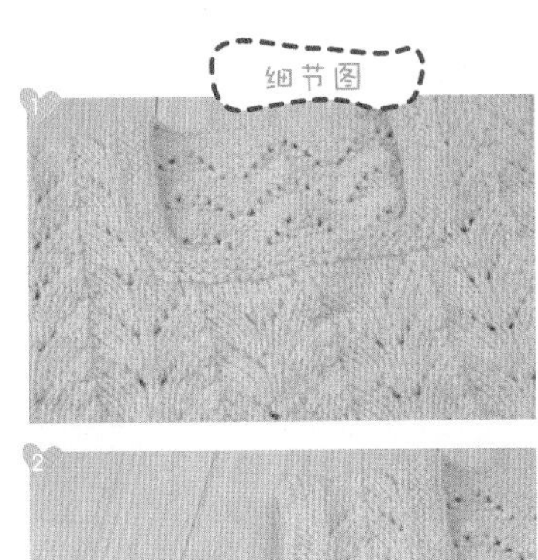

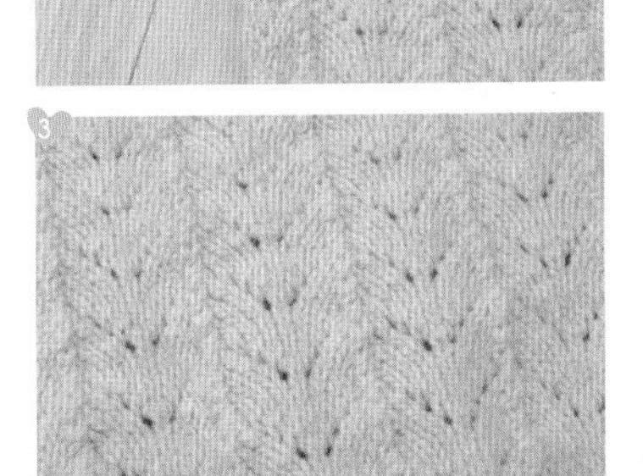

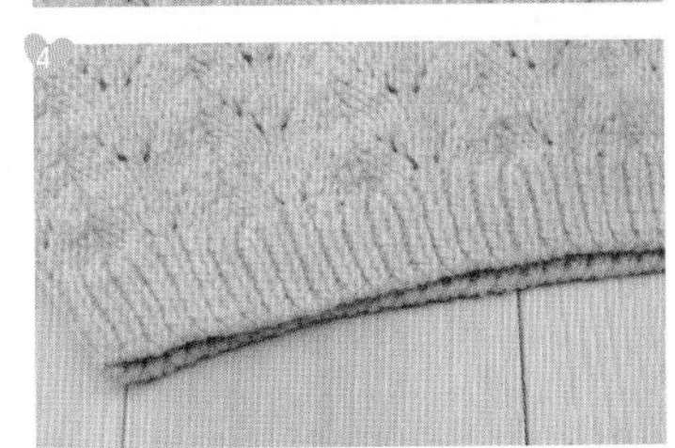

编织图解见第180页

米奇经典毛衣

经典的米奇图案十分可爱！简单的等号图案的点缀使毛衣不显单调。

细节图

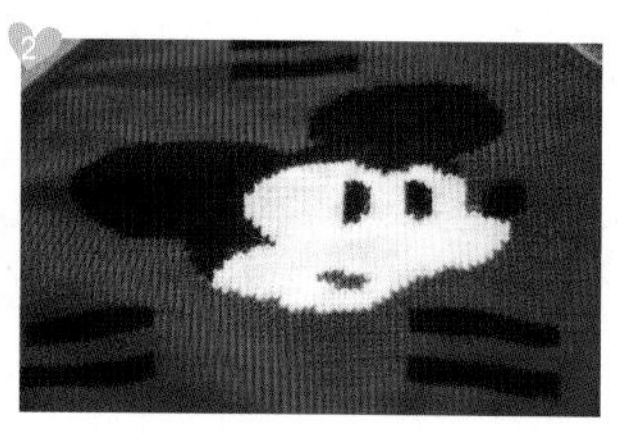

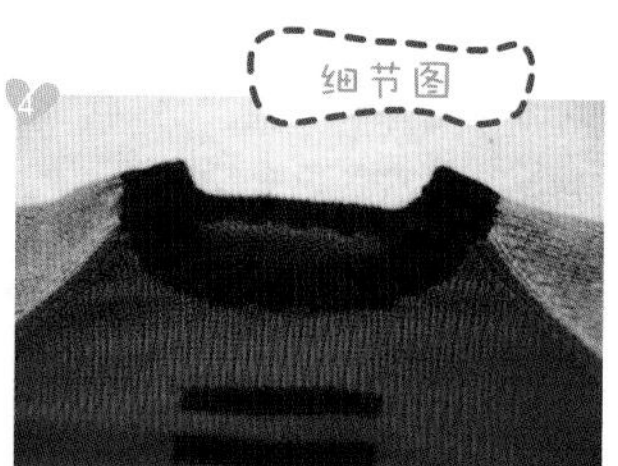

背面

编织图解见第181页

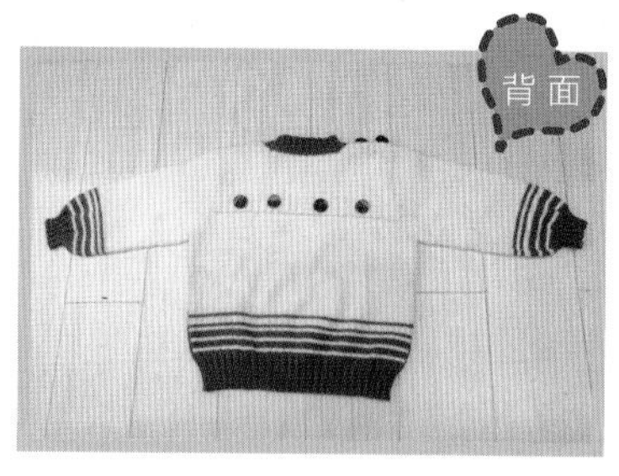

双色套头毛衣

灰白条纹的设计使毛衣不显单调，卡通图案的加入增加了毛衣的可爱感。

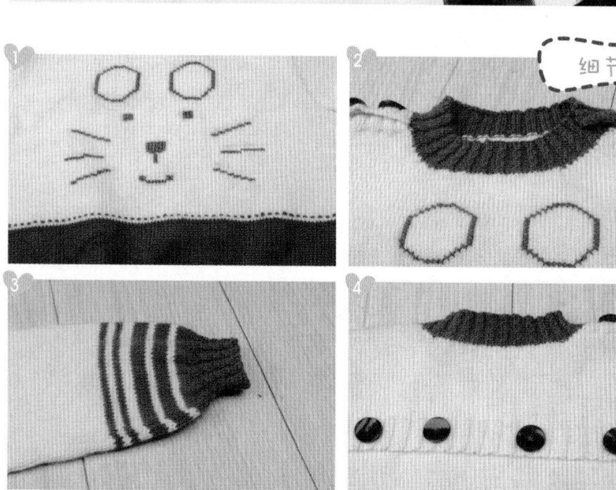

正面

编织图解见第182页

可爱长袖毛衣

麻花纹的设计给人厚实的感觉，胸前的小动物图案给毛衣增添了可爱的感觉。此款毛衣让人觉得很温暖，不管是外穿还是内搭，在秋冬季节都是不错的选择。

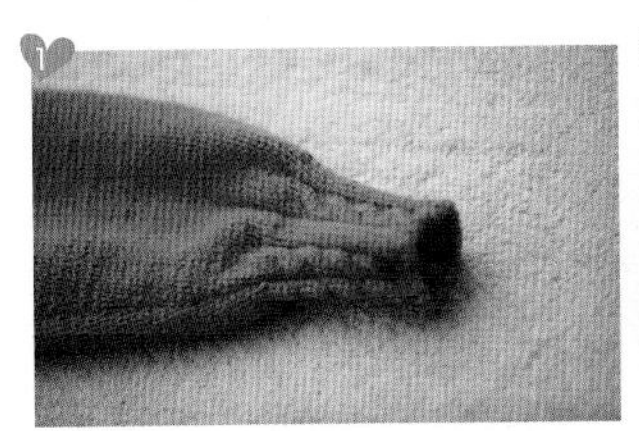

细节图

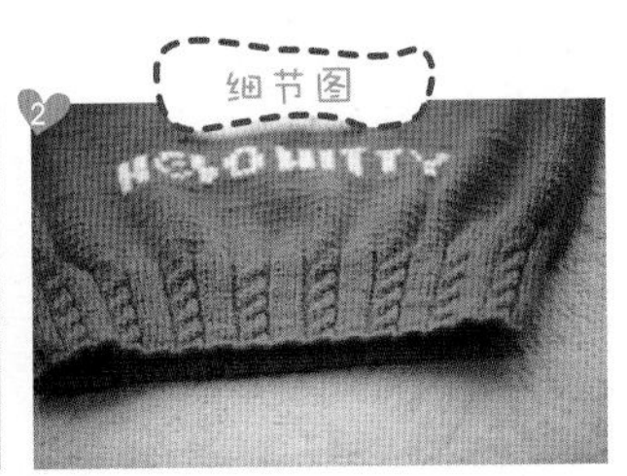

编织图解见第183页

素雅个性马甲

素雅的颜色，给人感觉很暖和。领子上的毛毛球很有个性哦！

细节图

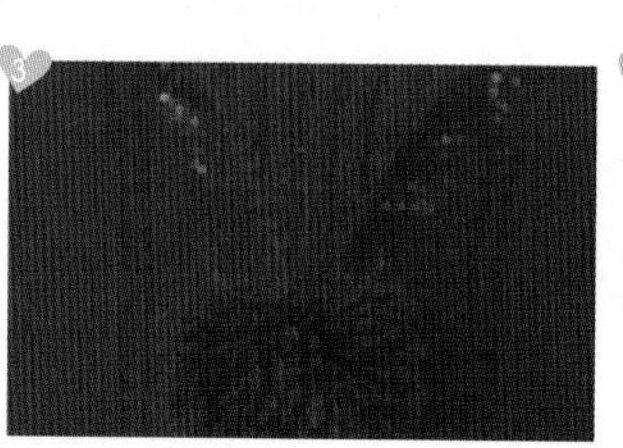

背面

编织图解见第 184 页

紫色亮片小背心

纯纯的紫色配上亮片的点缀，把宝宝装扮得甜美可爱。

编织图解

帅气学院风开衫

【成品尺寸】衣长 42cm　胸围 80cm　袖长 36cm

【工具】10 号棒针　绣花针

【材料】蓝色羊毛绒线 200g　白色、深蓝色、灰色羊毛绒线各 50g　红色、黄色线各少许

【密度】10cm²：20 针 ×28 行

【附件】纽扣 4 枚

【制作过程】

1. 前片：分左、右两片，左前片先用深蓝色线，按图起 40 针，织 5cm 双罗纹后，改织全下针，用白色、红色、黄色等线编入花样图案 A、B，织至 22cm 时左右两边开始按图收袖窿、开领窝至织完成，用同样方法对应织右前片。
2. 后片：先用深蓝色线，按图起 80 针，织 5cm 双罗纹后，改织全下针，并改用蓝色线继续织，织至 22cm 时左右两边开始按图收成袖窿，再织 13cm 开领窝至完成。
3. 袖片：先用深蓝色线，按图起 44 针，织 5cm 双罗纹后，改织全下针，织至适合长度后改用灰色线继续织，袖下按图加针，织至 22cm 时按图示均匀减针，收成袖山。
4. 编织结束后，将前后片侧缝、肩部、袖子缝合，门襟至领圈用深蓝色线挑适合针数，织 4cm 双罗纹，右片均匀地开扣孔。
5. 装饰：用绣花针缝上纽扣。

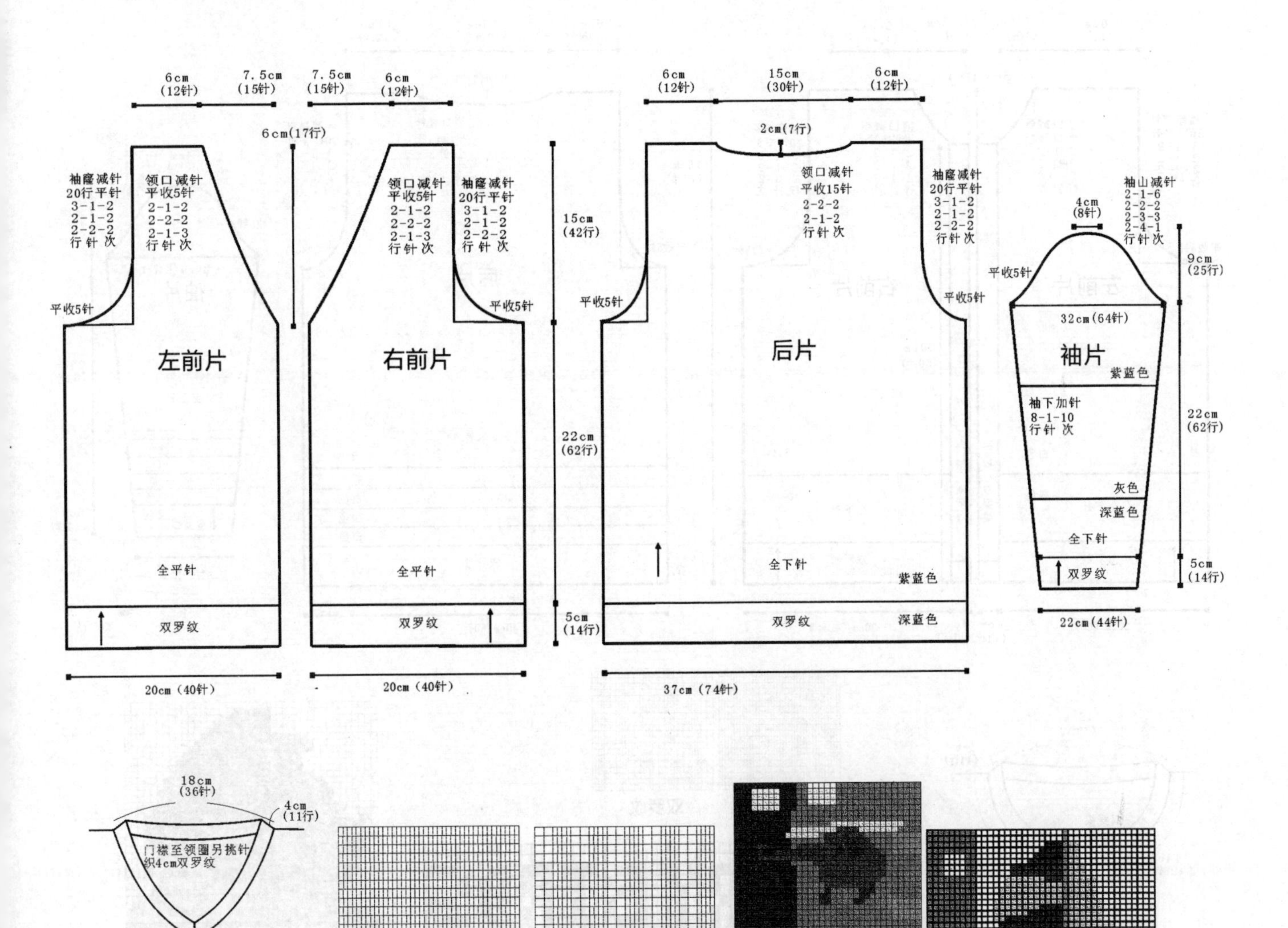

愤怒小鸟个性毛衣

【成品尺寸】 衣长 42cm　胸围 80cm　袖长 36cm

【工具】 10 号棒针　绣花针

【材料】 白色羊毛绒线 200g　绿色羊毛绒线 100g　红色、黑色羊毛绒线各少许

【密度】 $10cm^2$：20 针 ×28 行

【附件】 纽扣 6 枚

【制作过程】

1. 前片：分左、右两片，左片先用绿色线，按图起 40 针，织 5cm 双罗纹后，改织全下针，织至适合长度后改用白色线继续织，并编入花样图案 A，织至 22cm 时左边开始按图收成袖窿，再织 9cm 开领窝至织完成。用同样方法对应织右片。
2. 后片：先用绿色线，按图起 80 针，织 5cm 双罗纹后，改织全下针，织至适合长度后用白色线配色，并用红色、黑色线编入花样图案 B，织至 22cm 时左右两边开始按图收成袖窿，再织 13cm 开领窝至完成。
3. 袖片：用绿色线，按图起 44 针，织 5cm 双罗纹后，改织全下针，织至适合长度后用白色线配色，袖下按图加针，织至 22cm 时按图示均匀减针，收成袖山。
4. 编织结束后，将前后片侧缝、肩部、袖子缝合，门襟用绿色线挑 60 针，织 4cm 双罗纹，右片均匀地开扣孔。
5. 领圈用绿色线挑 92 针，织 4cm 双罗纹，形成开襟圆领。
6. 装饰：用绣花针缝上纽扣。

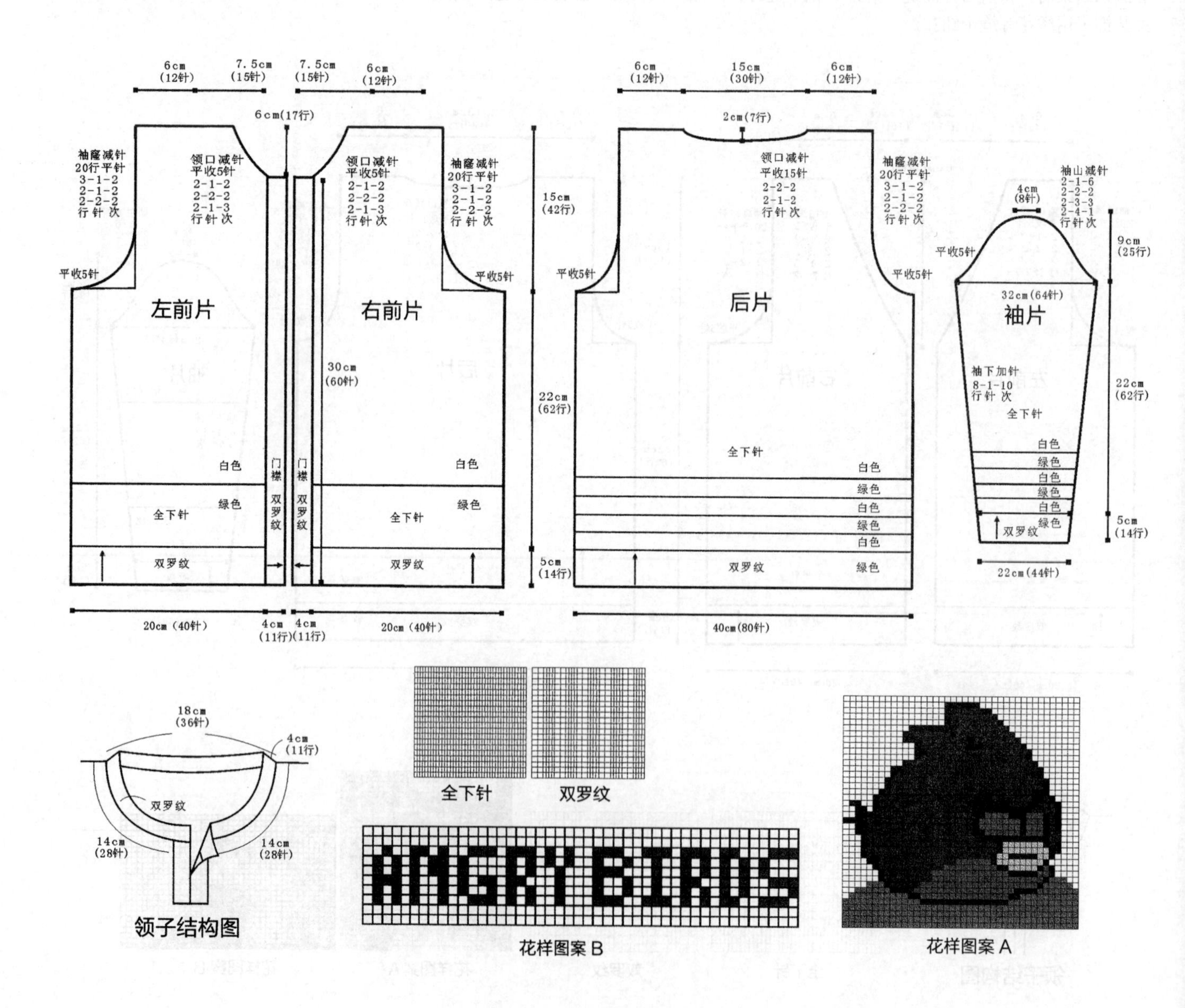

三色条纹拼接毛衣

【成品尺寸】衣长 45cm　胸围 80cm　袖长 43cm

【工具】10 号棒针　绣花针

【材料】白色羊毛绒线 200g　深蓝色羊毛绒线 100g　蓝色羊毛绒线 50g

【密度】10cm²：20 针 ×28 行

【附件】纽扣 4 枚

【制作过程】

1. 前片：用深蓝色线，机器边起针法起 80 针，织 5cm 双罗纹后，改织全下针，并用蓝色线和白色线配色，中间方形处织花样，织至 25cm 时左右两边开始按图收成插肩袖窿，再织 7cm 开领窝，至织完成。
2. 后片：织法与前片一样，只是须按图开领窝。
3. 袖片：先用深蓝色线，机器边起针法起 40 针，织 5cm 双罗纹后，改织全下针，并用蓝色线和白色线配色，袖下按图加针，织至 22cm 时按图示均匀减针，收成插肩袖山。
4. 编织结束后，将前后片侧缝、袖子缝合。
5. 领圈用深蓝色线挑 98 针，织 5cm 双罗纹，形成圆领。
6. 装饰：用绣花针缝上花样的四边和纽扣，衣袋另织好，缝于前片。

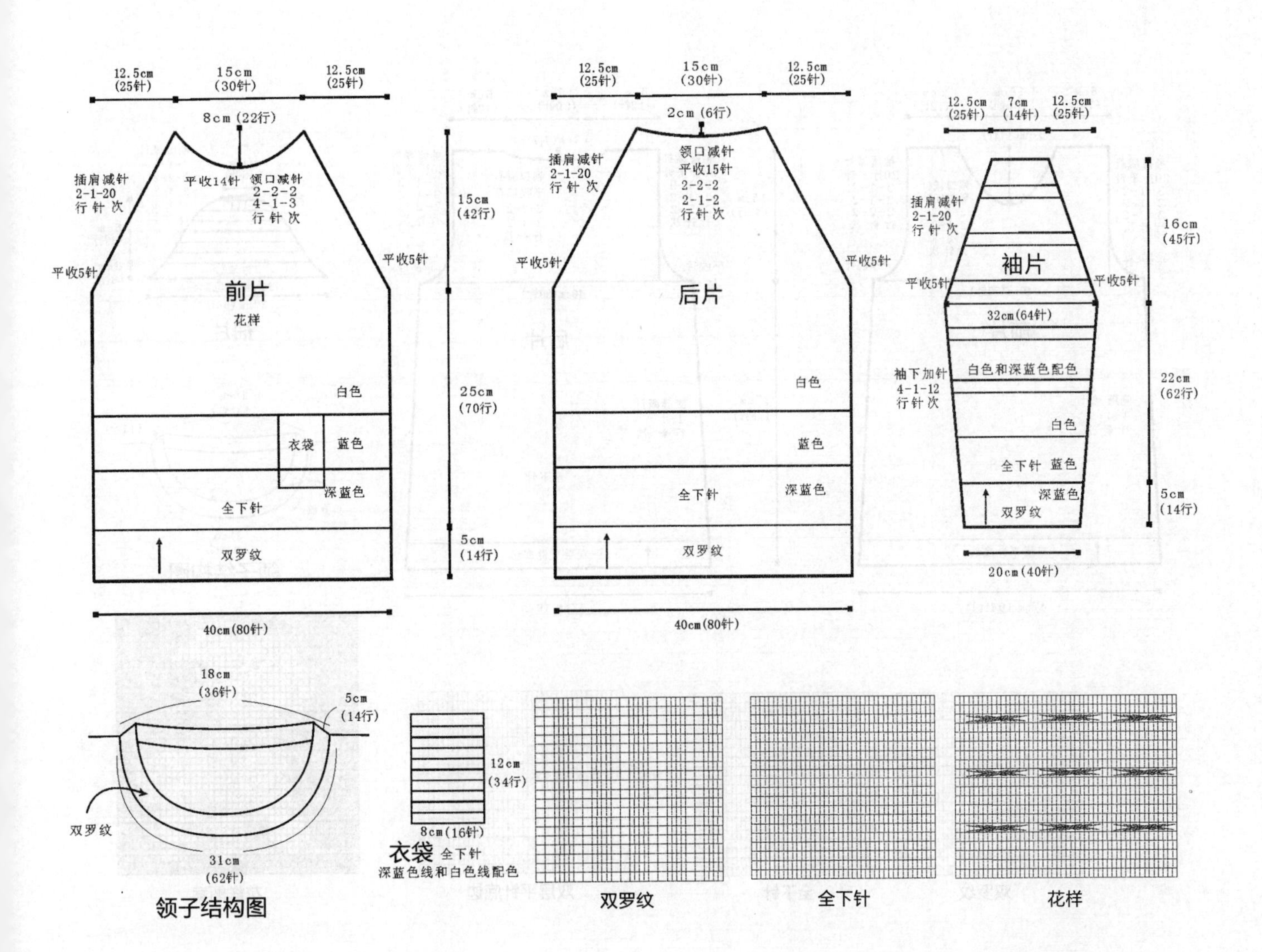

条纹短袖毛衣

【成品尺寸】 衣长 42cm　胸围 80cm　袖长 9cm
【工具】 10 号棒针　绣花针
【材料】 湖蓝色羊毛绒线 200g　白色、黑色羊毛绒线各少许
【密度】 10cm^2：20 针 ×28 行
【附件】 纽扣 1 枚

【制作过程】

1. 前片：用湖蓝色线，按图起 94 针，先织双层平针底边，之后改织全下针，并用白色、黑色线编入花样图案，侧缝按图减针，织至 27cm 时左右两边开始按图收成袖窿，织 9cm 时开领窝织至完成。
2. 后片：织法与前片一样，只是须按图开领窝。
3. 袖片：用湖蓝色线，按图起 64 针，织 3cm 双罗纹后，改织全下针，并用白色线配色，同时按图示均匀减针，收成袖山。
4. 编织结束后，将前后片侧缝、肩部缝合，袖片打皱褶与衣片袖窿缝合。
5. 装饰：图案周边用绣花针和黑色线绣上方形边，并缝上纽扣。

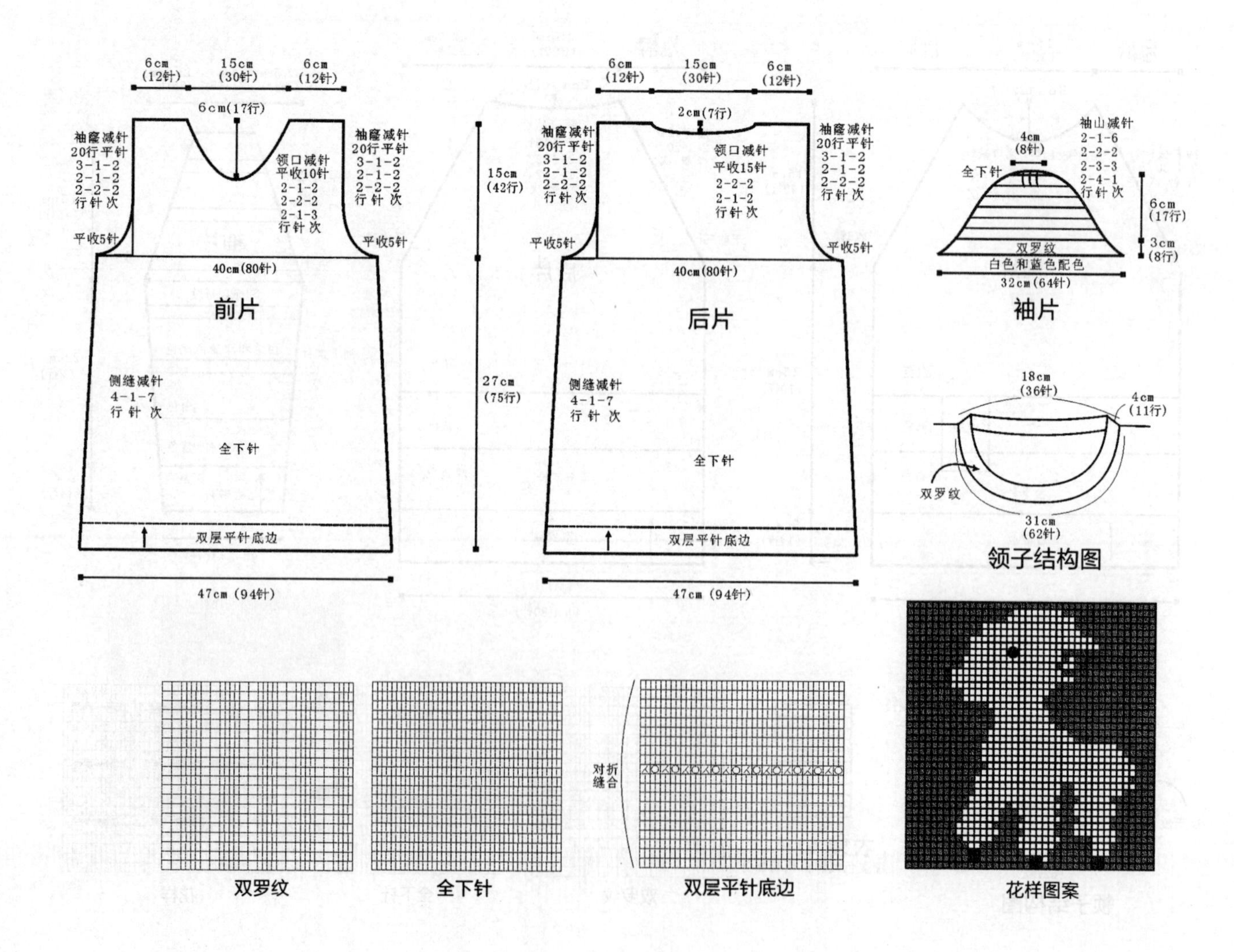

民族风套头毛衣

【成品尺寸】衣长 45cm　胸围 80cm　袖长 43cm
【工具】10 号棒针　绣花针
【材料】红色羊毛绒线 200g　黑色羊毛绒线 100g　绿色、白色羊毛绒线各少许
【密度】10cm²：20 针 ×28 行
【附件】装饰纽扣 3 枚

【制作过程】

1. 前片：用黑色线起 80 针，先织双层平针底边，然后改织全下针，改用红色线和黑色线编织，织至 25cm 时左右两边开始按图收成插肩袖窿，再织 7cm 开领窝，至织完成。
2. 后片：织法与前片一样，只是须按图开领窝。
3. 袖片：先用黑色线起 40 针，先织双罗纹，然后用红色线改织全下针，袖下按图加针，织至 22cm 时按图示均匀减针，收成插肩袖山。
4. 编织结束后，将前后片侧缝、袖子缝合。
5. 领圈用黑色线挑 98 针，织 4cm 双罗纹，形成圆领。
6. 装饰：用绣花针，用十字绣的绣法，用白色、绿色线绣上花样图案，缝上装饰纽扣。

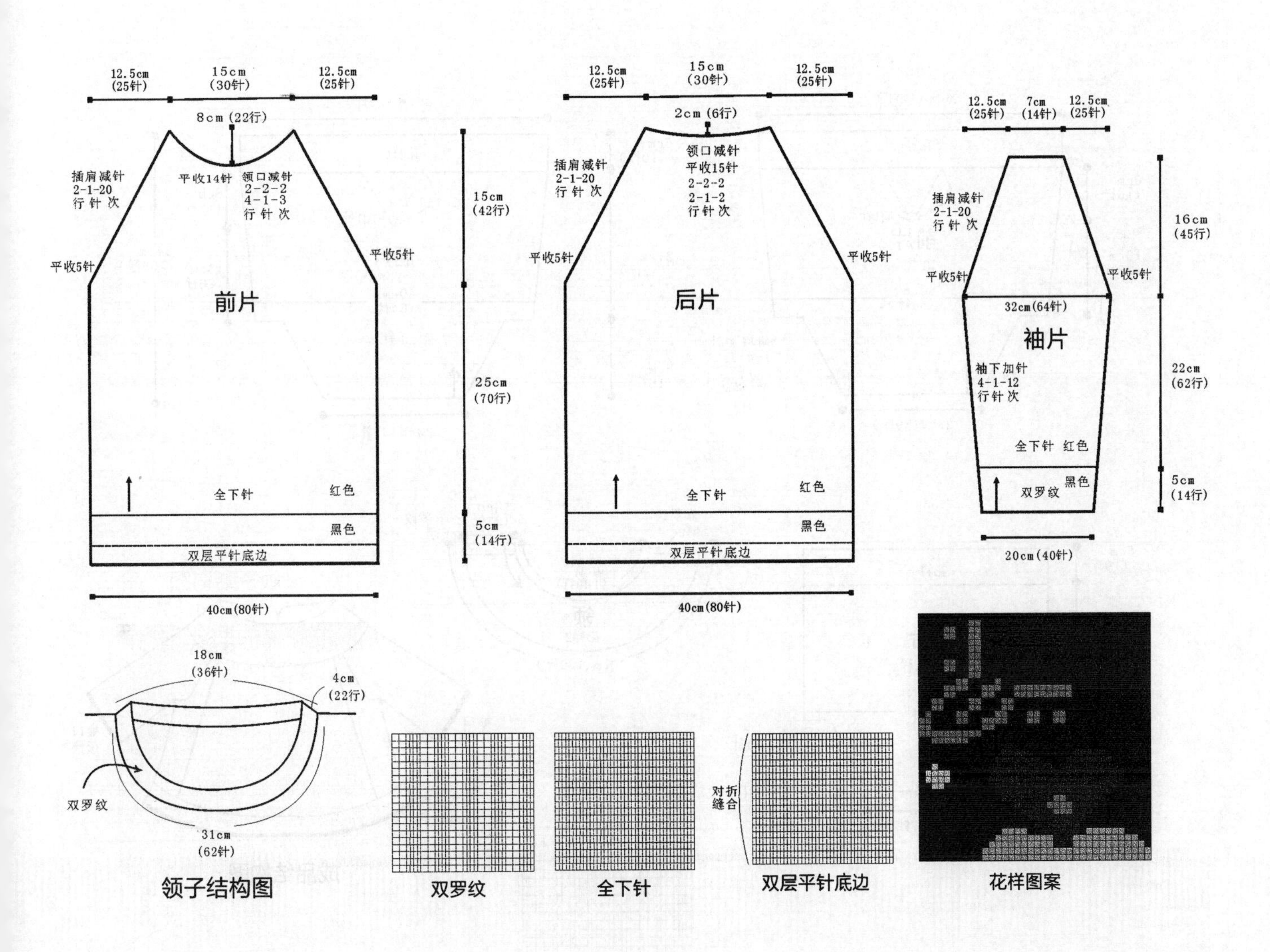

红艳艳中袖毛衣

【成品尺寸】衣长 34cm　胸围 80cm　袖长 25cm

【工具】7 号棒针　6 号棒针　钩针

【材料】红色毛线 400g

【密度】$10cm^2$：17 针 ×20 行

【附件】纽扣 3 枚

【制作过程】

1. 衣片分五片：前片、后片、袖两片、领片。先织后片，用 6 号棒针和红色毛线起 39 针，织下针，平织 2 行，按图斜肩加针，织到 8cm，两侧各加 4 针，不加不减针织 13cm，按图开始下摆加针，第一次加 1 针，织 2 行按照 2-1-7 加针，织 8cm 后，换花样 C 编织 5cm，收针断线。
2. 前片：编织方法同后片，编织花样 A。
3. 袖片：用 6 号棒针和红色毛线起 27 针，编织花样 A，平织 2 行，按图斜肩加针，织到 8cm，两侧各加 4 针，不加不减针织 12cm，换花样 C 编织 5cm，收针断线。
4. 领：用红色毛线和 7 号棒针起 21 针，编织单罗纹 6 行，换 6 号棒针编织花样 B，采用退引针法，如图加行数，织至内圆 50cm 外圆 76cm，在最后 6 行换 7 号棒针织单罗纹，并在相应位置留扣眼。
5. 分别缝合袖下线和侧缝线，然后缝合领子。
6. 在袖口和衣下摆钩织花样 D。

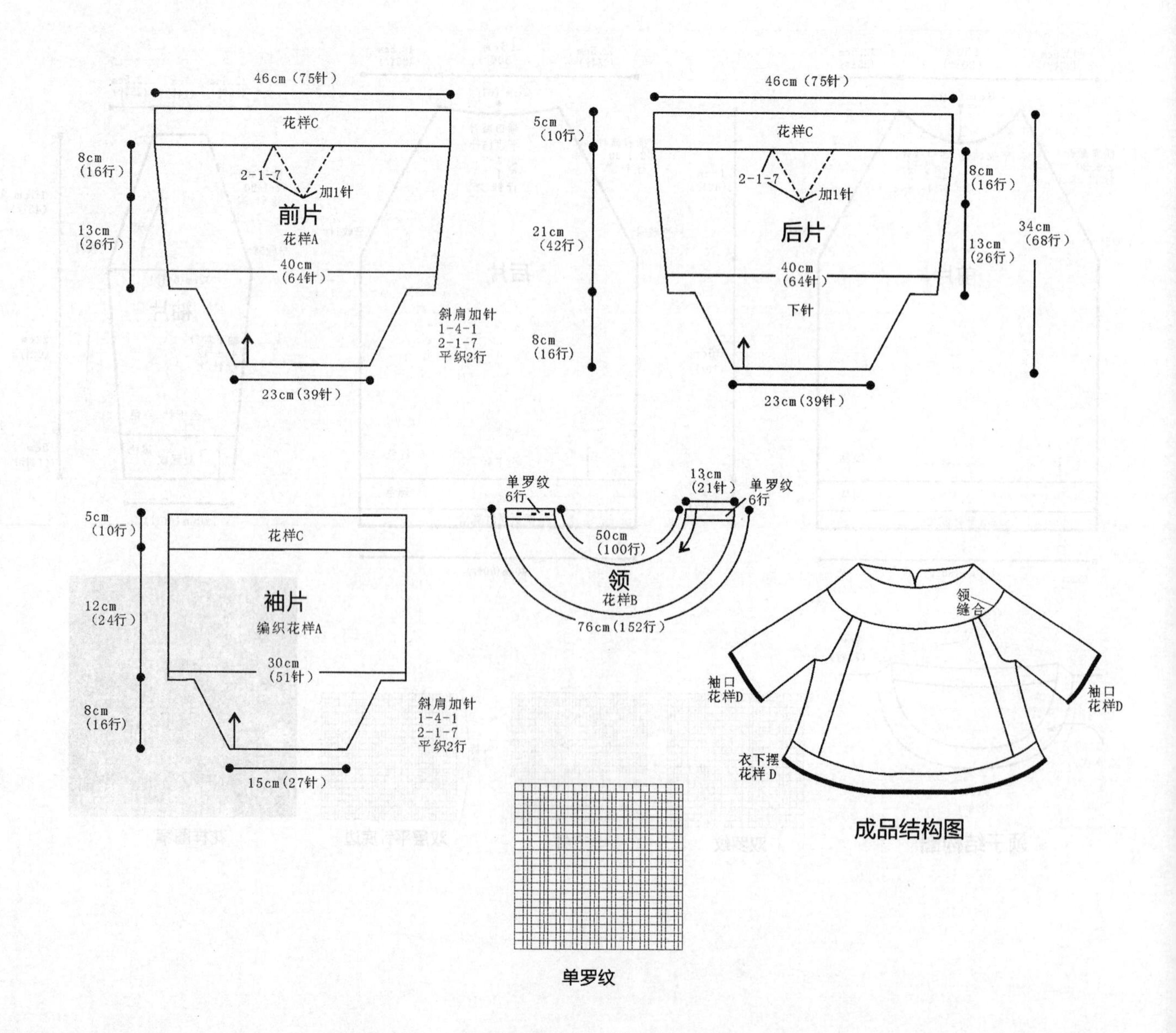

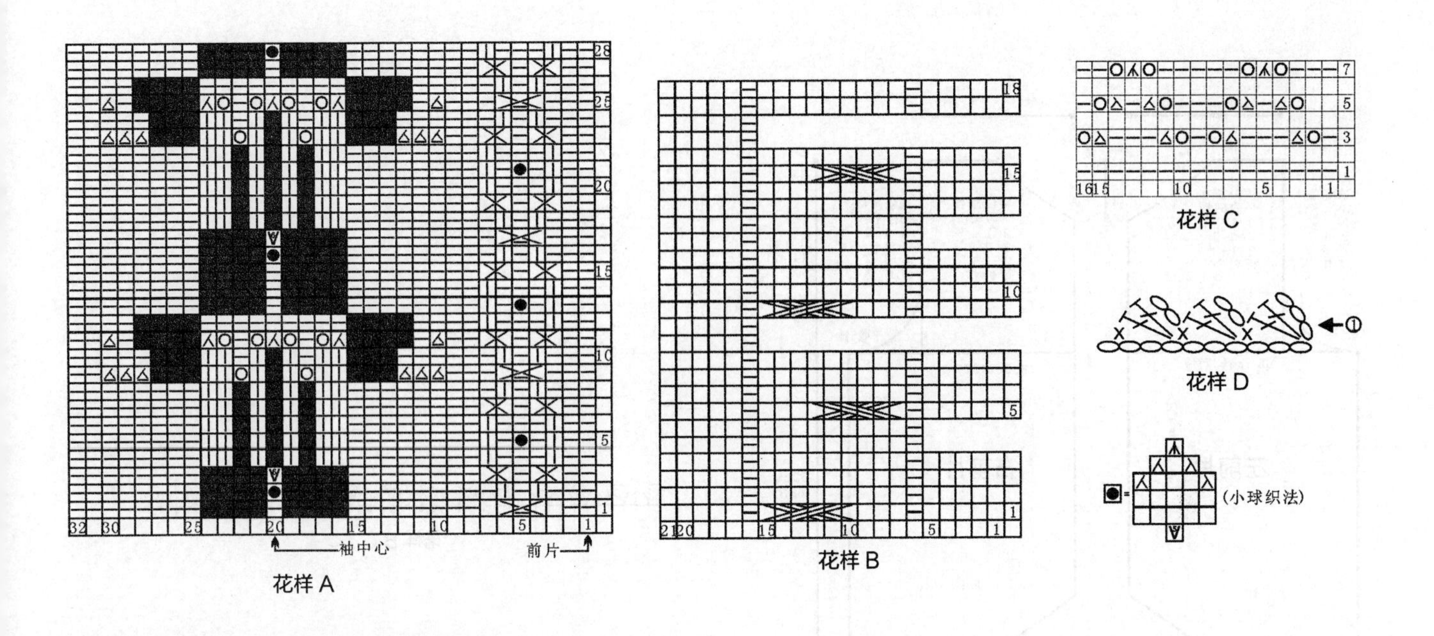

时尚童星套装

【成品尺寸】 胸围 74cm 袖长 36cm 外套衣长 42cm 小吊带衣长 26cm 裙子长 30cm

【工具】 10 号棒针 绣花针 钩针

【材料】 绿色羊毛绒线 400g 白色、棕色羊毛绒线各少许

【密度】 $10cm^2$：20 针 ×28 行

【附件】 松紧带 1 根

【制作过程】

1. 外套前片：分左、右两片，左前片用绿色线，按图起 17 针，织全下针，衣角按图加针，织至 27cm 时左边开始按图收成袖窿，再织 9cm 开领窝织至完成，用同样方法对应织右前片。
2. 外套后片：用绿色线，按图起 74 针，织 5cm 单罗纹后，改织全下针，织至 22cm 时左右两边开始按图收成袖窿，再织 13cm 开领窝织至完成。
3. 袖片：用绿色线，按图起 44 针，织 5cm 单罗纹后，改织全下针，袖下按图加针，织至 22cm 时按图示均匀减针，收成袖山。
4. 小吊带：用绿色线起 26 针，织全下针，两边按图加针，织至 8cm 时按图减针，织至 15cm 时织双层边，折边缝合，用于穿带子。用三股线编成辫子状作为带子。
5. 裙子：从裙腰织起，起 112 针圈织双层边，用于穿入松紧带，然后织 4cm 单罗纹后改织花样 A，织花样 A 时均匀加针至 208 针。
6. 编织结束后，将外套的前后片侧缝、肩部、袖片缝合，小吊带侧缝缝合。门襟至领圈用绿色线挑适合针数，织 4cm 单罗纹。
7. 领圈与门襟同时挑适合针数织 4cm 单罗纹。
8. 装饰：小吊带下摆边和裙子边用钩针按花样 B 织花边。用绣花针，用十字绣的绣法，用白色、棕色线绣上花样图案。

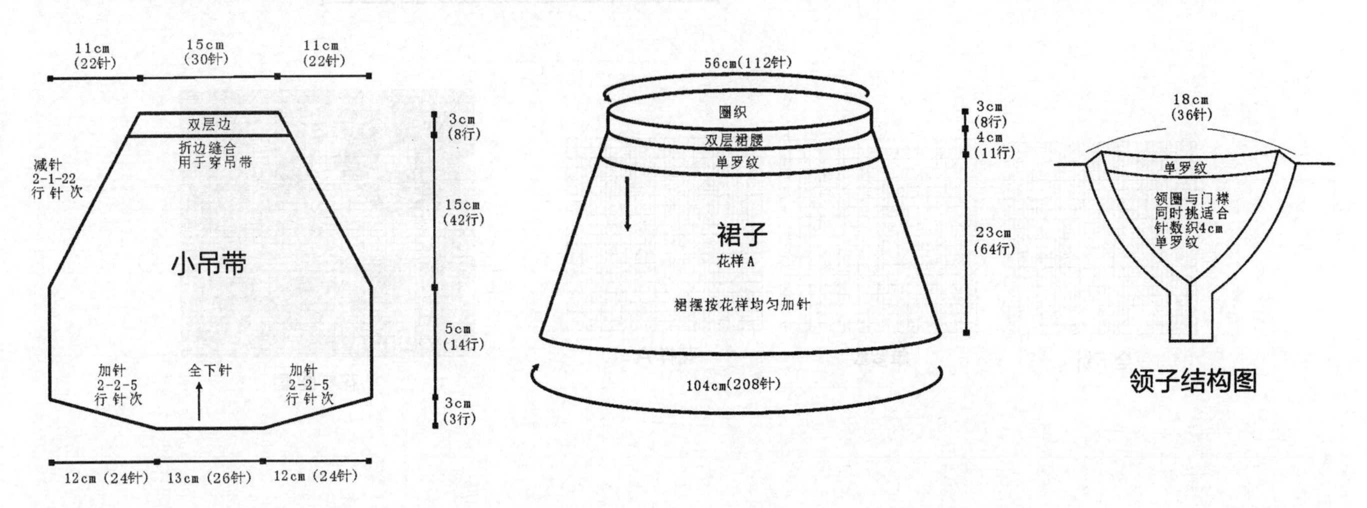

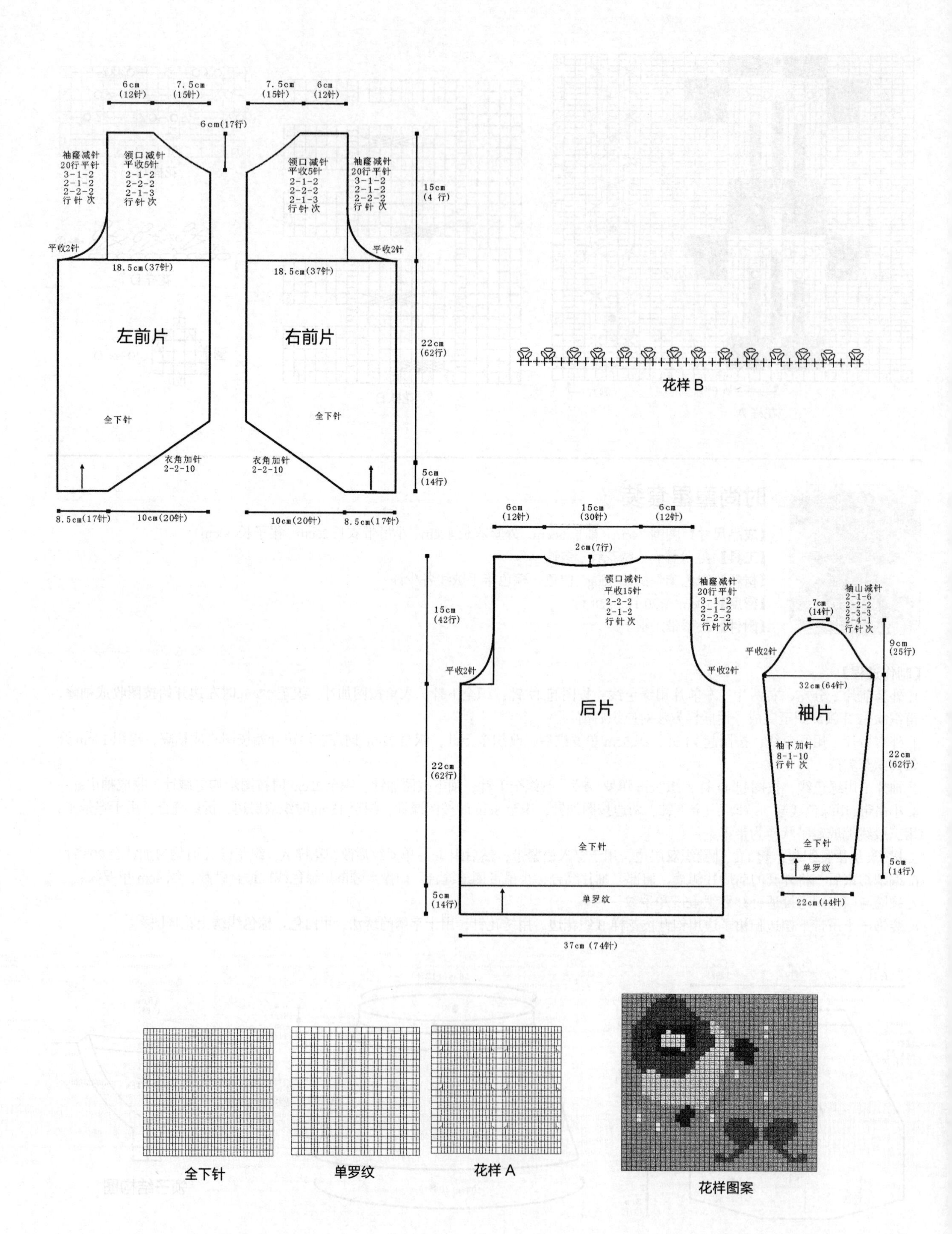
6cm (12针)
7.5cm (15针)
6cm(17行)
袖窿减针
20行平针
3-1-2
2-1-2
2-2-2
行针次
领口减针
平收5针
2-1-2
2-2-2
2-1-3
行针次
平收2针
18.5cm(37针)
左前片
全下针
衣角加针
2-2-10
8.5cm(17针)
10cm(20针)
7.5cm (15针)
6cm (12针)
领口减针
平收5针
2-1-2
2-2-2
2-1-3
行针次
袖窿减针
20行平针
3-1-2
2-1-2
2-2-2
行针次
15cm (4行)
平收2针
18.5cm(37针)
右前片
22cm (62行)
全下针
衣角加针
2-2-10
5cm (14行)
10cm(20针)
8.5cm(17针)
花样B
6cm (12针)
15cm (30针)
6cm (12针)
2cm(7行)
领口减针
平收15针
2-2-2
2-1-2
行针次
袖窿减针
20行平针
3-1-2
2-1-2
2-2-2
行针次
15cm (42行)
平收2针
平收2针
后片
22cm (62行)
全下针
5cm (14行)
单罗纹
37cm (74针)
7cm (14针)
袖山减针
2-1-6
2-2-2
2-3-3
2-4-1
行针次
平收2针
9cm (25行)
32cm(64针)
袖片
袖下加针
8-1-10
行针次
22cm (62行)
全下针
单罗纹
5cm (14行)
22cm(44针)
全下针
单罗纹
花样A
花样图案

条纹卡通连帽外套

【成品尺寸】衣长 45cm　胸围 74cm　袖长 36cm

【工具】10 号棒针　绣花针　钩针

【材料】灰色羊毛绒线 300g　白色羊毛绒线 100g　红色、棕色、蓝色羊毛绒线各少许

【密度】10cm^2：20 针 ×28 行

【附件】纽扣 5 枚

【制作过程】

1. 前片：分左、右两片，左前片用灰色线，按图起 37 针，先织双层平针底边，之后改织全下针，织至适合长度后改用白色线配色，织至 30cm 时改织单罗纹，同时开始按图收成袖窿，再织 9cm 开领窝至织完成。用同样方法对应织右前片。
2. 后片：用灰色线，按图起 74 针，先织双层平针底边，之后改织全下针，并用红色、棕色、蓝色线编入花样图案 A，织至 30cm 时改织单罗纹，同时左右两边开始按图收成袖窿，再织 13cm 开领窝至织完成。
3. 袖片：用灰色线，按图起 44 针，织 5cm 单罗纹后，改织全下针，织至适合长度后改用白色线配色，袖下按图加针，织至 22cm 时按图示均匀减针，收成袖山。
4. 编织结束后，将前后片侧缝、肩部、袖子缝合。
5. 帽子用灰色线挑 92 针，织 18cm 全下针，并用白色线配色，将边缘缝合，形成帽子。
6. 装饰：门襟至帽边用钩针钩织花边，用绣花针在前片绣上花样图案 B，缝上纽扣。

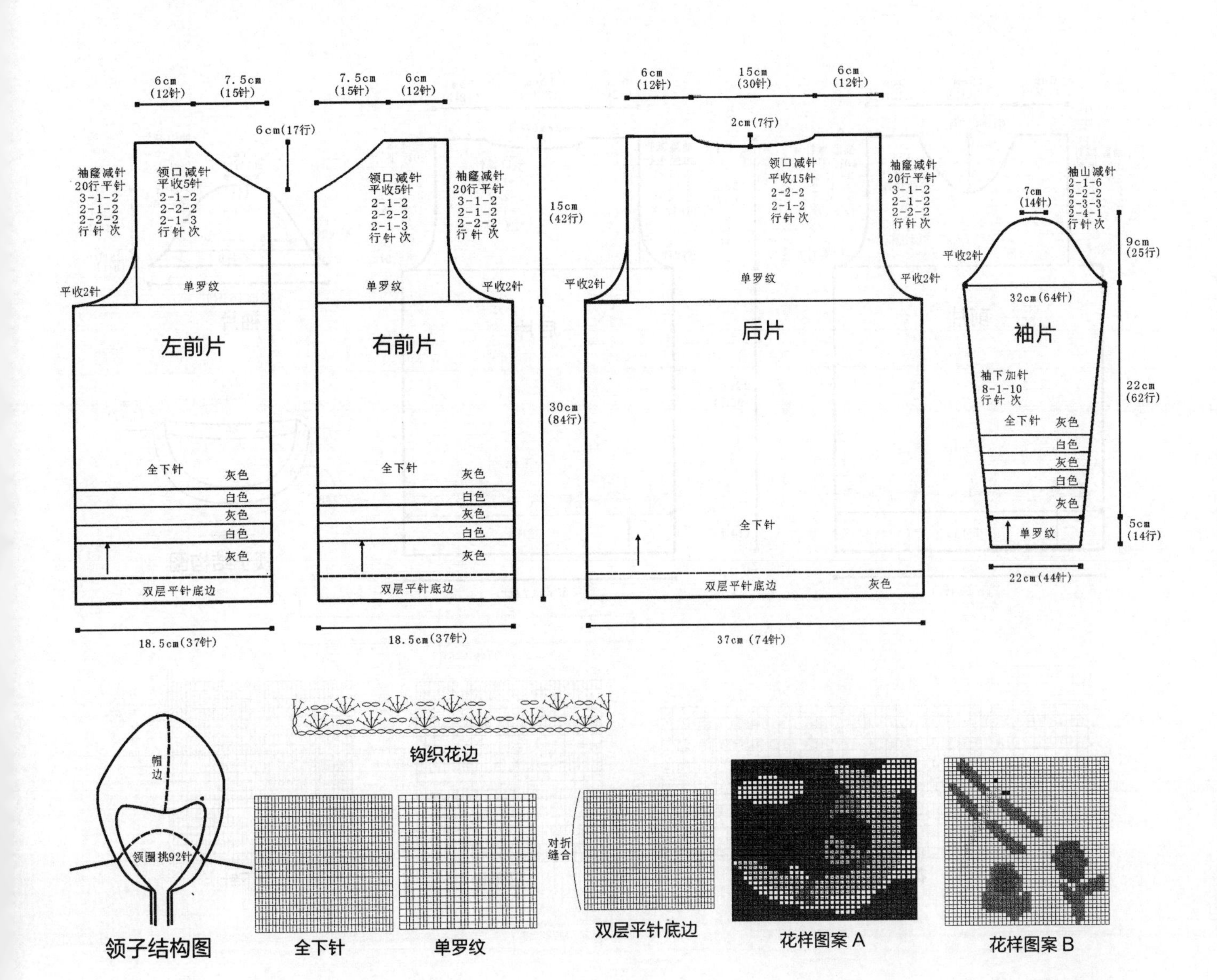

黄色短袖娃娃装

【成品尺寸】衣长 42cm 胸围 74cm 袖长 8cm

【工具】10 号棒针 绣花针

【材料】黄色羊毛绒线 200g 绿色、白色、棕色羊毛绒线各少许

【密度】10cm²：20 针 ×28 行

【制作过程】

1. 前片：用黄色线，按图起 74 针，织 5cm 花样 A 后，改织全下针，织至 22cm 时左右两边开始按图收成袖窿，织至 9cm 时开领窝至织完成。
2. 后片：织法与前片一样，只是须按图开领窝。
3. 袖片：用黄色线，按图起 64 针，织 3cm 花样 B 后，改织全下针，并按图示均匀减针，收成袖山。
4. 编织结束后，将前后片侧缝、肩部缝合，袖片打皱褶与衣片袖窿缝合。
5. 领圈挑 98 针，织 4cm 花样 B，形成圆领。
6. 装饰：用绣花针在下摆和袖口用白色、绿色、棕色线绣上花朵。

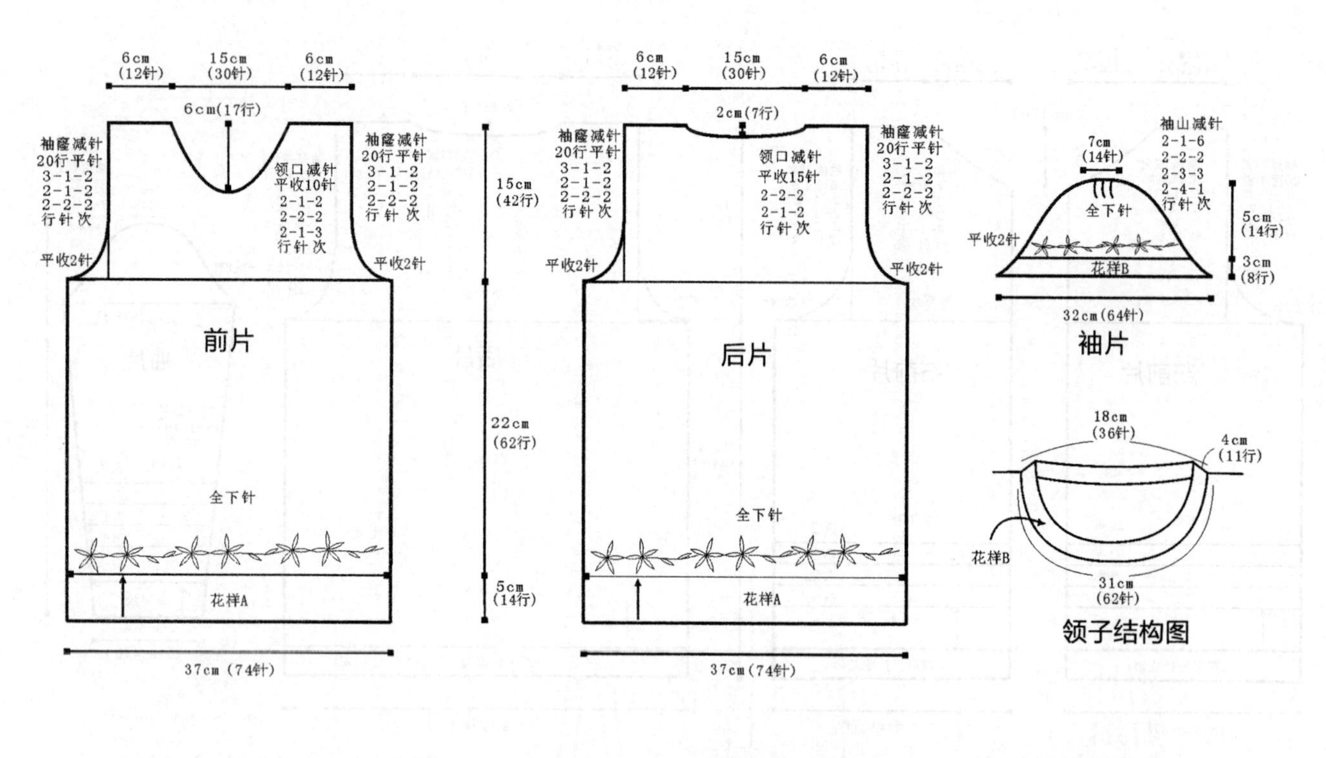

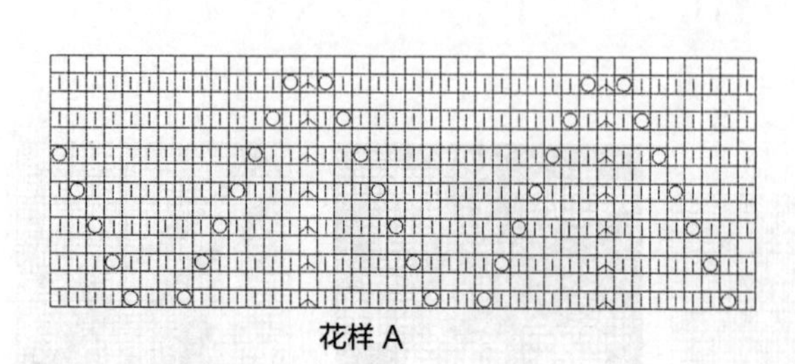

花样 A

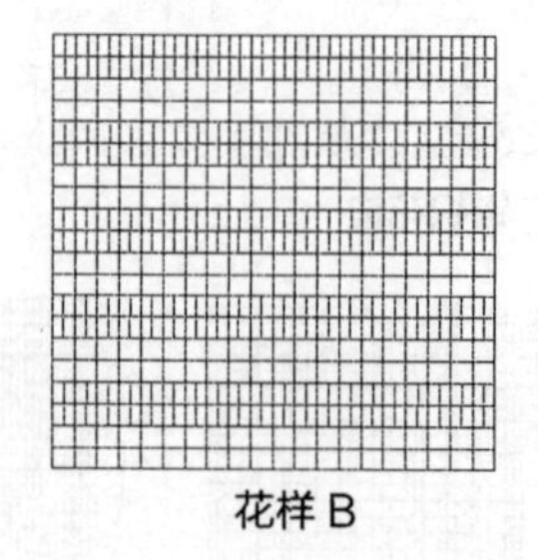

花样 B

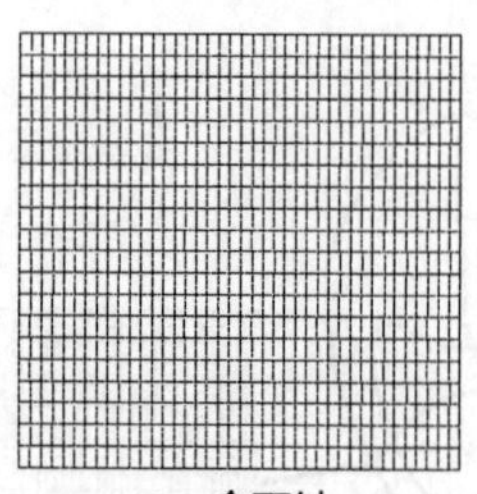

全下针

顽皮小猴连体装

【成品尺寸】连裤衣长 55cm　胸围 74cm　袖长 36cm

【工具】10 号棒针　绣花针

【材料】咖啡色、黄色羊毛绒线各 200g　红色、粉红色线各少许

【密度】10cm^2：20 针 ×28 行

【附件】纽扣 8 枚

【制作过程】

1. 前片：从裤脚织起，用咖啡色线，起 26 针，织 5cm 单罗纹后，改织全下针，门襟按图加针，织至 16cm 时，用同样方法织另一裤腿，然后将两裤腿的门襟重叠，连起来成为前片，继续编织，至适合长度改用黄色线，并用红色、粉红色、咖啡色线编入花样图案，织至 19cm 时左右两边开始按图收成袖窿，再织 9cm 开领窝至织完成。
2. 后片：织法与前片一样，注意开领窝的尺寸。
3. 袖片：先用黄色线，按图用机器边起针法起 44 针，织 5cm 单罗纹后，改织全下针，袖下按图加针，织至适合长度用红色和咖啡色线配色，织至 22cm 按图示均匀减针，收成袖山。
4. 编织结束后，将前后片侧缝、肩部、袖子缝合。
5. 裤裆门襟挑适合的针数，织 5cm 单罗纹，并均匀开纽扣孔。
6. 领圈挑 94 针，织 5cm 单罗纹，形成圆领。
7. 装饰：用绣花针缝上纽扣。

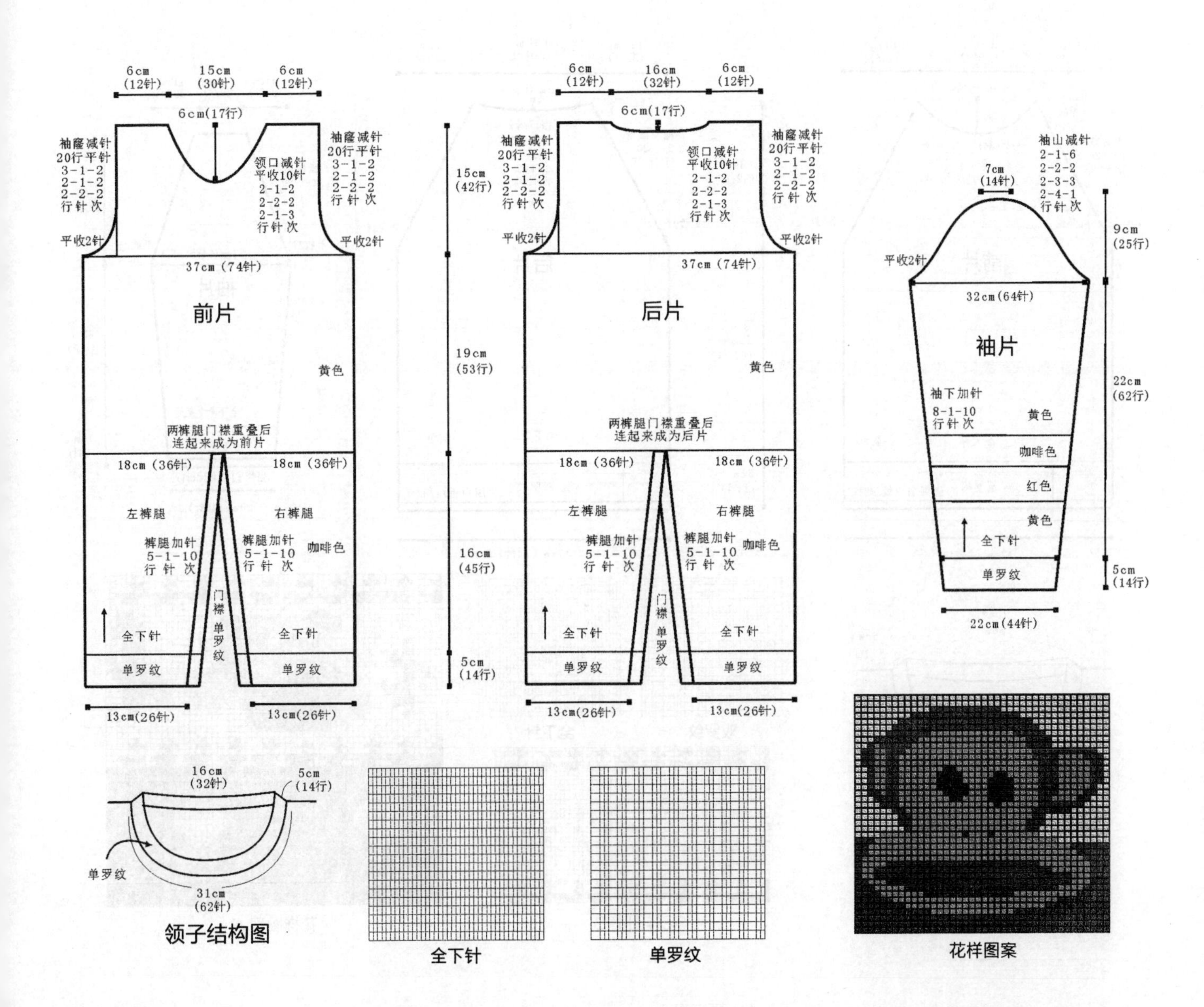

领子结构图

全下针

单罗纹

花样图案

卡通套头毛衣

【成品尺寸】衣长 42cm　胸围 74cm　袖长 43cm

【工具】10 号棒针　绣花针

【材料】蓝色、白色羊毛绒线各 150g　红色、黄色、棕色线各少许

【密度】10cm^2：20 针 ×28 行

【附件】纽扣 2 枚

【制作过程】

1. 前片：先用白色线，一般起针法起 74 针，织 2 行后改用蓝色线织 5cm 双罗纹，然后改织全下针，并用红色、黄色、棕色线编入花样图案 A，织至 22cm 时左右两边开始按图收成插肩袖窿，再织 7cm 开领窝，至织完成。
2. 后片：织法与前片一样，只是须按图开领窝。
3. 袖片：先用白色线，一般起针法起 40 针，织 2 行后改用蓝色线织 5cm 双罗纹，然后改织全下针，并编入花样图案 B，袖下按图加针，织至 22cm 时按图示均匀减针，收成插肩袖山。
4. 编织结束后，将前后片侧缝、袖子缝合。
5. 领圈用蓝色线挑 98 针，织 5cm 双罗纹，最后用白色线织 2 行，形成圆领。
6. 装饰：用绣花针缝上图案的纽扣。

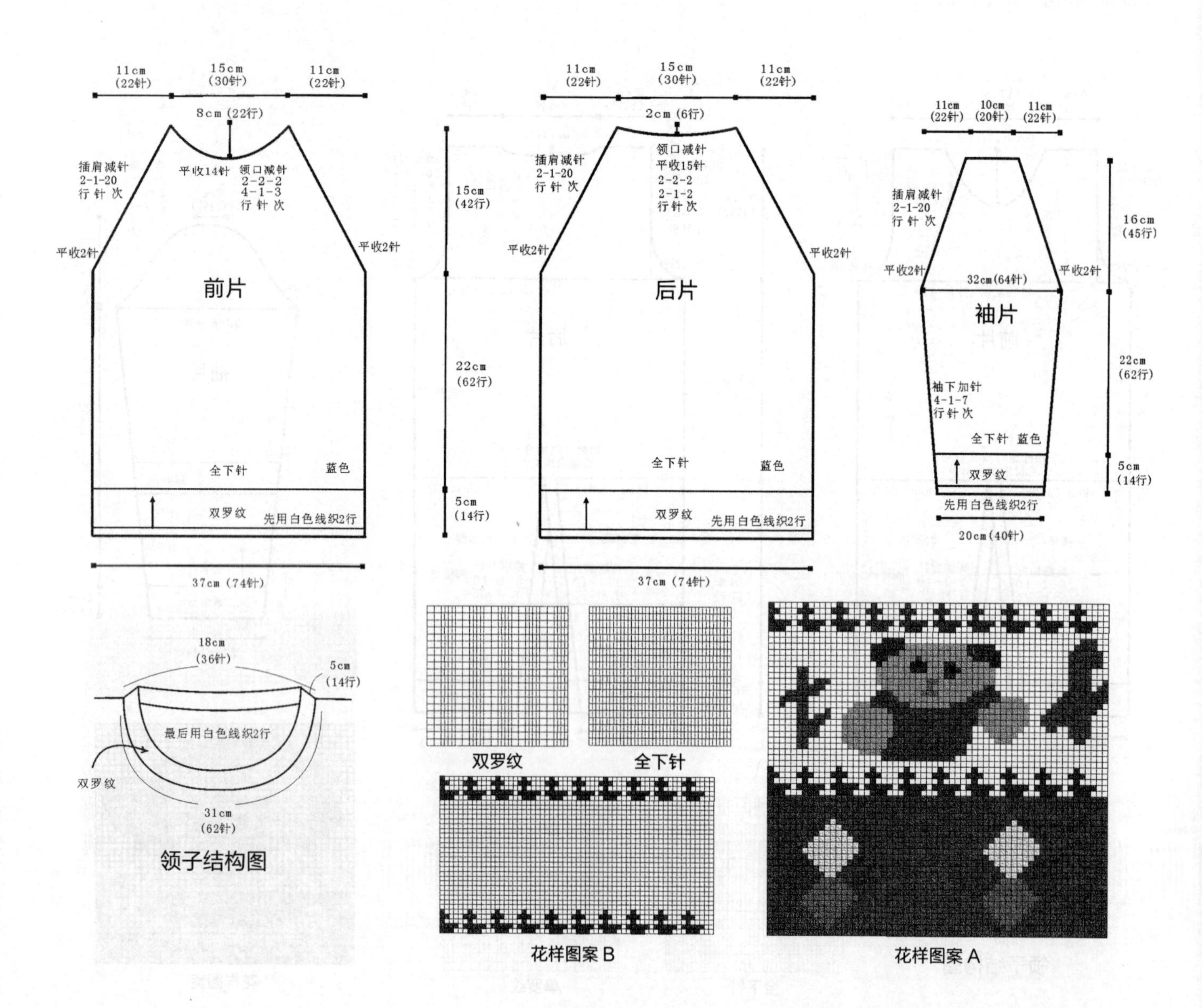

可爱卡通毛衣

【成品尺寸】 衣长 45cm　胸围 74cm　袖长 43cm

【工具】 10 号棒针　绣花针

【材料】 蓝色羊毛绒线 200g　黄色羊毛绒线 100g　绿色、棕色线少许

【密度】 $10cm^2$：20 针 ×28 行

【附件】 纽扣 1 枚

【制作过程】

1. 前片：用黄色线，机器边起针法起 74 针，织 5cm 双罗纹并用蓝色线配色，然后用蓝色线改织全下针，并用黄色、绿色线编入图案，织至 25cm 时左右两边开始按图收成插肩袖，再织 7cm 开领窝，织至完成。
2. 后片：织法与前片一样，需按图开领窝。
3. 袖片：先用黄色线，机器边起针法起 40 针，织 5cm 双罗纹并用蓝色线配色，然后用黄色线改织全下针，袖下按图加针，织至 22cm 时按图示均匀减针，收成插肩袖山。
4. 编织结束后，将前后片侧缝、袖子缝合。
5. 领圈用黄色线挑 98 针，织 5cm 双罗纹，并用蓝色线配色，形成圆领。
6. 装饰：用绣花针缝上图案纽扣。

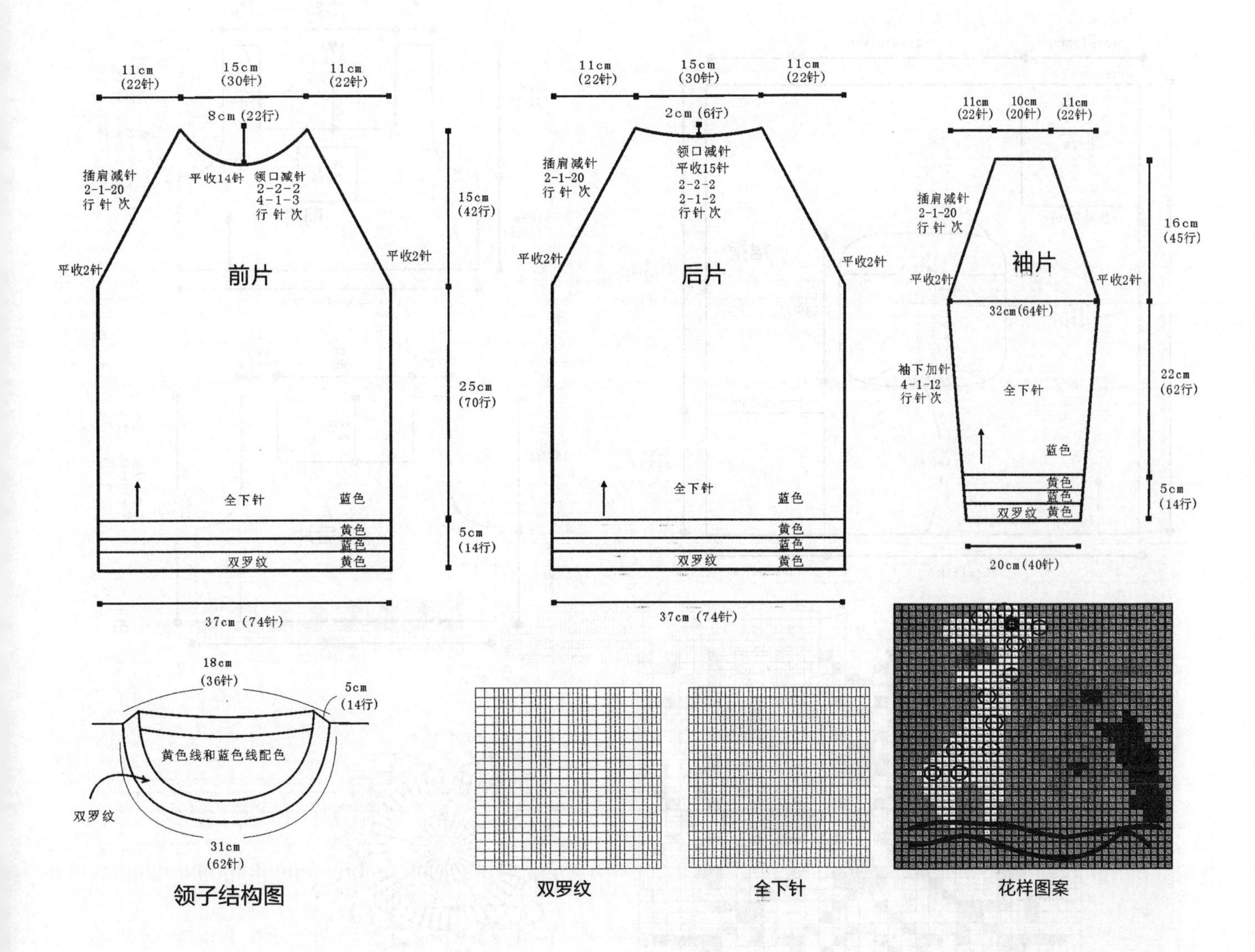

个性黑白无袖裙

【成品尺寸】衣长 72cm　胸围 66cm
【工具】9 号棒针　钩针
【材料】黑色毛线 350g　白色毛线少许
【密度】10cm²：23 针 ×30 行

【制作过程】

1. 按结构图先织裙摆，用 9 号棒针起 81 针，不加不减针织 13cm 下针，如图，一次性加 30 针，织至 16cm 按图示减针，先停织 15 针，2 行减 3 针减 1 次，2 行减 2 针减 2 次，2 行减 1 针减 4 次，4 行减 1 针减 1 次，平织 12 行，按图示开始加针，加针次序与减针相反，如此织出胸围所需的圆形尺寸；继续织下针到 35cm，按图一次性减 30 针，不加不减针织 13cm，裙摆完成，收针，断线。
2. 前、后片：在裙摆中间织出的圆形上挑 152 针，织下针，织 10cm 到腋下，分前后两片织；先织后片，如图示进行袖窿减针，织到衣长最后 7cm，按图一次性减 30 针，两肩各留 11 针；前片织法同后片，前片开领为 9cm。
3. 合肩：将前后片反面下针缝合。
4. 在前片相应的位置绣上花样 A。
5. 用白色毛线钩织花样 B，并缝在相应的位置。

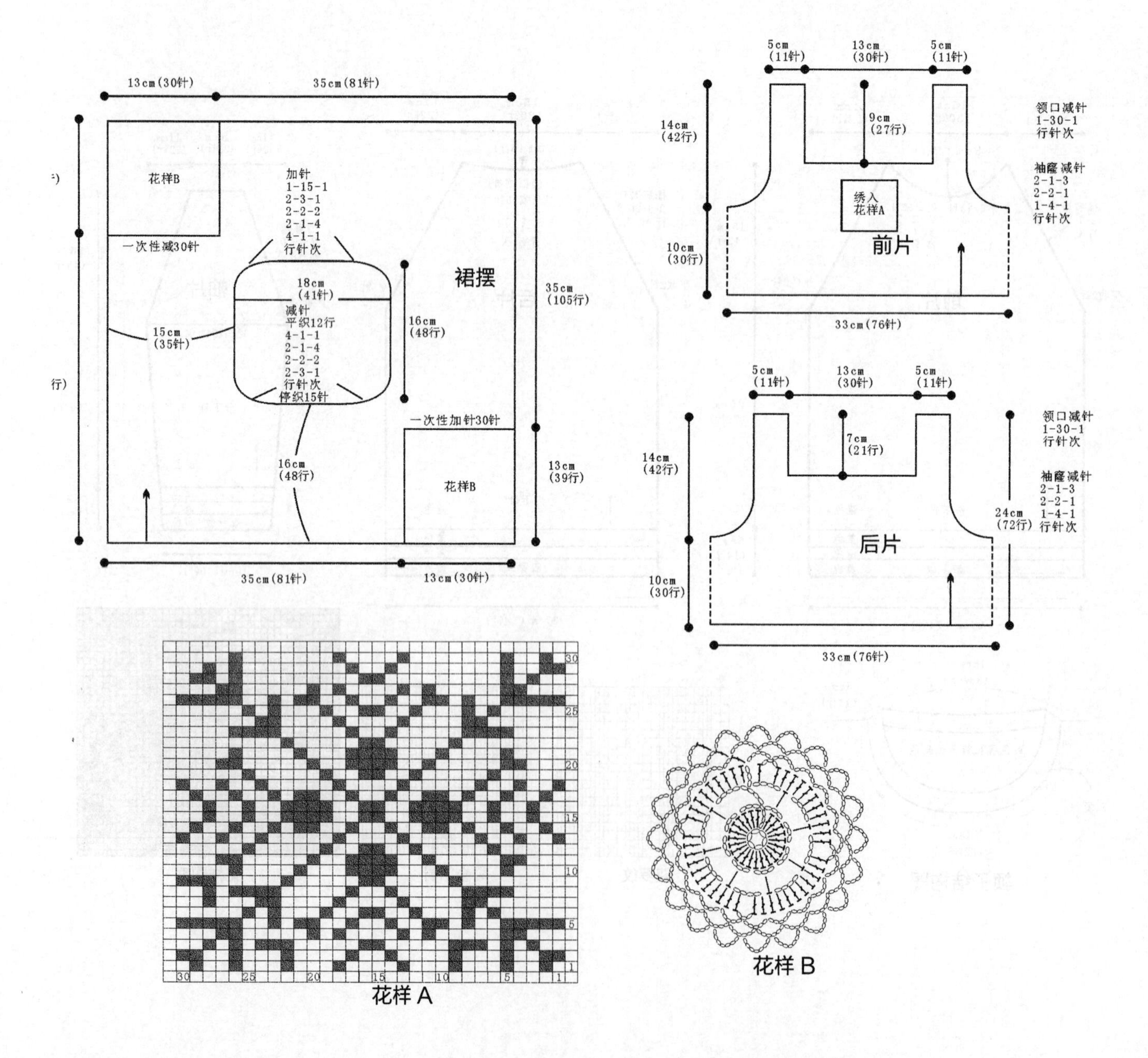

靓丽花朵毛衣

【成品尺寸】衣长 42cm　胸围 74cm　袖长 36cm

【工具】10 号棒针　绣花针

【材料】红色、白色、灰色羊毛绒线各 100g

【密度】10cm²：20 针 ×28 行

【制作过程】

1. 前片：先用灰色线，按图用机器边起针法起 74 针，织 8cm 双罗纹后，改织全下针，织至适合长度后改用红色线继续织，织至 19cm 时左右两边开始按图收成袖窿，并改用白色线，红色和白色线之间用灰色线织 2 行，再织 9cm 开领窝至织完成。
2. 后片：织法与前片一样，只是须按图开领窝。
3. 袖片：用红色线，按图用机器边起针法起 44 针，织 5cm 双罗纹后，改织全下针，袖下按图加针，织至 22cm 时改用白色线，红白色之间用灰色线织 2 行，按图示均匀地减针，收成袖山。
4. 编织结束后，将前后片侧缝、肩部、袖子缝合。
5. 领圈用灰色线挑 98 针，织 5cm 双罗纹，形成圆领。
6. 装饰：用绣花针，按十字绣的绣法，绣上花样图案 A、B。

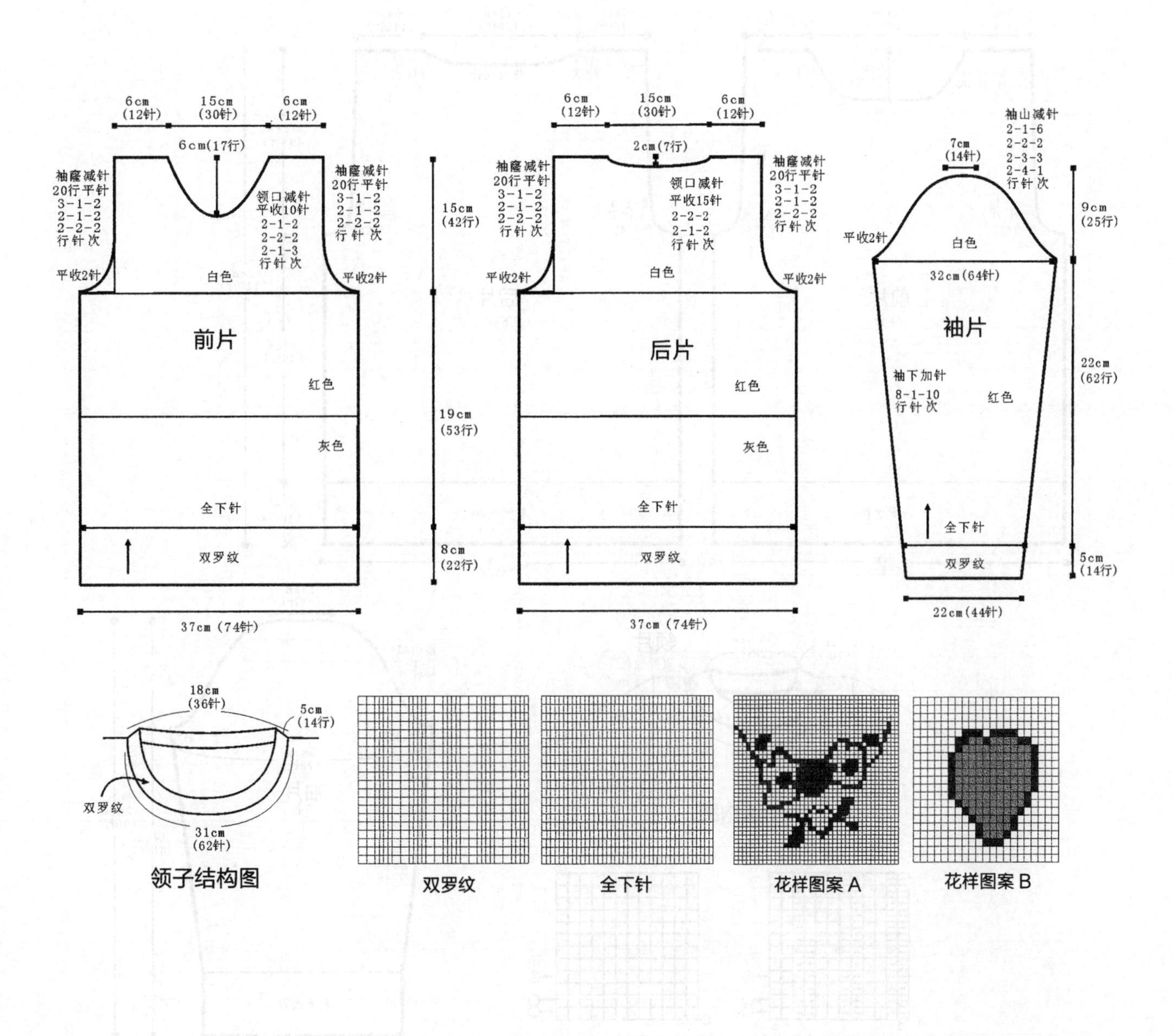

亮丽黄色圆领毛衣

【成品尺寸】衣长 32cm　胸围 56cm　袖长 28cm

【工具】12 号棒针　绣花针

【材料】黄色棉线 350g　白色、橙色、绿色、天蓝色、黑色、粉红色棉线各少许

【密度】$10cm^2$：27 针 ×34 行

【附件】卡通皮饰 1 片

【制作过程】

1. 后片：起 76 针，织双罗纹，织 5cm 的高度，改织下针，织至 19cm，两侧各平收 4 针，然后按 2-1-4 的方法袖窿减针，织至 31cm，中间平收 24 针，两侧按 2-1-2 的方法后领减针，最后两肩部各余下 16 针，后片共织 32cm。
2. 前片：起 76 针，织双罗纹，织 5cm 的高度，改织下针，织至 19cm，两侧各平收 4 针，然后按 2-1-4 的方法袖窿减针，织至 26cm，中间平收 8 针，两侧按 2-1-10 的方法前领减针，最后两肩部各余下 16 针，前片共织 32cm 长。
3. 袖片：起 60 针织双罗纹，织 5cm 的高度，改织下针，两侧一边织一边按 8-1-6 的方法加针，织至 19cm 后，织片变成 72 针，两侧各平收 4 针，然后按 2-1-15 的方法袖山减针，袖片共织 28cm，最后余下 34 针，收针。
4. 领子：领圈挑起 68 针织双罗纹，环形编织，织 3cm 长。
5. 用平针绣及十字绣的方法在前片中央用白色、橙色、绿色、天蓝色、黑色、粉红色等棉线绣图案。
6. 将卡通皮饰缝在前片上。

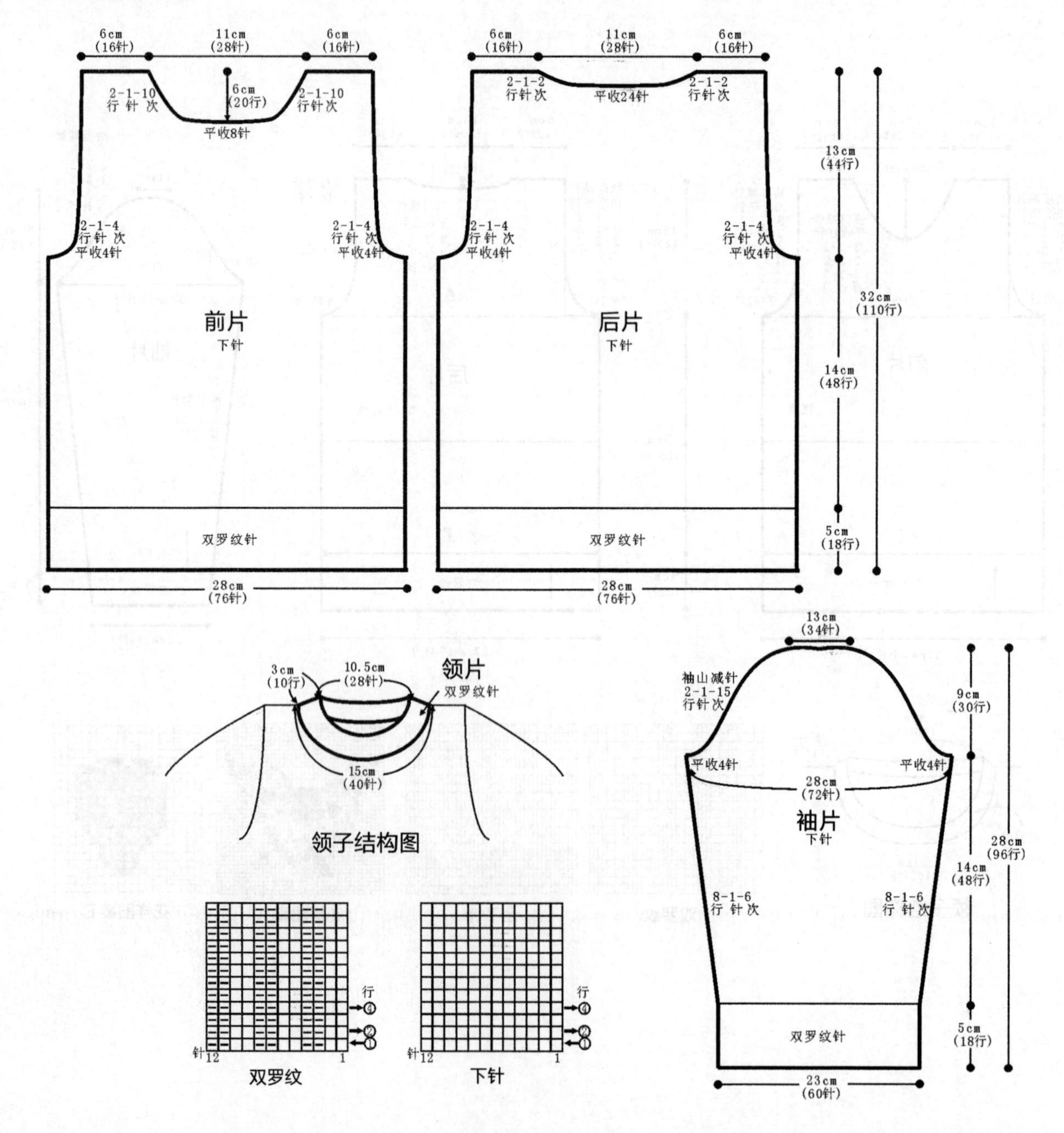

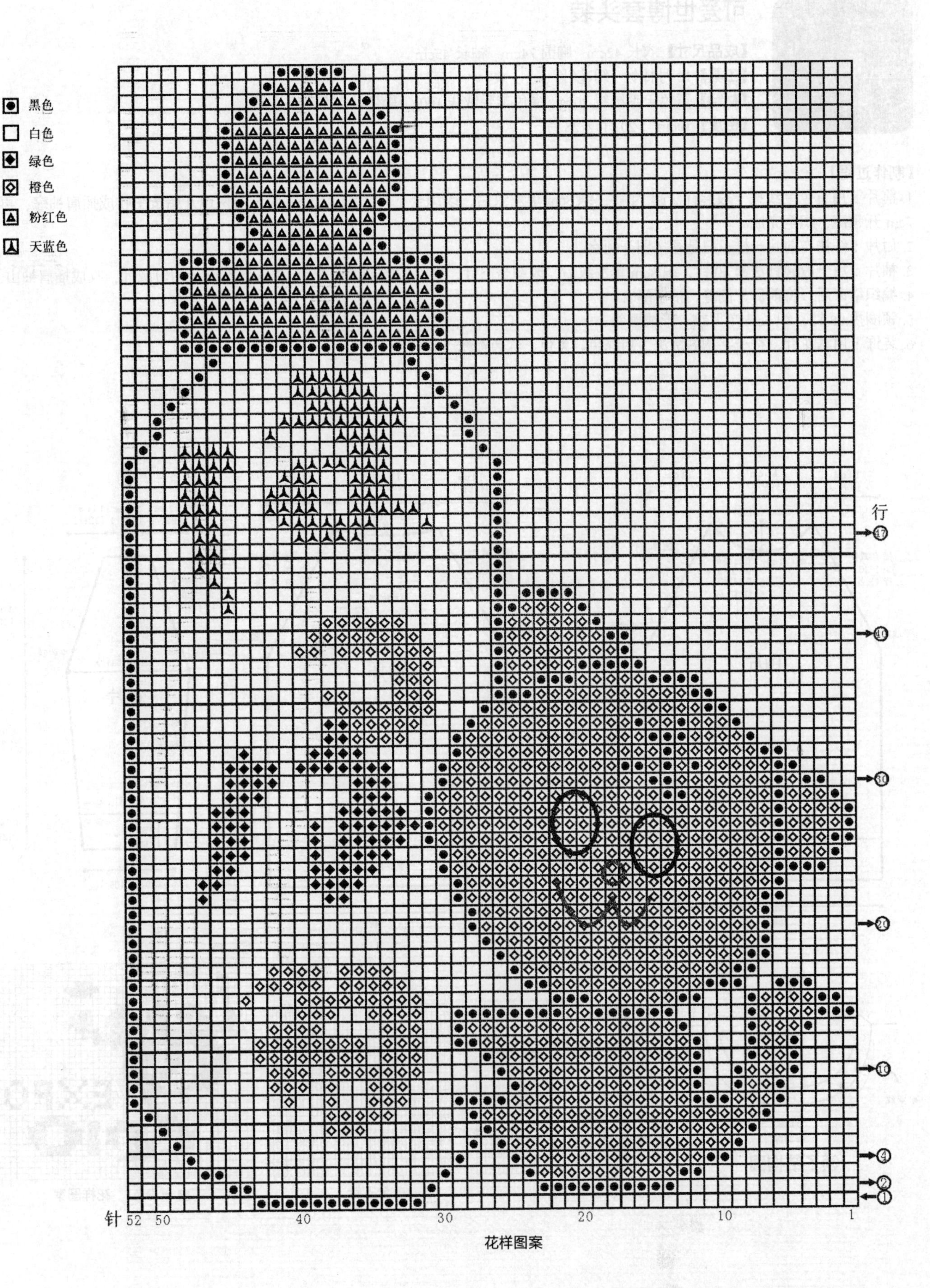

花样图案

可爱世博套头装

【成品尺寸】 衣长 42cm 胸围 74cm 袖长 43cm
【工具】 10 号棒针 绣花针
【材料】 黄色羊毛绒线 200g 绿色羊毛绒线 100g 黑色、红色线各少许
【密度】 $10cm^2$：20 针 ×28 行

【制作过程】

1. 前片：用黄色毛线按一般起针法起 74 针，织 8cm 单罗纹后，改织全下针，织至 19cm 时左右两边开始按图收成插肩袖窿，再织 7cm 开领窝，织至完成。
2. 后片：织法与前片一样，只是须按图开领窝。
3. 袖片：用一般起针法起 40 针，织 8cm 单罗纹后，改织全下针，袖下按图加针，织至 19cm 时按图示均匀减针，收成插肩袖山。
4. 编织结束后，将前后片侧缝、袖子缝合。
5. 领圈挑 98 针，织 5cm 单罗纹，形成圆领。
6. 装饰：用绣花针，按十字绣的绣法，用绿色、黑色、红色线绣上花样图案。

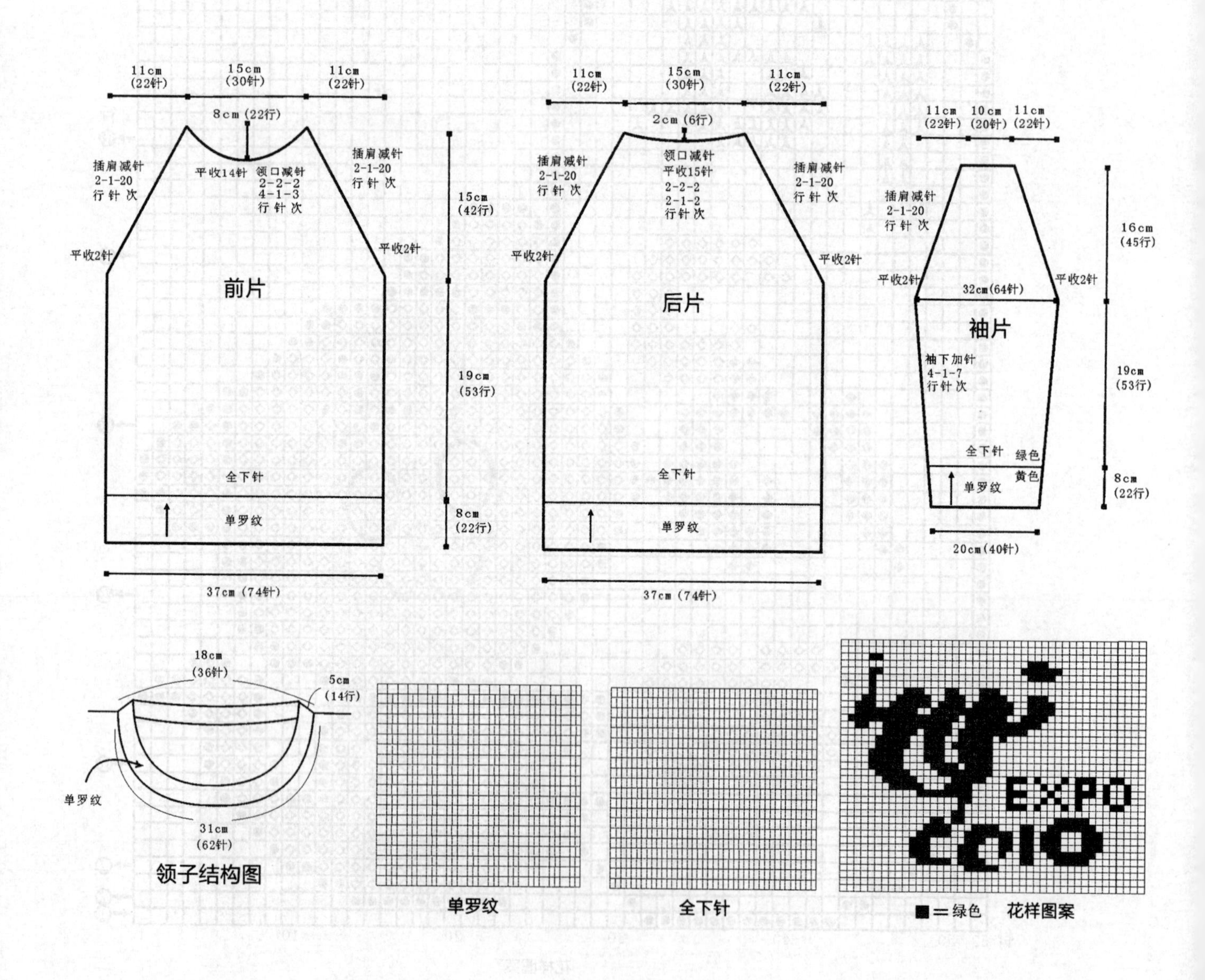

甜美镶珠娃娃裙

【成品尺寸】 衣长 45cm　胸围 74cm
【工具】 10 号棒针　钩针　绣花针
【材料】 粉红色羊毛绒线 250g
【密度】 10cm²：20 针 ×28 行
【附件】 亮珠若干

【制作过程】

1. 前片：用一般起针法起 74 针，织 22cm 花样 B 后，改织 8cm 双罗纹，再改织花样 A，同时左右两边按图减针，收成袖窿，再织 9cm 开领窝，至织完成。
2. 后片：织法与前片一样，只是须按图开领窝。
3. 编织结束后，将前后片侧缝、肩部缝合。
4. 下摆、领圈和袖口用钩针钩织花边。
5. 装饰：用绣花针缝上亮珠。

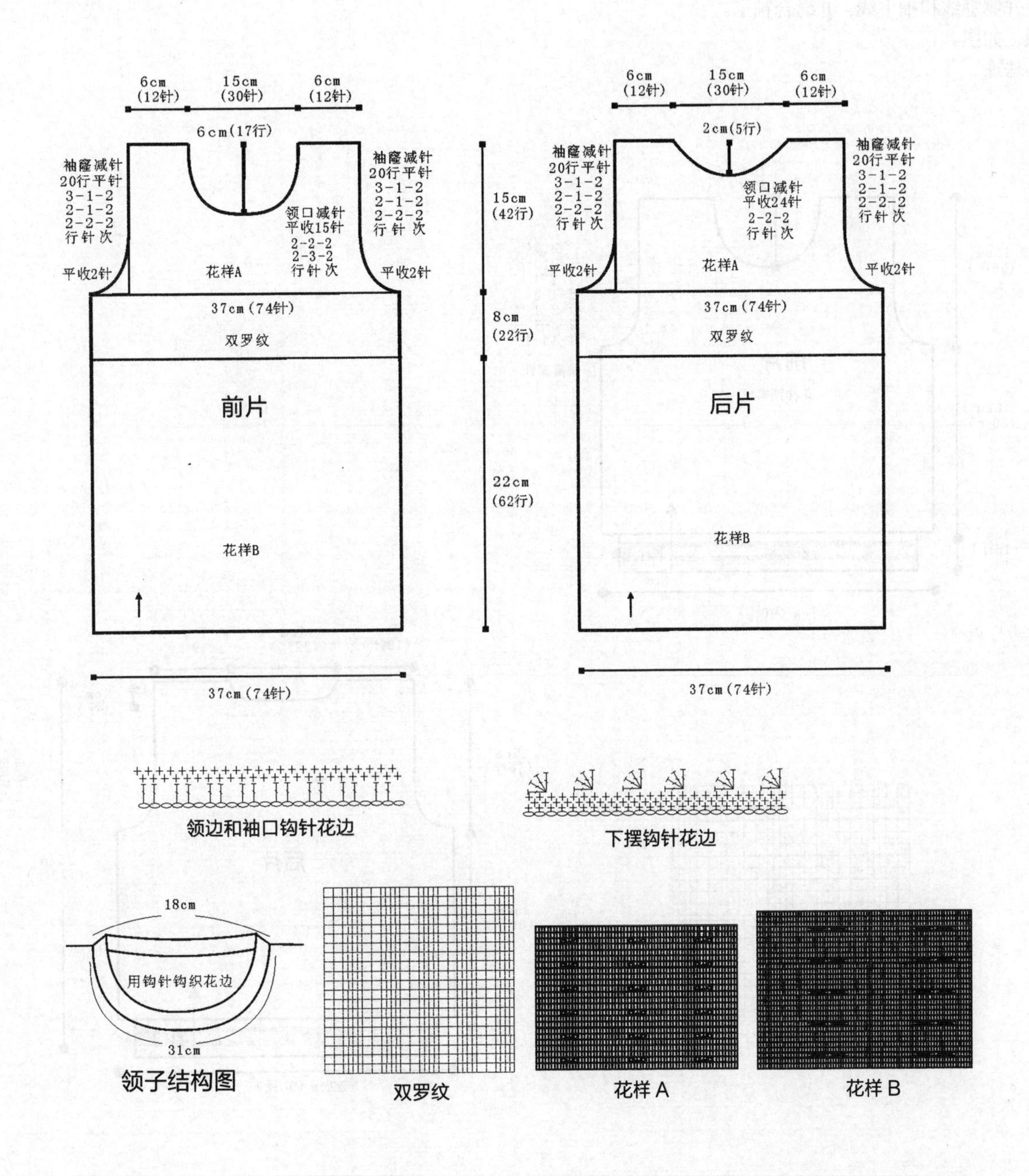

粉色卡通图案毛衣

【成品尺寸】 衣长 35cm　胸围 64cm　袖长 30cm
【工具】 10 号、11 号棒针　绣花针
【材料】 粉红色毛线 200g　白色毛线 25g　红色、蓝色、黑色毛线各少许
【密度】 10cm^2：28 针 ×38 行
【附件】 小珠珠 2 粒

【制作过程】
1. 先织后片，用 11 号棒针和粉红色毛线起 90 针，织双罗纹，此时织入白色毛线，编织花样图案 A，织 4cm 双罗纹，换 10 号棒针和粉红色毛线，织下针 16cm 到腋下，进行袖窿减针，减针方法如图，肩留 19 针，待用。
2. 前片：用粉红色毛线和 11 号棒针起 90 针，织双罗纹，此时织入白色毛线，编织花样图案 A，织 4cm 双罗纹，换 10 号棒针和粉红色毛线，同时用红色、蓝色、黑色毛线编入花样图案 B，织 16cm 到腋下，进行袖窿减针，减针方法如图，织到衣长最后 7cm 时，开始领口减针，减针方法如图示，肩留 19 针，待用。
3. 袖片：用 11 号棒针和粉红色毛线起 52 针，织双罗纹，编织花样 A，织到 4cm 均匀放针至 60 针，织 6 行下针，换白色毛线织 6 行下针，交替进行换线，织 17cm 到腋下，进行袖山减针，减针方法如图，减针完毕，袖山形成。
4. 分别合并侧缝线和袖下线，并缝合袖子。
5. 领挑织，如图。
6. 缝上小珠珠。

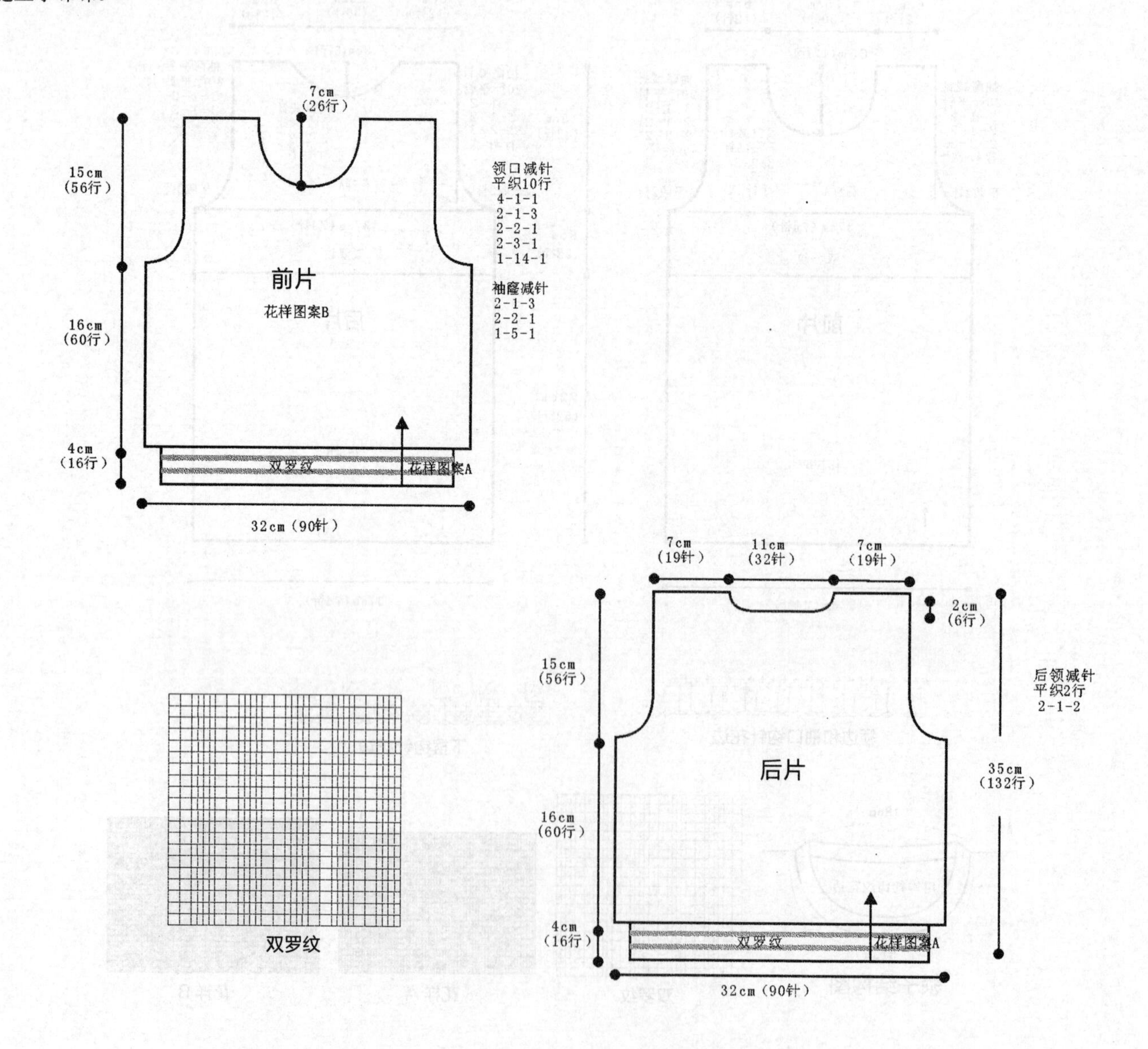

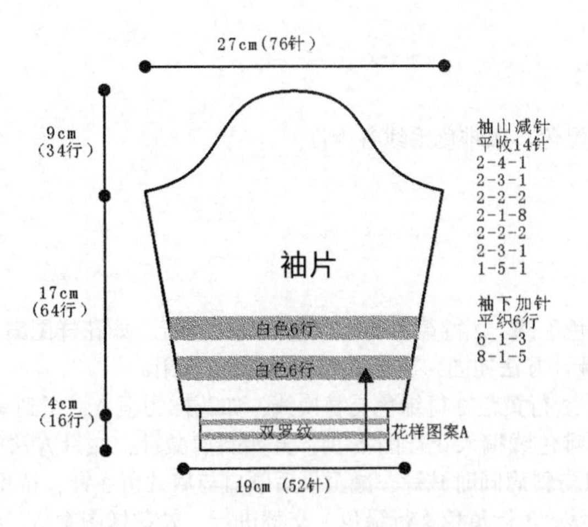

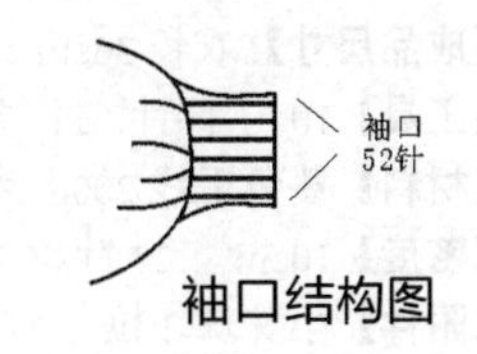

袖口结构图

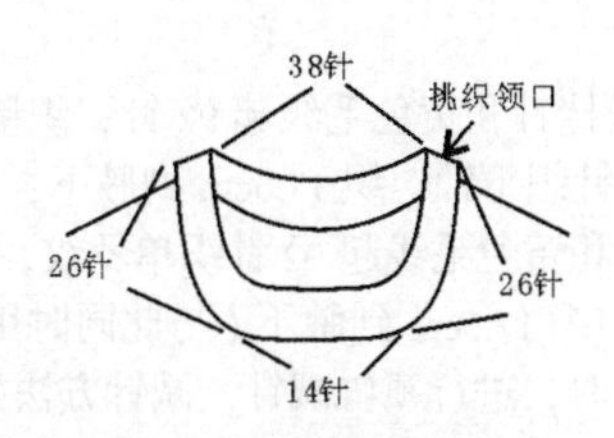

领子结构图

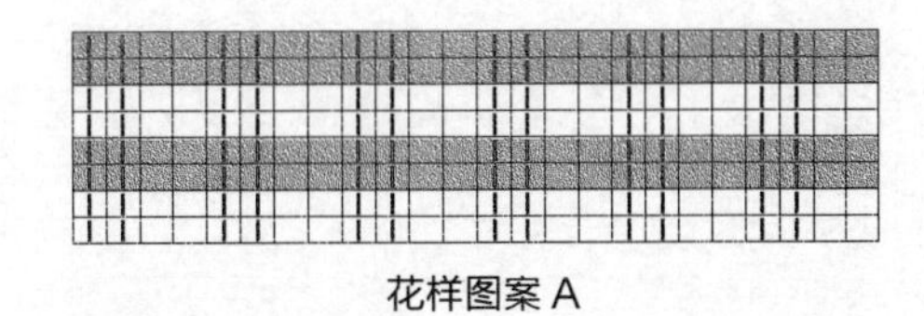
花样图案 A

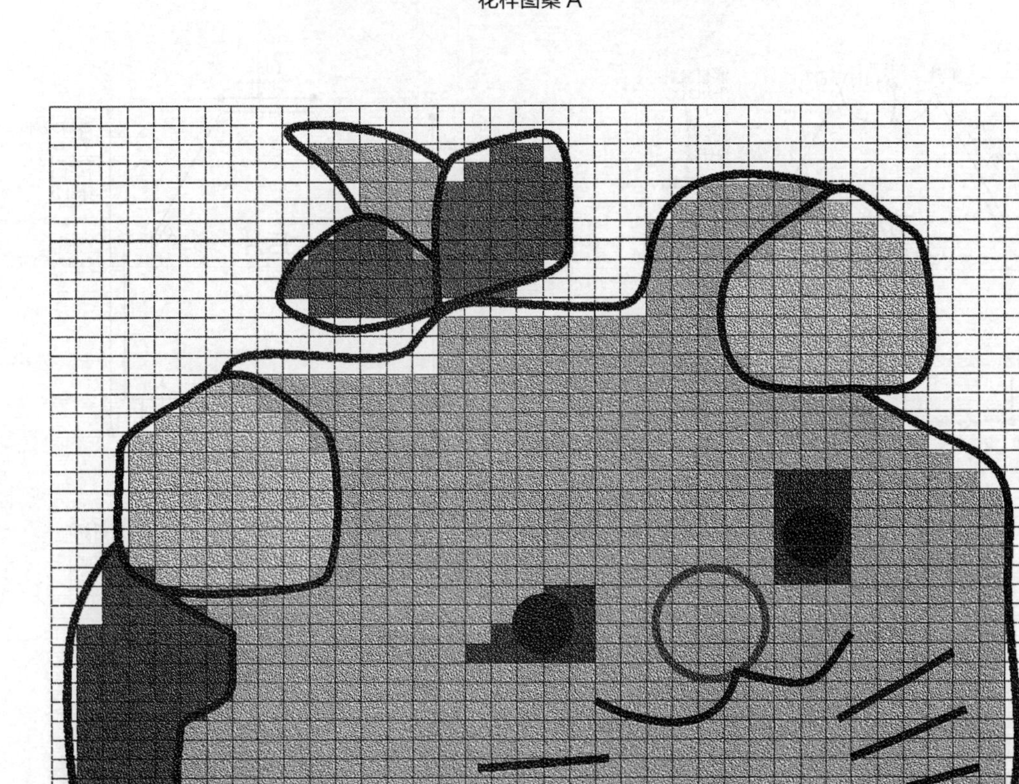
花样图案 B

童趣条纹卡通图案毛衣

【成品尺寸】衣长 36cm　胸围 66cm　袖长 38cm

【工具】10 号棒针　11 号棒针　绣花针

【材料】黄色毛线 200g　绿色毛线 50g　白色、黑色、咖啡色毛线各少许

【密度】10cm^2：28 针 ×38 行

【附件】小珠珠 2 粒

【制作过程】

1. 先织后片，用 11 号棒针和黄色毛线起 92 针，织单罗纹，并编入绿色毛线，2 行黄色 2 行绿色，交替进行，如花样图案 A，织到 4.5cm 时，换 10 号棒针织下针，织 17.5cm 到腋下，进行斜肩减针，减针方法如图，减至后领留 30 针，待用。
2. 前片：用 11 号棒针和黄色毛线起 92 针织单罗纹，并编入绿色毛线，2 行黄色 2 行绿色交替换线，如花样图案 A，织到 4.5cm 时，换 10 号棒针织下针，织 17.5cm 到腋下 (与此同时用白色、黑色、咖啡色线编入花样图案 B)，开始斜肩减针，减针方法如图，在织到离衣长还差 4cm 时，进行领口减针，减针方法如图，此时是领口与斜肩同时减针，减至最后领口与肩共留 3 针，待用。
3. 袖片：用 11 号棒针和黄色毛线起 55 针，织单罗纹，并编入绿色毛线，2 行黄色 2 行绿色，交替进行，如花样图案 A，织至 4cm 时换 10 号棒针和黄色毛线均匀地加针到 60 针，织下针 20cm 到腋下，这时加针到 80 针，加针方法如图，然后开始斜肩减针，减针方法如图，减到到最后留下 18 针，待用。
4. 缝合前后片的侧缝和袖下线。
5. 领口挑织单罗纹，在相应的位置钉上小珠珠。

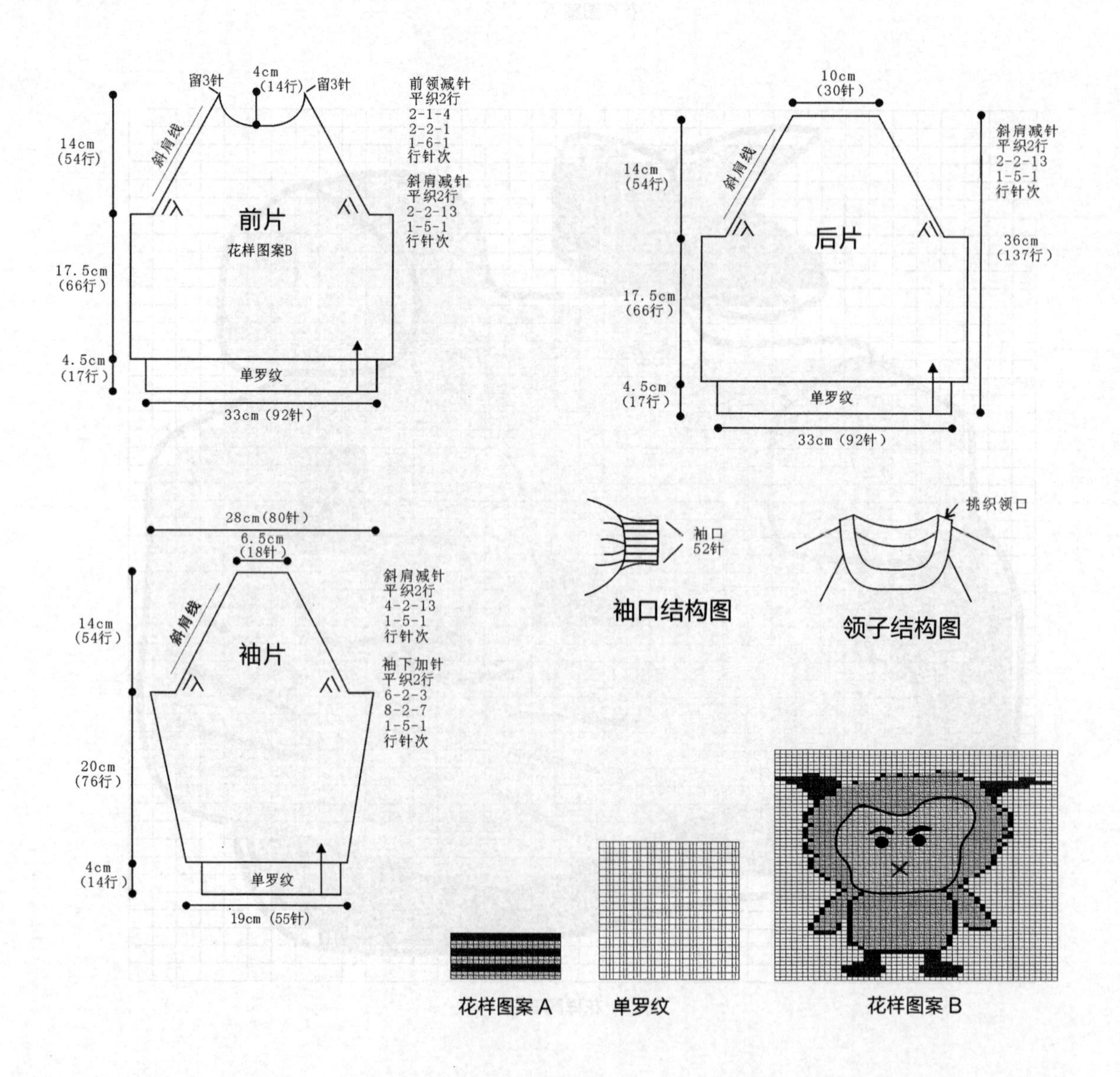

休闲黄色小背心

【成品尺寸】 衣长 37.5cm　胸围 66cm

【工具】 10 号棒针

【材料】 黄色毛线 150g　咖啡色毛线 30g

【密度】 $10cm^2$：28 针 ×38 行

【制作过程】

1. 先织后片，用 10 号棒针和咖啡色毛线起 94 针，织搓板针 12 行，换黄色毛线织花样，到 22cm 开始袖窿减针，减针方法见图，织至 25cm，将织物中间 72 针均匀减至 58 针，两侧不减针，继续织花样，织到最后 2cm 时进行后领减针，后领减针按照 2-1-2 的方法，如图，肩留 10 针待用。
2. 前片：用 10 号棒针和咖啡色毛线起 94 针织搓板针 12 行，换黄色毛线，织花样，织到 22cm 时进行袖窿减针，减针方法如图所示，织至 25cm，将织物中间 72 针均匀减至 58 针，两侧不加不减针，继续织花样，织到最后 7.5cm 时进行领口减针，减针方法如图所示，直到领口收针完成。肩留 10 针，与后片两肩缝合。
3. 缝合前后片的侧缝。
4. 领口、袖窿挑织，用 10 号棒针和咖啡色毛线织搓板针 12 行，如图所示。

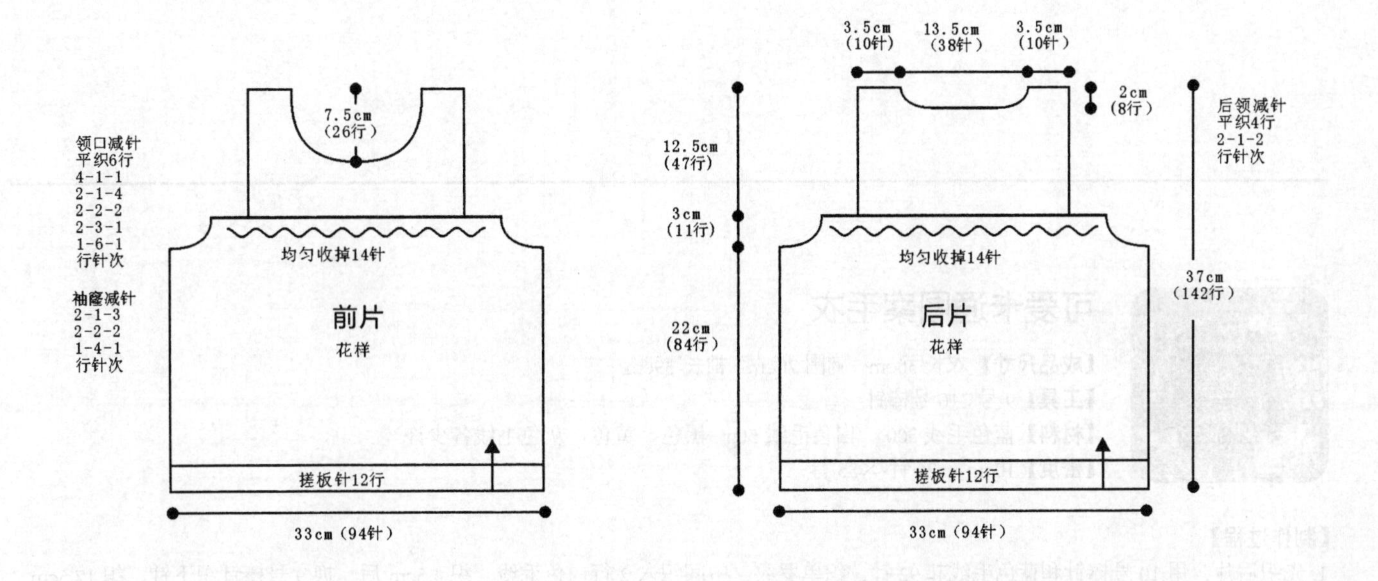

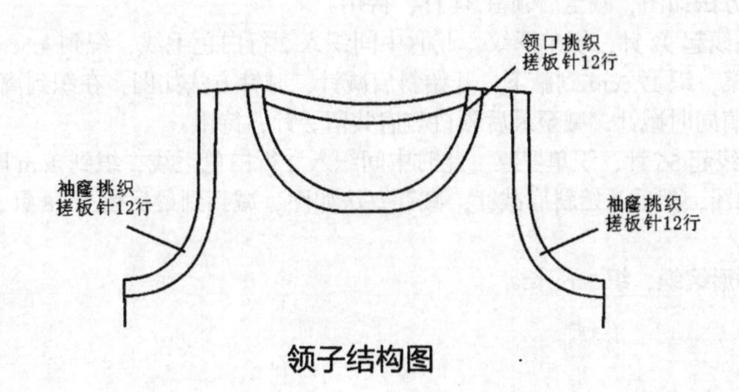

领子结构图

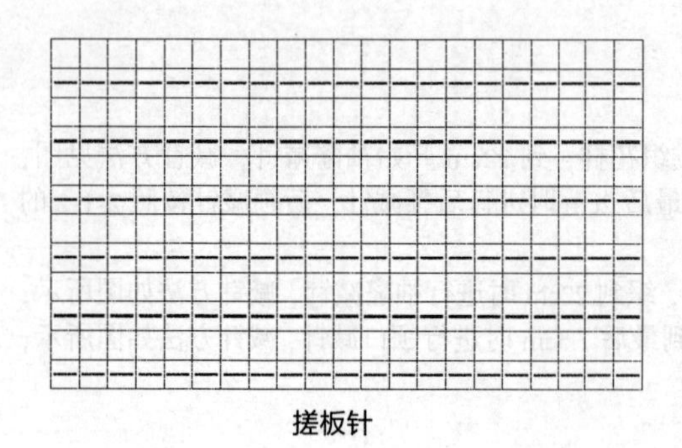

搓板针

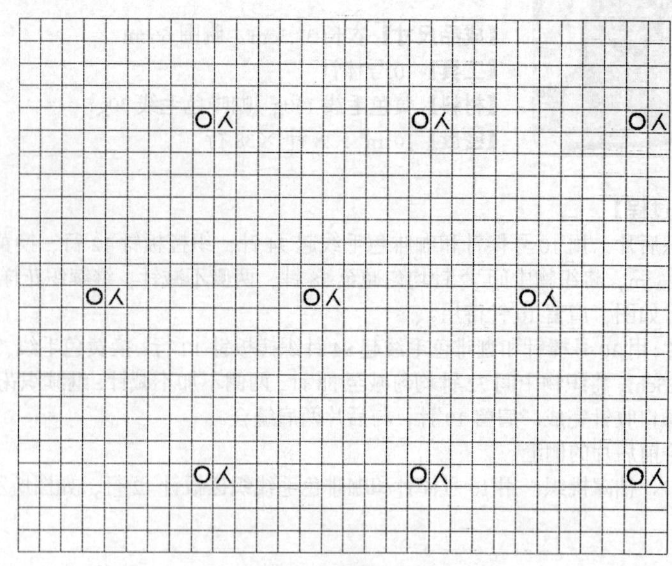

花样

可爱卡通图案毛衣

【成品尺寸】衣长 36cm　胸围 70cm　袖长 39cm
【工具】9 号、10 号棒针
【材料】蓝色毛线 300g　白色毛线 50g　黑色、黄色、灰色毛线各少许
【密度】10cm²：26 针 ×35 行

【制作过程】

1. 先织后片，用 10 号棒针和蓝色毛线起 92 针，织单罗纹，中间织入 2 行白色毛线，织 4.5cm 后，换 9 号棒针织下针，织 17.5cm 到腋下，进行斜肩减针，减针方法如图，减至后领留 34 针，待用。
2. 前片：用 10 号棒针和蓝色毛线起 92 针，织单罗纹，此时中间织入 2 行白色毛线，织到 4.5cm 时，换 9 号棒针织下针，并用黑色、黄色、灰色线编入花样图案，织 17.5cm 到腋下，开始斜肩减针，减针方法如图，在织到离衣长还差 4cm 时，进行领口减针，减针方法如图，此时领口与斜肩同时减针，减至最后领口与肩共留 2 针，待用。
3. 袖片：用 10 号棒针和蓝色毛线起 56 针，织单罗纹，此时中间织入 2 行白色毛线，织到 4cm 时换 9 号棒针织下针 21cm 到腋下，这时加针到 76 针，加针方法如图，然后开始斜肩减针，减针方法如图，减到到最后留下 18 针，待用。
4. 缝合前后片的侧缝和袖下线。
5. 领口挑起 68 针织单罗纹，环形编织，织 3cm 长。

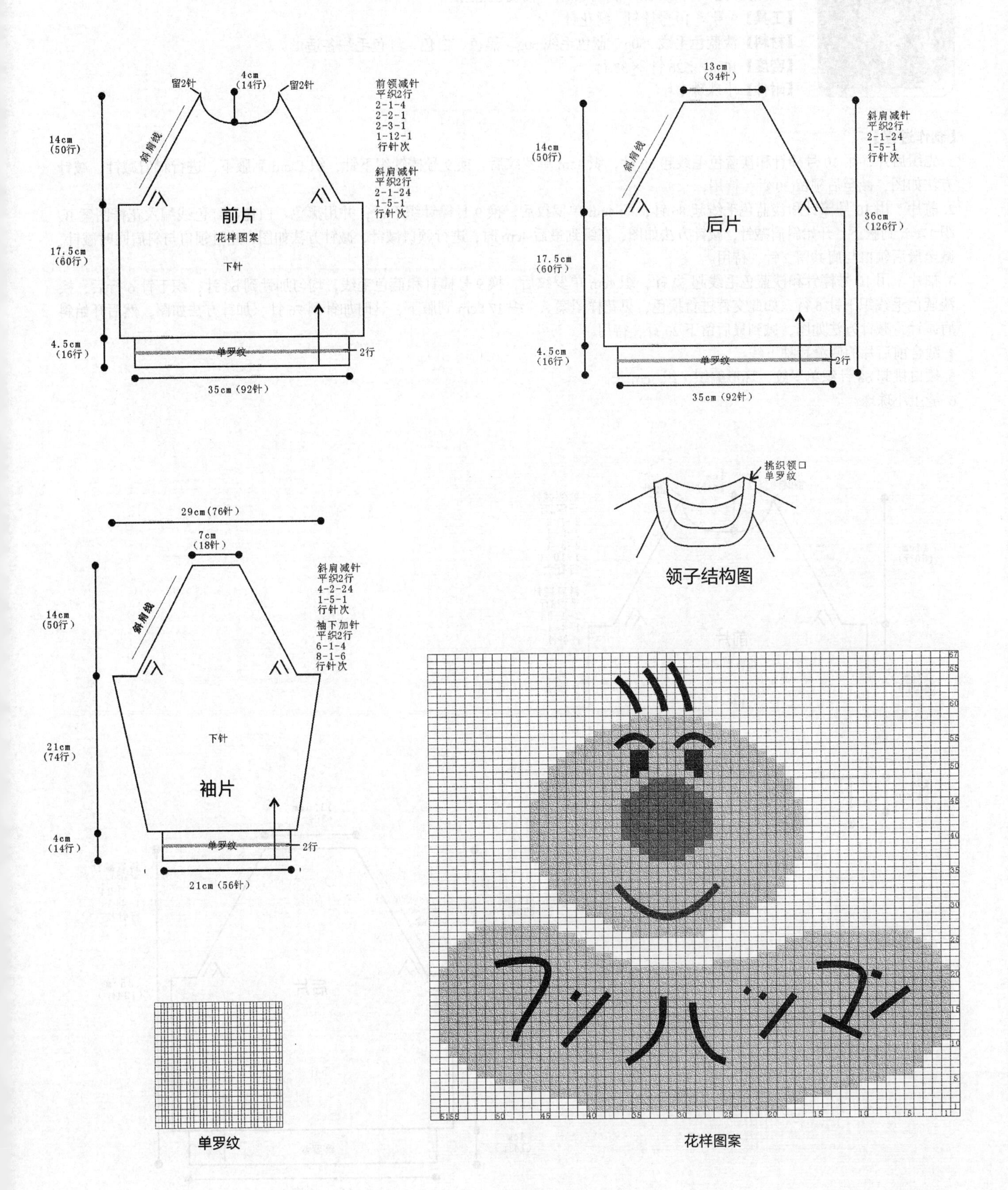

留2针
4cm
(14行)
留2针
前领减针
平织2行
2-1-4
2-2-1
2-3-1
1-12-1
行针次
斜肩线
14cm
(50行)
斜肩减针
平织2行
2-1-24
1-5-1
行针次
前片
花样图案
17.5cm
(60行)
下针
4.5cm
(16行)
单罗纹
2行
35cm (92针)
13cm
(34针)
斜肩减针
平织2行
2-1-24
1-5-1
行针次
14cm
(50行)
斜肩线
后片
36cm
(126行)
17.5cm
(60行)
4.5cm
(16行)
单罗纹
2行
35cm (92针)
挑织领口
单罗纹
领子结构图
29cm (76针)
7cm
(18针)
斜肩减针
平织2行
4-2-24
1-5-1
行针次
袖下加针
平织2行
6-1-4
8-1-6
行针次
14cm
(50行)
斜肩线
21cm
(74行)
下针
袖片
4cm
(14行)
单罗纹
2行
21cm (56针)
単罗纹
花样图案

卡通条纹毛衣

【成品尺寸】衣长 35cm　胸围 66cm　袖长 35.5cm

【工具】9 号、10 号棒针　绣花针

【材料】淡蓝色毛线 250g　蓝色毛线 50g　黑色、白色、红色毛线各适量

【密度】$10cm^2$：26 针 ×35 行

【附件】小珠珠 1 粒

【制作过程】

1. 先织后片，用 10 号棒针和淡蓝色毛线起 86 针，织 4cm 单罗纹后，换 9 号棒针织下针，织 17cm 到腋下，进行斜肩减针，减针方法如图，减至后领留 30 针，待用。
2. 前片：用 10 号棒针和淡蓝色毛线起 86 针，织 4cm 单罗纹后，换 9 号棒针织下针，并用黑色、白色、红色线编入花样图案 B，织 17cm 到腋下，开始斜肩减针，减针方法如图，在织到最后 4cm 时，进行领口减针，减针方法如图，此时领口与斜肩同时减针，减至最后领口与肩共留 2 针，待用。
3. 袖片：用 10 号棒针和淡蓝色毛线起 52 针，织 4cm 单罗纹后，换 9 号棒针和蓝色毛线，均匀加针到 60 针，织下针 6 行后，换淡蓝色毛线织下针 6 行，如此交替进行换色，见花样图案 A，织 17.5cm 到腋下，这时加针到 76 针，加针方法如图，然后开始斜肩减针，减针方法如图，减到最后留下 20 针，待用。
4. 缝合前后片的侧缝和袖下线。
5. 领口挑起 68 针织单罗纹，环形编织，织 3cm 长。
6. 缝上小珠珠。

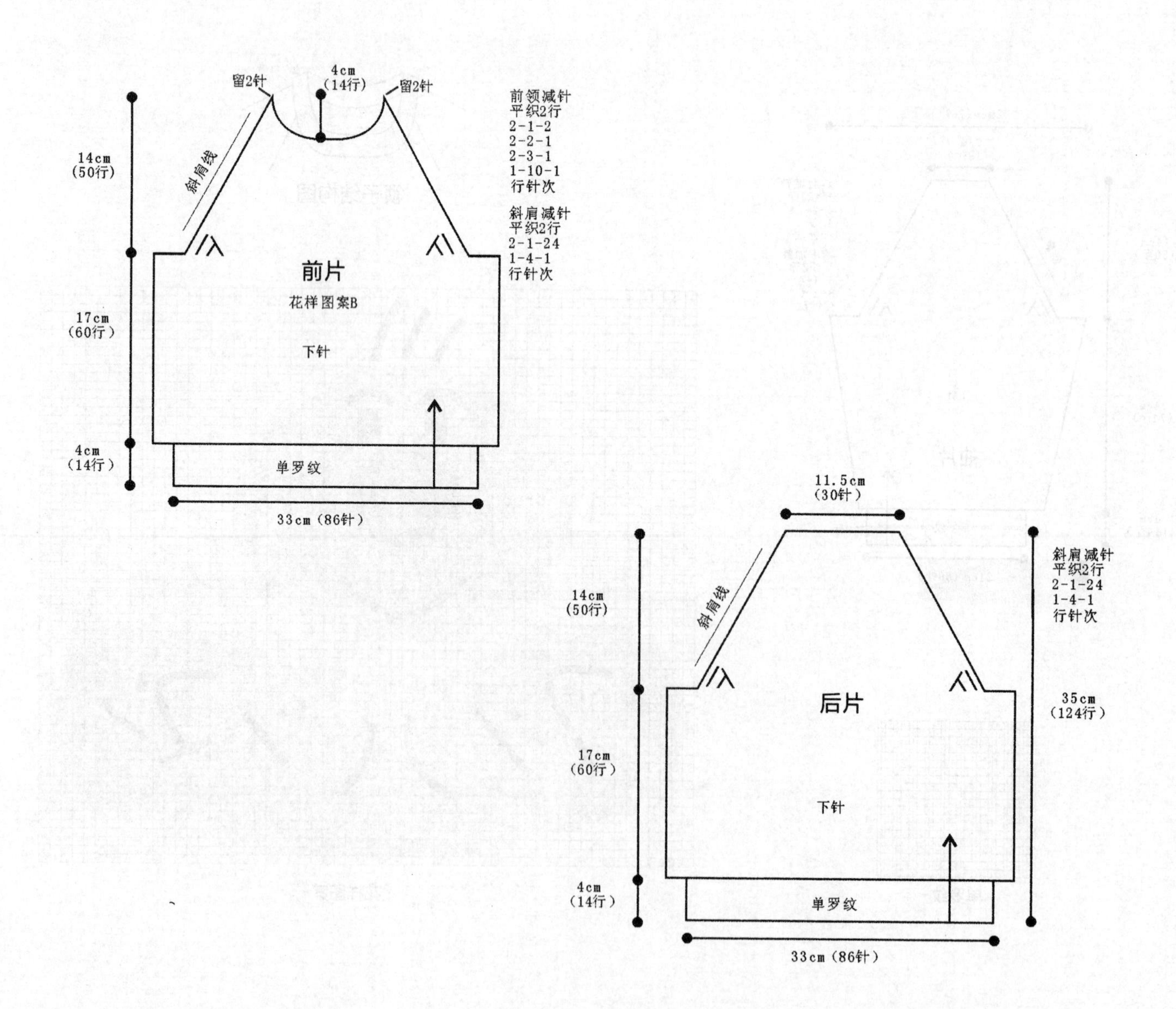

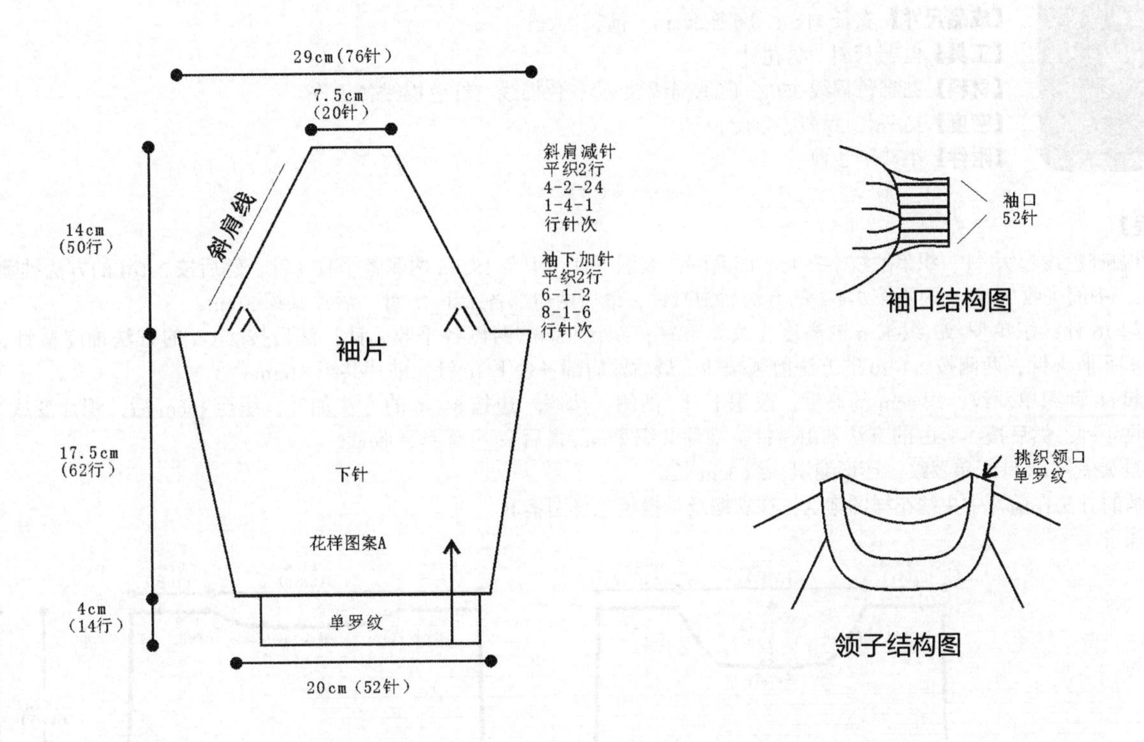

袖口结构图

领子结构图

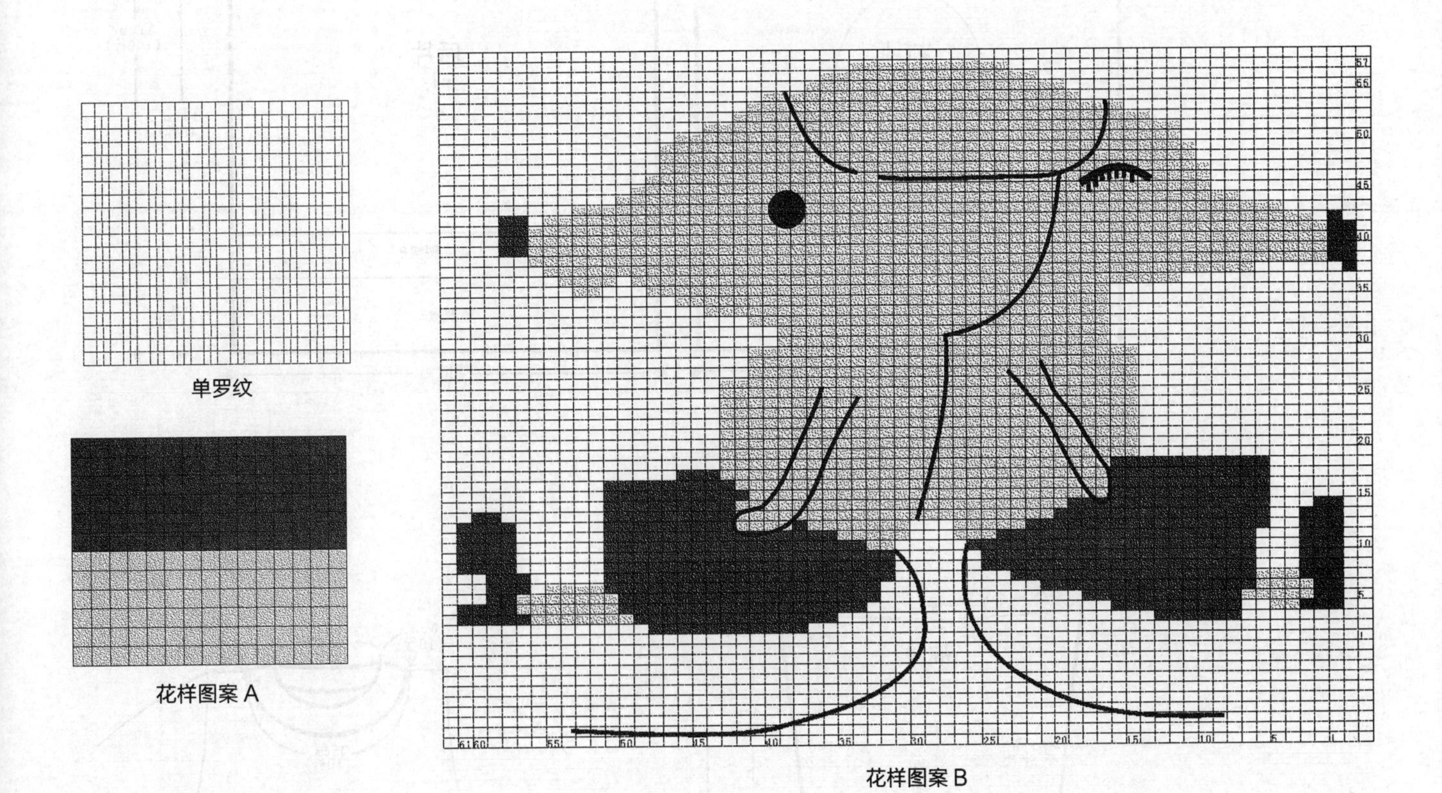
单罗纹

花样图案A

花样图案B

休闲卡通图案毛衣

【成品尺寸】 衣长 31cm　胸围 28cm　袖长 27cm

【工具】 12 号棒针　绣花针

【材料】 咖啡色棉线 350g　白色棉线 50g　灰色棉线、红色棉线各少许

【密度】 10cm^2：27 针 ×34 行

【附件】 小珠子 2 颗

【制作过程】

1. 后片：用咖啡色线起 76 针，织单罗纹，织 4cm 的高度，改织下针，织至 18cm, 两侧各平收 4 针，然后按 2-1-4 的方法袖窿减针，织至 30cm，中间平收 24 针，两侧按 2-1-2 的方法后领减针，最后两肩部各余下 16 针，后片共织 31cm。
2. 前片：起 76 针，织单罗纹，织 4cm 的高度，改织下针，织至 18cm, 两侧各平收 4 针，然后按 2-1-4 的方法袖窿减针，织至 25cm，中间平收 8 针，两侧按 2-1-10 的方法前领减针，最后两肩部各余下 16 针，前片共织 31cm。
3. 袖片：起 60 针织单罗纹，织 4cm 的高度，改织下针，两侧一边织一边按 8-1-6 的方法加针，织至 18cm 后，织片变成 72 针，两侧各平收 4 针，然后按 2-1-15 的方法袖山减针，袖片共织 27cm, 最后余下 34 针，收针。
4. 领子：领圈挑起 68 针织单罗纹，环形编织，织 3cm 长。
5. 用平针绣的方法在前片中央绣花样图案 A，在衣摆及袖摆绣花样图案 B。
6. 缝上小珠子。

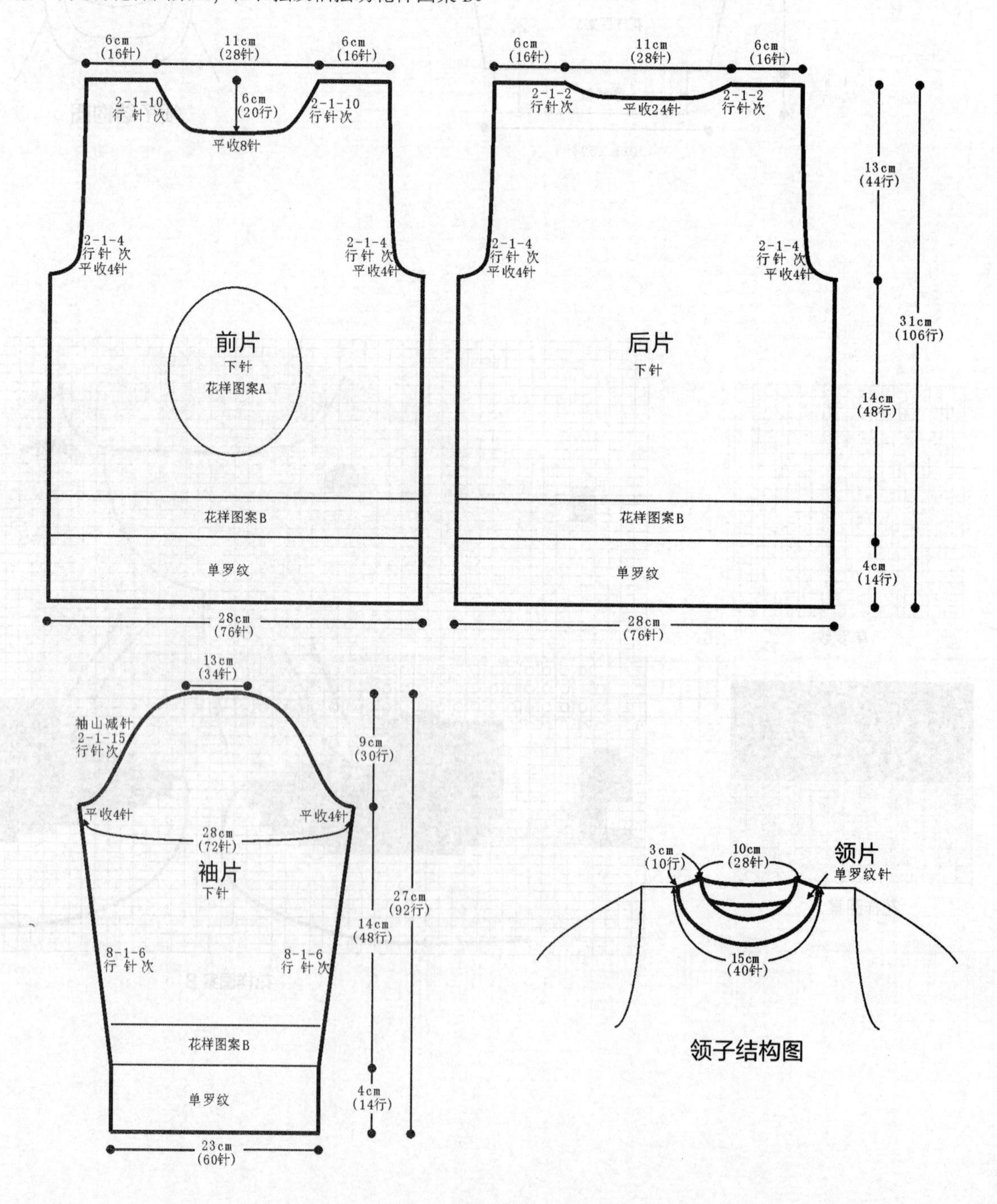

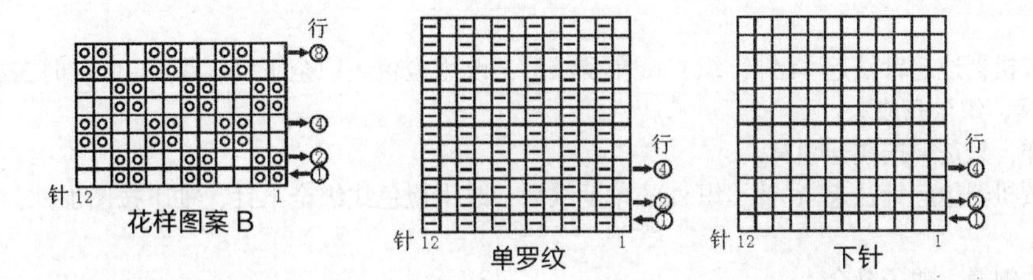
行
8
4
2
1
针 12
1
花样图案 B
行
4
2
1
针 12
1
单罗纹
行
4
2
1
针 12
1
下针

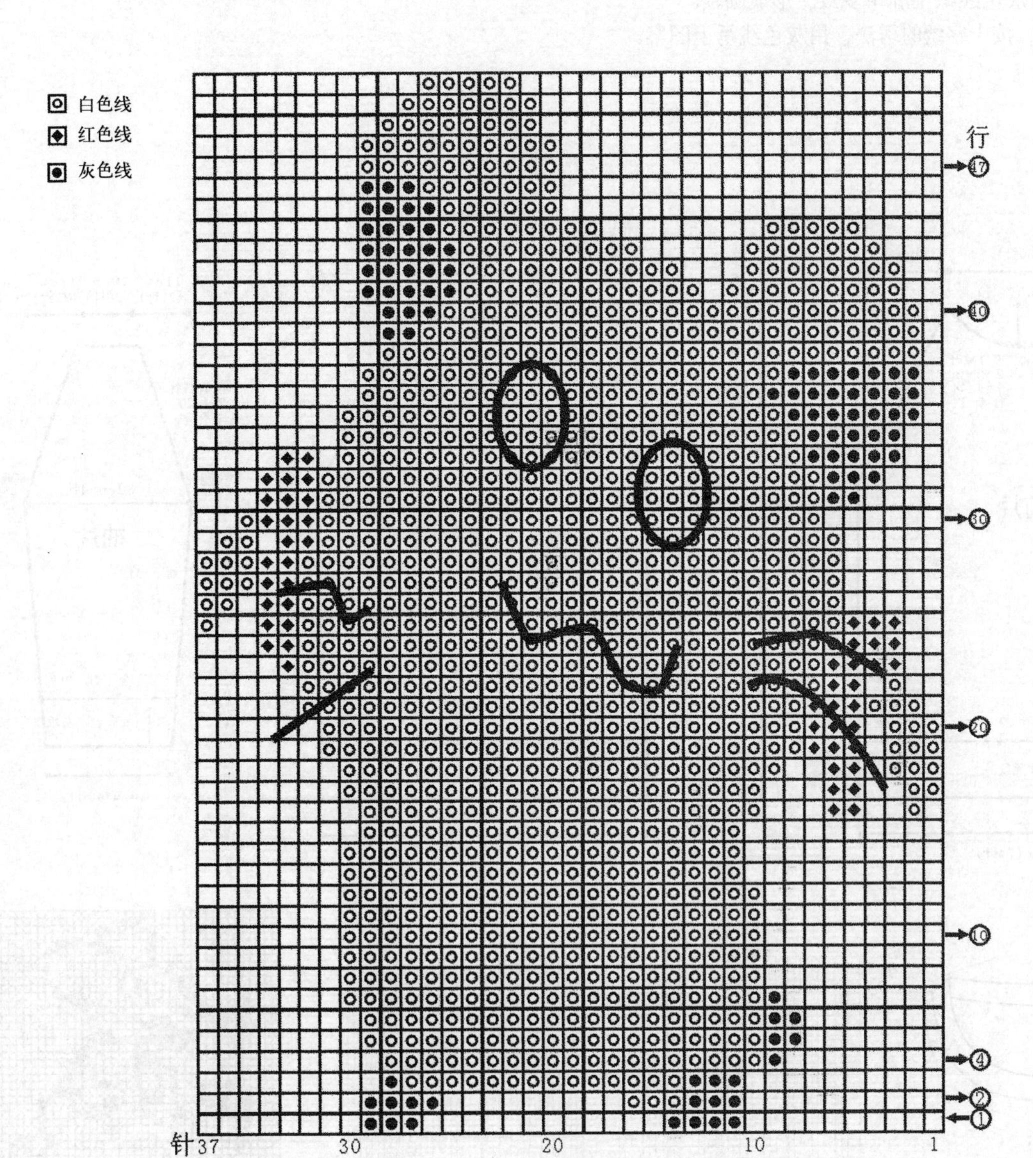
白色线
红色线
灰色线
行
47
40
30
20
10
4
2
1
针 37
30
20
10
1
花样图案 A

可爱小老鼠毛衣

【成品尺寸】 衣长 42cm　胸围 74cm　袖长 43cm
【工具】 10 号棒针　绣花针
【材料】 橙色羊毛绒线 250g　灰色羊毛绒线少许
【密度】 10cm^2：20 针 ×28 行

【制作过程】

1. 前片：先用灰色线，按机器边起针法起 74 针，织 8cm 单罗纹后，改用橙色线织全下针，织至 19cm 时左右两边开始按图收成插肩袖窿，再织 7cm 开领窝，织至完成。
2. 后片：织法与前片一样，只是须按图开领窝。
3. 袖片：先用灰色线，按机器边起针法起 40 针，织 8cm 单罗纹后，改用橙色线织全下针，袖下按图加针，织至 19cm 时按图示均匀减针，收成插肩袖山。
4. 编织结束后，将前后片侧缝、袖子缝合。
5. 领圈挑 98 针，用灰色线织 5cm 单罗纹，形成圆领。
6. 装饰：用绣花针，按十字绣的绣法，用灰色线绣上图案。

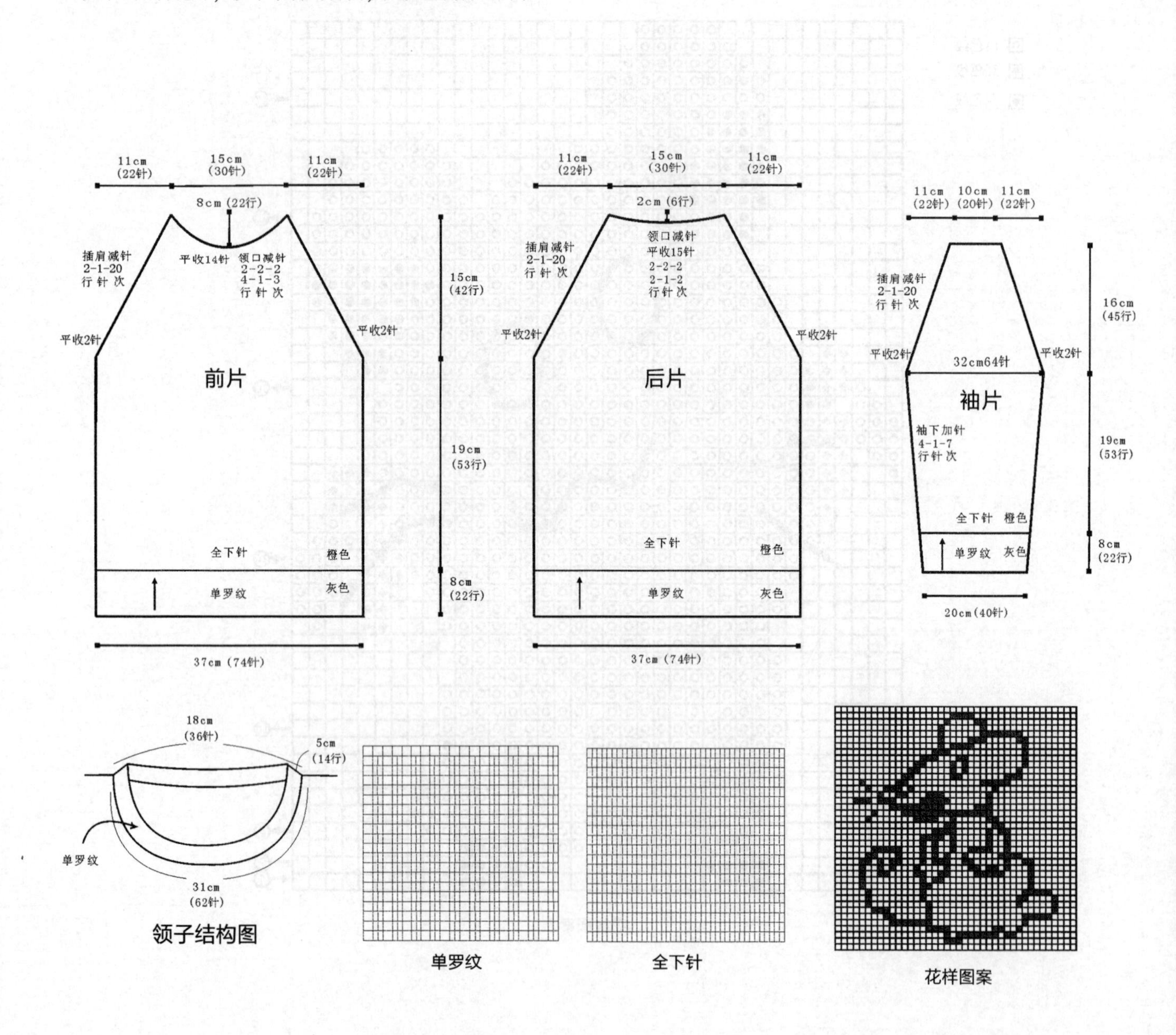

黑白条纹毛衣

【成品尺寸】衣长 42cm　胸围 70cm　袖长 42cm

【工具】9 号、10 号棒针　绣花针

【材料】黑色毛线 300g　白色 50g　红色毛线适量

【密度】$10cm^2$：26 针 ×35 行

【制作过程】

1. 后片：用 10 号棒针和黑色毛线起 92 针，织双罗纹 4cm 后，换 9 号棒针织下针，织 22.5cm 到腋下，开始斜肩收针，按照 1-6-1、4-2-13 的方法均匀收针，一直到最后剩下 24 针，留着待用。
2. 前片：用 10 号棒针和黑色毛线起 92 针，织 4cm 双罗纹后，换 9 号棒针织下针，这时用白色、红色线编入花样图案 A，织 22.5cm 到腋下，开始斜肩收针，同后片一样，按照 1-6-1、4-2-13 的方法均匀收针，如图示，往上织到最后 4cm 时，进行领口减针，减针方法如图，到领口收针完成。
3. 袖片：用 10 号棒针和黑色毛线起 50 针，织 4cm 双罗纹后，换 9 号棒针均匀加针到 60 针，织下针，袖下加针方法如图，织 22.5cm 到腋下，开始斜肩减针，这时编入花样图案 B，减针到最后剩下 20 针，留着待用。
4. 缝合前后片的侧缝和袖下线。
5. 领口挑起 98 针织双罗纹 5cm。

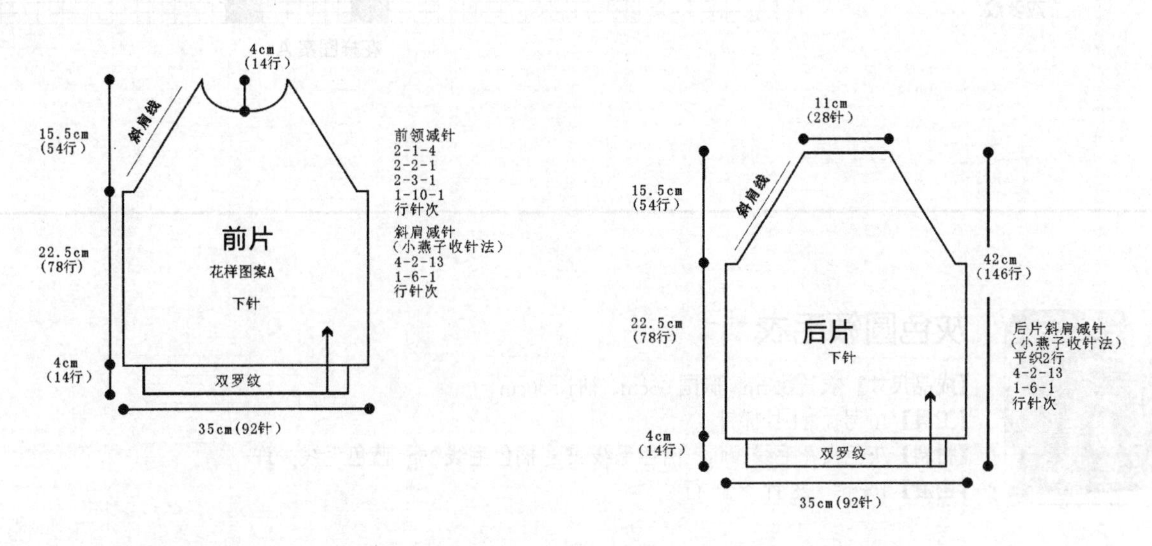

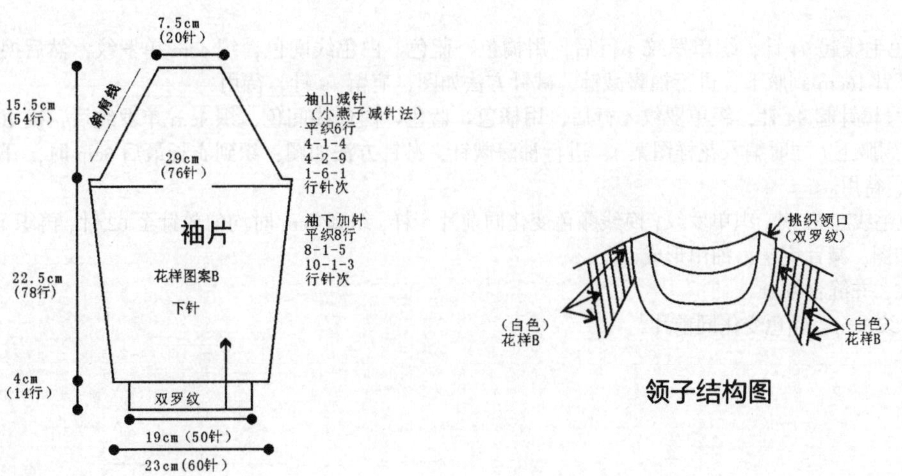

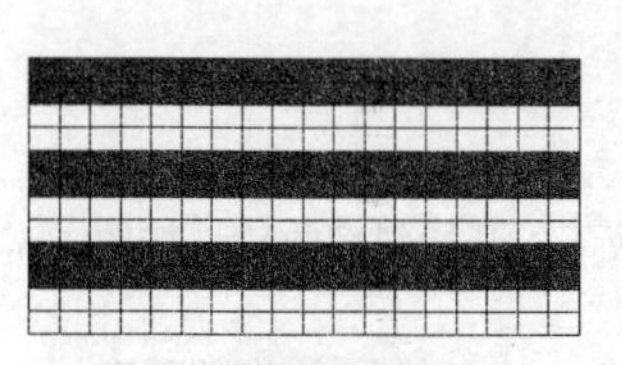

花样图案 B

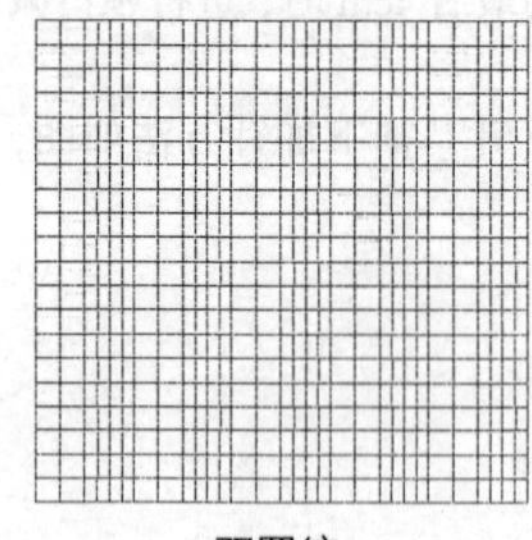

双罗纹

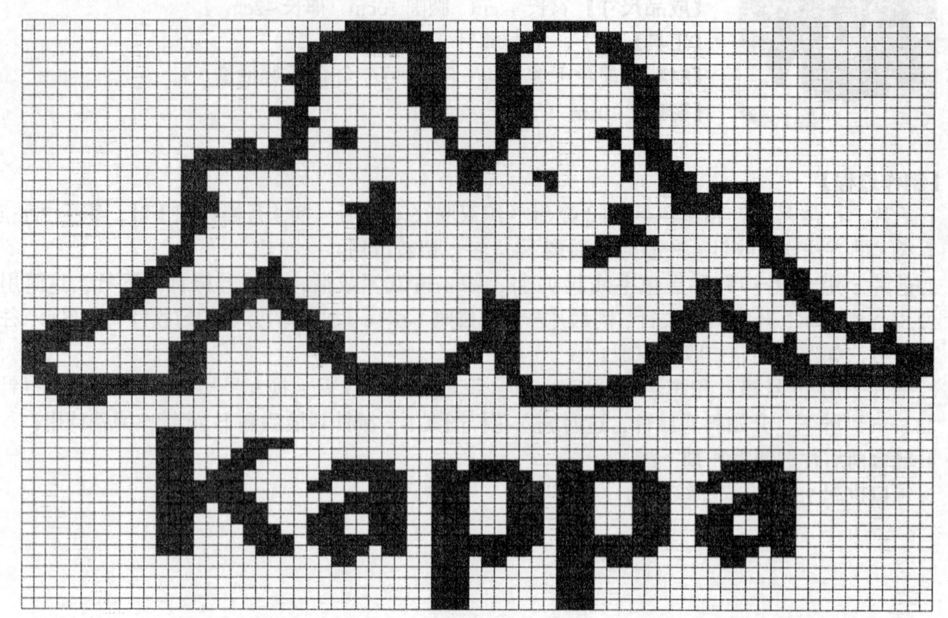

花样图案 A

灰色圆领毛衣

【成品尺寸】衣长 35cm　胸围 66cm　袖长 30cm

【工具】10 号、11 号棒针

【材料】灰色夹花毛线 300g　白色毛线 25g　橘色毛线 25g　蓝色毛线少许

【密度】10cm^2：28 针 ×38 行

【制作过程】

1. 后片：用 11 号棒针和蓝色毛线起 94 针，织单罗纹 4 行后，用橘色、蓝色、白色线间色，织 4cm 单罗纹，然后换 10 号棒针和灰色夹花毛线织下针，织下针 16cm 到腋下，进行袖窿减针，减针方法如图，肩留 19 针，待用。
2. 前片：用蓝色毛线和 11 号棒针起 94 针，织单罗纹 4 行后，用橘色、蓝色、白色线间色，织 4cm 单罗纹后，换 10 号棒针和灰色夹花毛线，织下针 16cm 到腋下（同时编入花样图案），进行袖窿减针，减针方法如图，织到衣长最后 5cm 时，开始领口减针，减针方法如图，肩留 19 针，待用。
3. 袖片：用 11 号棒针和蓝色毛线起 52 针，织单罗纹，换线颜色变化同前片一样，织到 4cm 时均匀放针至 62 针，再织 17cm 到腋下，进行袖山减针，减针方法如图，减针完毕，袖山形成。
4. 分别合并侧缝线和袖下线，并缝合袖子。
5. 领子：挑起 106 针织单罗纹 5cm，颜色变化同前片。

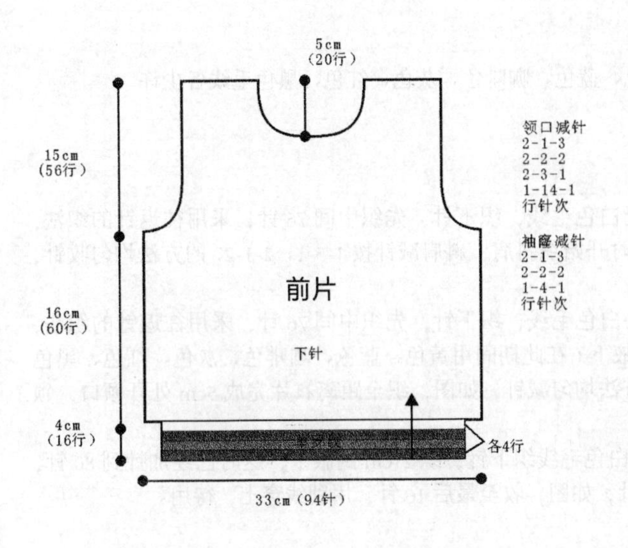
5cm
(20行)
15cm
(56行)
领口减针
2-1-3
2-2-2
2-3-1
1-14-1
行针次
袖窿减针
2-1-3
2-2-2
1-4-1
行针次
前片
16cm
(60行)
下针
4cm
(16行)
各4行
33cm (94针)

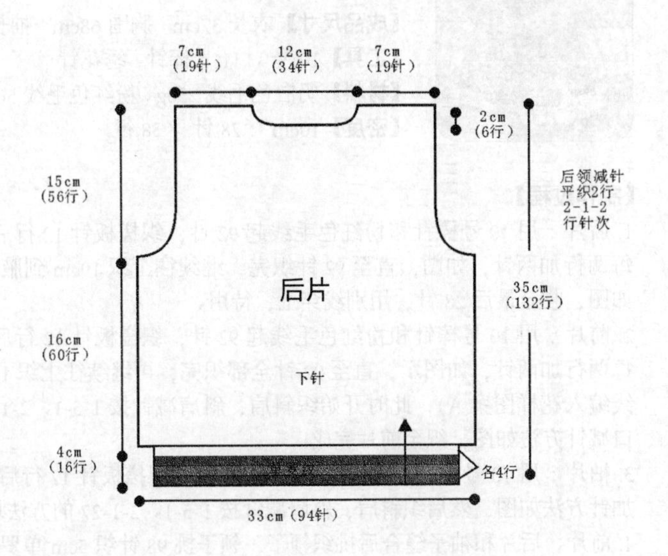
7cm
(19针)
12cm
(34针)
7cm
(19针)
2cm
(6行)
15cm
(56行)
35cm
(132行)
后领减针
平织2行
2-1-2
行针次
后片
16cm
(60行)
下针
4cm
(16行)
各4行
33cm (94针)

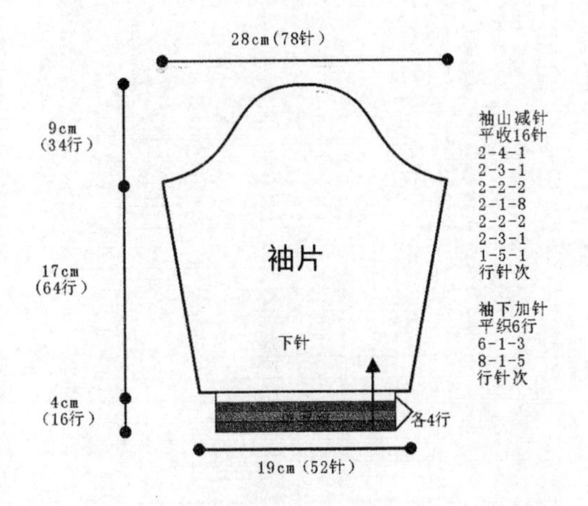
28cm (78针)
9cm
(34行)
袖山减针
平收16针
2-4-1
2-3-1
2-2-2
2-1-8
2-2-2
2-3-1
1-5-1
行针次
袖片
17cm
(64行)
袖下加针
平织6行
6-1-3
8-1-5
行针次
下针
4cm
(16行)
各4行
19cm (52针)

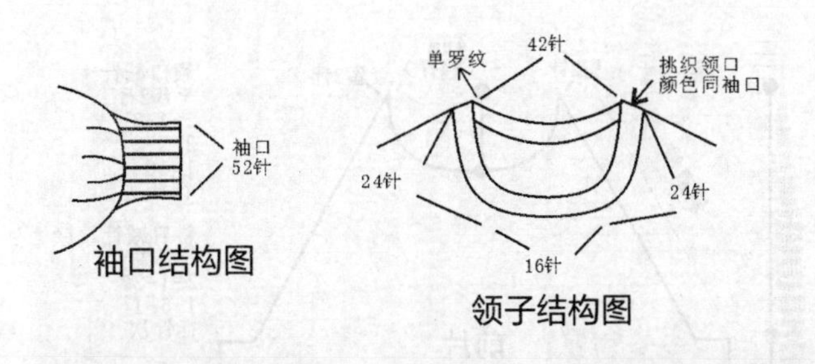
袖口
52针
袖口结构图
单罗纹
42针
挑织领口
颜色同袖口
24针
24针
16针
领子结构图

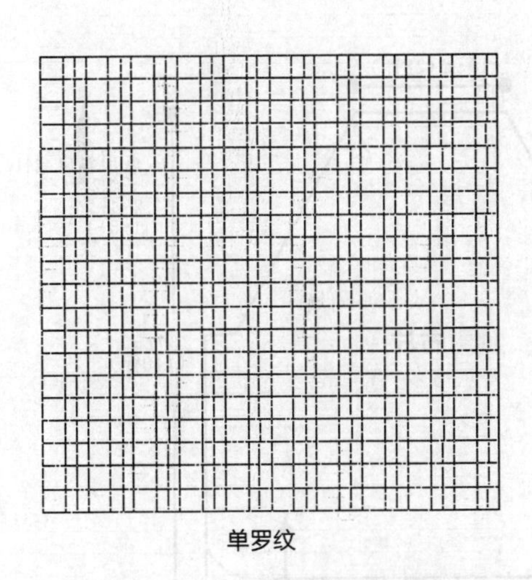
单罗纹

花样图案

清新舒适毛衣

【成品尺寸】衣长 37cm　胸围 68cm　袖长 39cm

【工具】10 号、11 号棒针　绣花针

【材料】奶白色毛线 250g　粉红色毛线 50g　黄色、蓝色、咖啡色、灰色、红色、黑色毛线各少许

【密度】$10cm^2$：28 针 ×38 行

【制作过程】

1. 后片：用 10 号棒针和粉红色毛线起 92 针，织搓板针 12 行后，换奶白色毛线，织下针，先织中间 76 针，采用往返针的织法，每两行加两针，如图，直至 92 针织完，继续往上织 19cm 到腋下，此时开始织斜肩，斜肩减针按 1-5-1、2-1-27 的方法均匀收针，如图，收至最后 28 针，用别线穿上，待用。
2. 前片：用 10 号棒针和粉红色毛线起 92 针，织搓板针 12 行后，换奶白色毛线，织下针，先织中间 76 针，采用往返针的织法，每两行加两针，如图示，直至 92 针全部织完，再继续往上织 19cm 到腋下（在此期间用黄色、蓝色、咖啡色、灰色、红色、黑色线编入花样图案 A），此时开始织斜肩，斜肩减针按 1-5-1、2-1-27 的方法均匀减针，如图，织至距离衣片完成 5cm 处开领口，领口减针方法如图，织至前片完成。
3. 袖片：用 10 号棒针和粉红色毛线起 62 针，织搓板针 12 行后，换奶白色毛线织下针，织 21cm 到腋下，这时已经加针到 80 针，加针方法如图，然后织斜肩，斜肩减针按 1-5-1、2-1-27 的方法均匀减针，如图，收至最后 16 针，用别线穿上，待用。
4. 前片、后片和袖子缝合后挑织领子，领子挑 98 针织 5cm 单罗纹。
5. 在前片相应的位置上绣上花样图案 B、C。

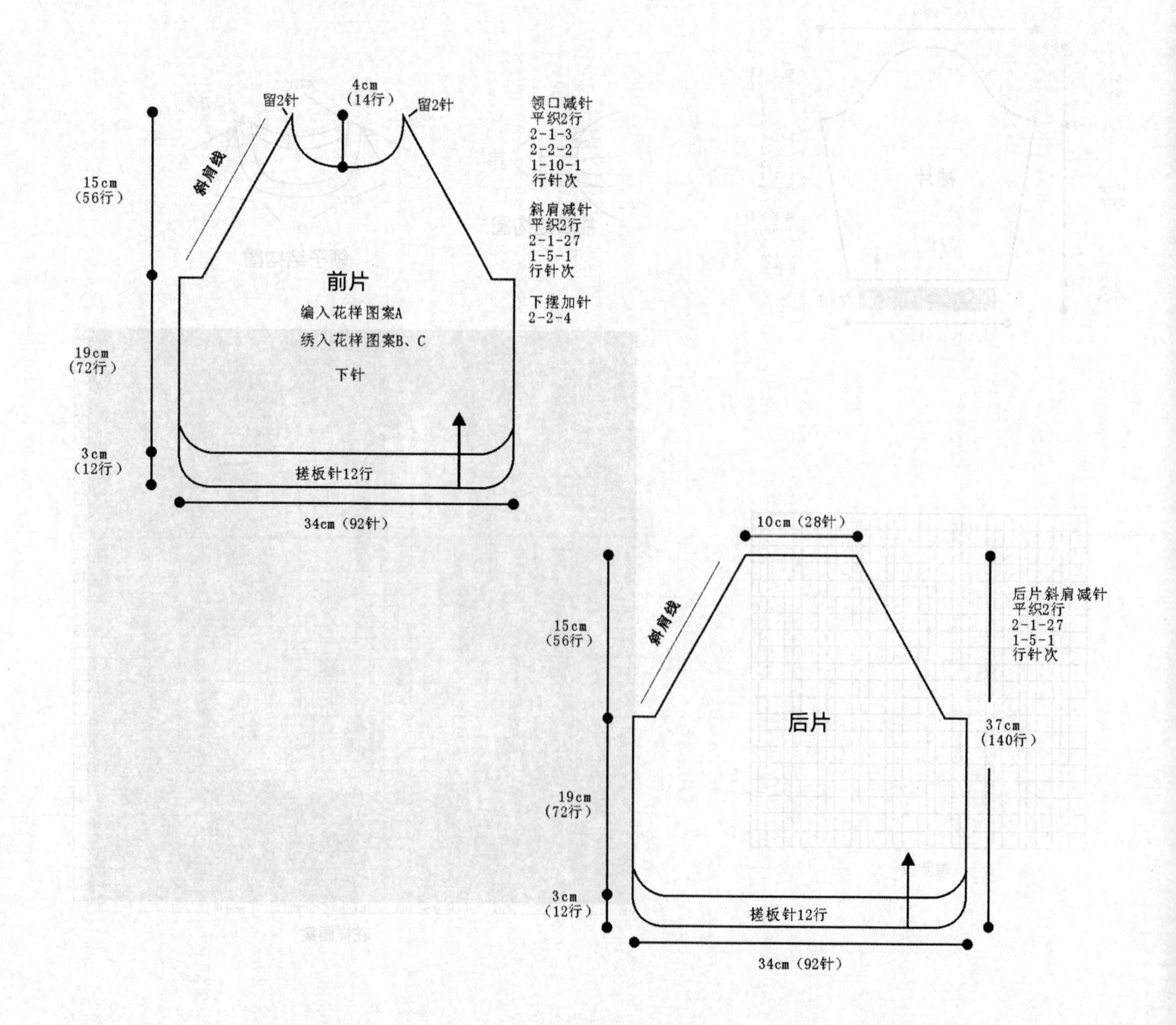

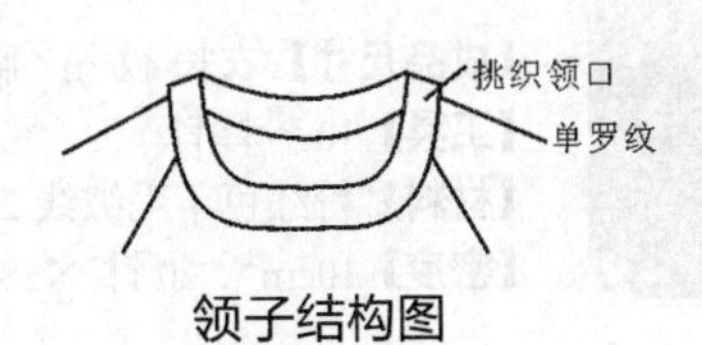

领子结构图

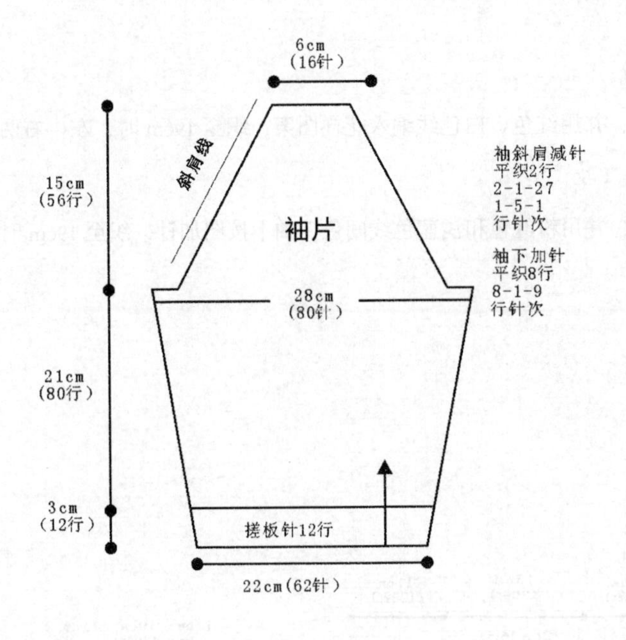

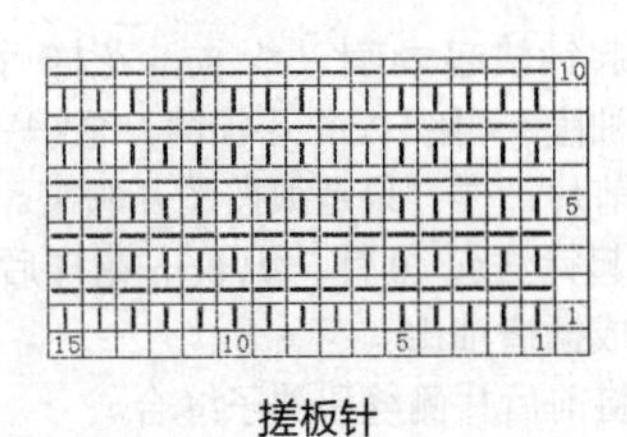

搓板针

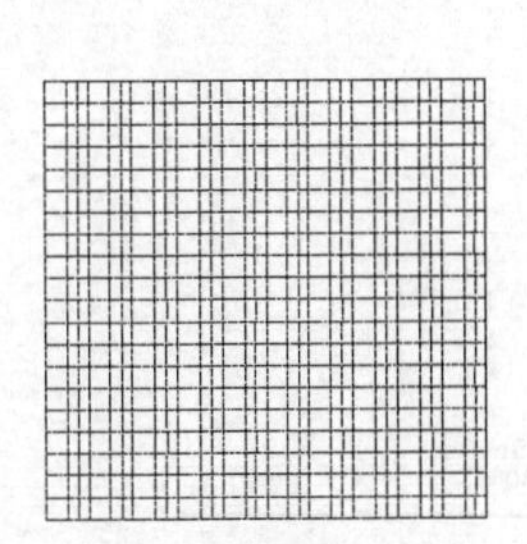

单罗纹

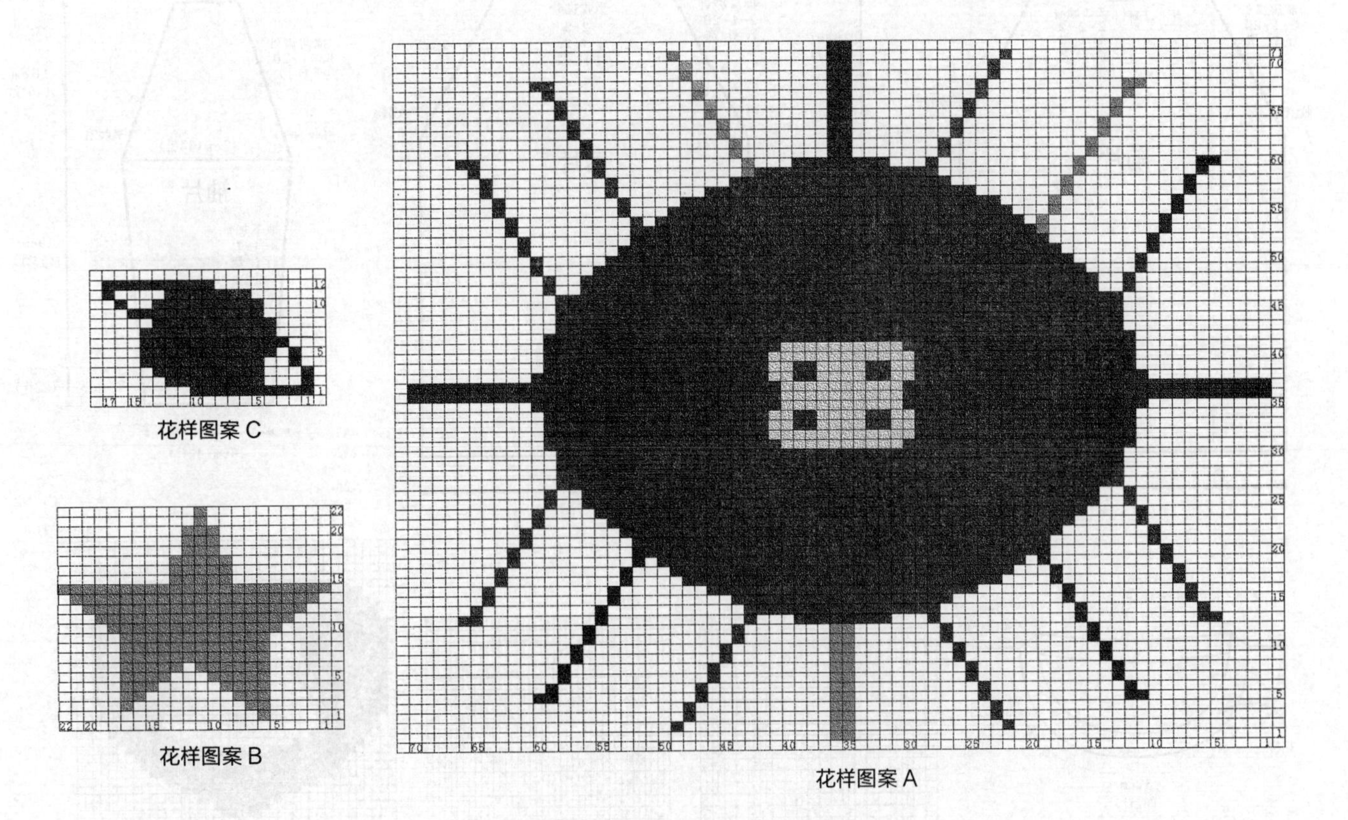

花样图案C

花样图案B

花样图案A

红色心形爱心毛衣

【成品尺寸】衣长 42cm　胸围 74cm　袖长 43cm
【工具】10 号棒针
【材料】粉红色羊毛绒线 200g　红色、白色、浅蓝色羊毛绒线各少许
【密度】10cm^2：20 针 ×28 行

【制作过程】

1. 前片：用一般起针法起 74 针，织 8cm 花样后，改织全下针，并用红色、白色线编入花样图案，织至 19cm 时，左、右两边开始按图收成插肩袖窿，再织 7cm 开领窝，至织完成。
2. 后片：织法与前片一样，只是须按图开领窝。
3. 袖片：用一般起针法起 40 针，织 8cm 花样后，改织全下针，并用粉红色和浅蓝色线间色，袖下按图加针，织至 19cm 时按图示均匀减针，收成插肩袖山。
4. 编织结束后，将前后片侧缝和袖子缝合。
5. 领圈用粉红色线挑 98 针，织 5cm 花样，形成圆领。

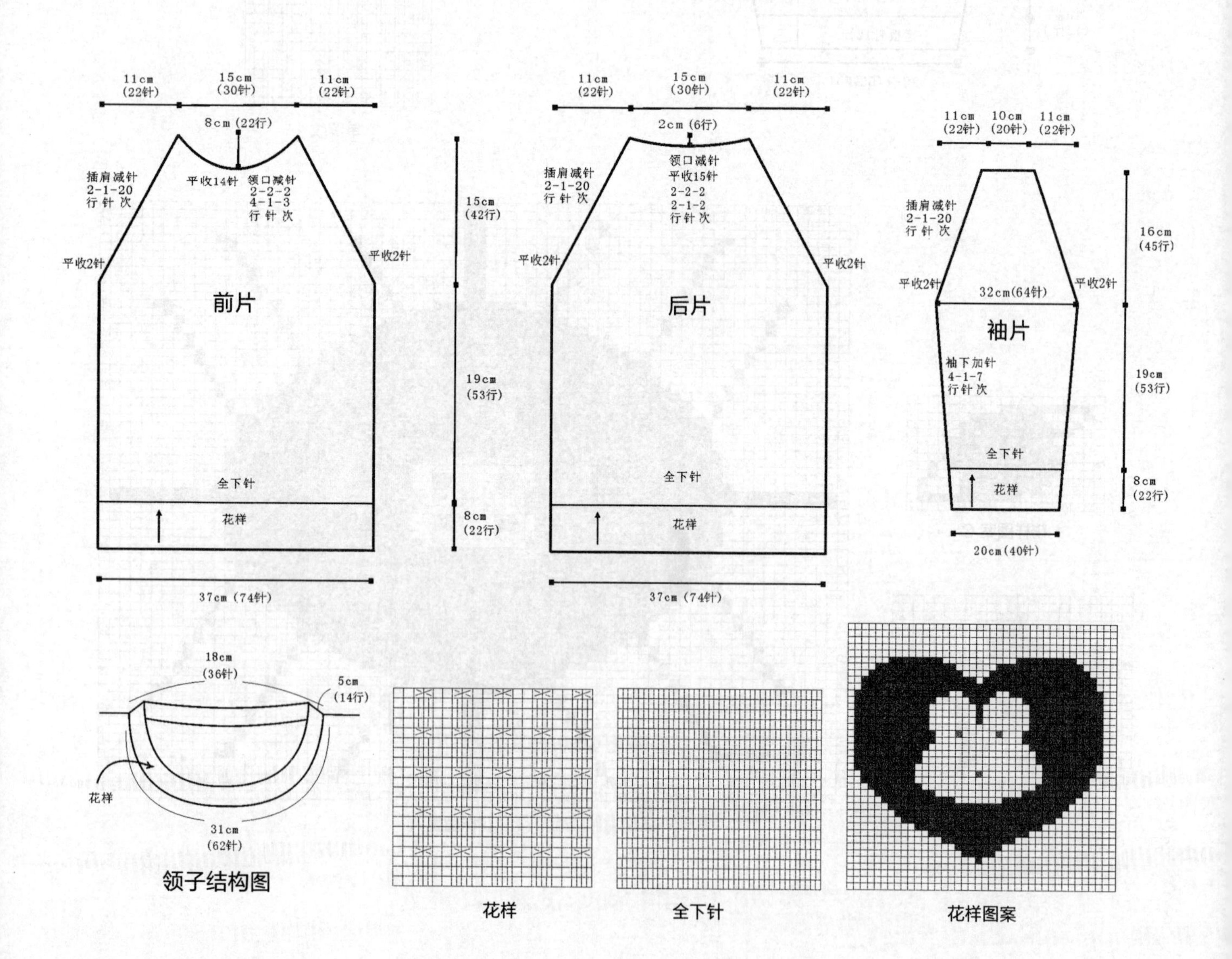

领子结构图　花样　全下针　花样图案

活力四射连体装

【成品尺寸】 连裤衣长 55cm　胸围 74cm　袖长 36cm

【工具】 10 号棒针　绣花针

【材料】 绿色、白色羊毛绒线各 200g　红色、咖啡色线各少许

【密度】 10cm²：20 针 ×28 行

【附件】 纽扣 14 枚

【制作过程】

1. 前片：从裤脚织起，用绿色线，起 26 针，织 5cm 单罗纹后，改织全下针，门襟按图加针，织至适合长度用红色、咖啡色、白色线编入花样图案 A，织至 16cm 时，用同样方法织另一裤腿，然后将两裤腿的门襟重叠，连起来成为前片，继续编织，织至适合长度改用白色线，用绿色线编入花样图案 B，织至 19cm 时左右两边开始按图收成袖窿，再织 9cm 开领窝至织完成。
2. 后片：分左、右两片编织，左后片从裤脚织起，用绿色线起 26 针，织 5cm 单罗纹后，改织全下针，门襟按图加针，织至 16cm 时，不加针不减针织至适合长度后，改用白色线编织，织至 19cm 时开始按图收成袖窿，再织 12.5cm 时开领窝至织完成，用同样方法编织右后片。
3. 袖片：先用绿色线，按图用机器边起针法起 44 针，织 5cm 单罗纹后，改织全下针，袖下按图加针，织至适合长度改用白色线继续织，织至 22cm 时按图示均匀减针，收成袖山。
4. 编织结束后，将前后片侧缝、肩部、袖子缝合。
5. 裤裆门襟和后片门襟挑适合的针数，织 5cm 单罗纹，并均匀开纽扣孔。
6. 领圈挑 94 针，织 5cm 单罗纹，形成开襟圆领。
7. 装饰：用绣花针缝上纽扣。

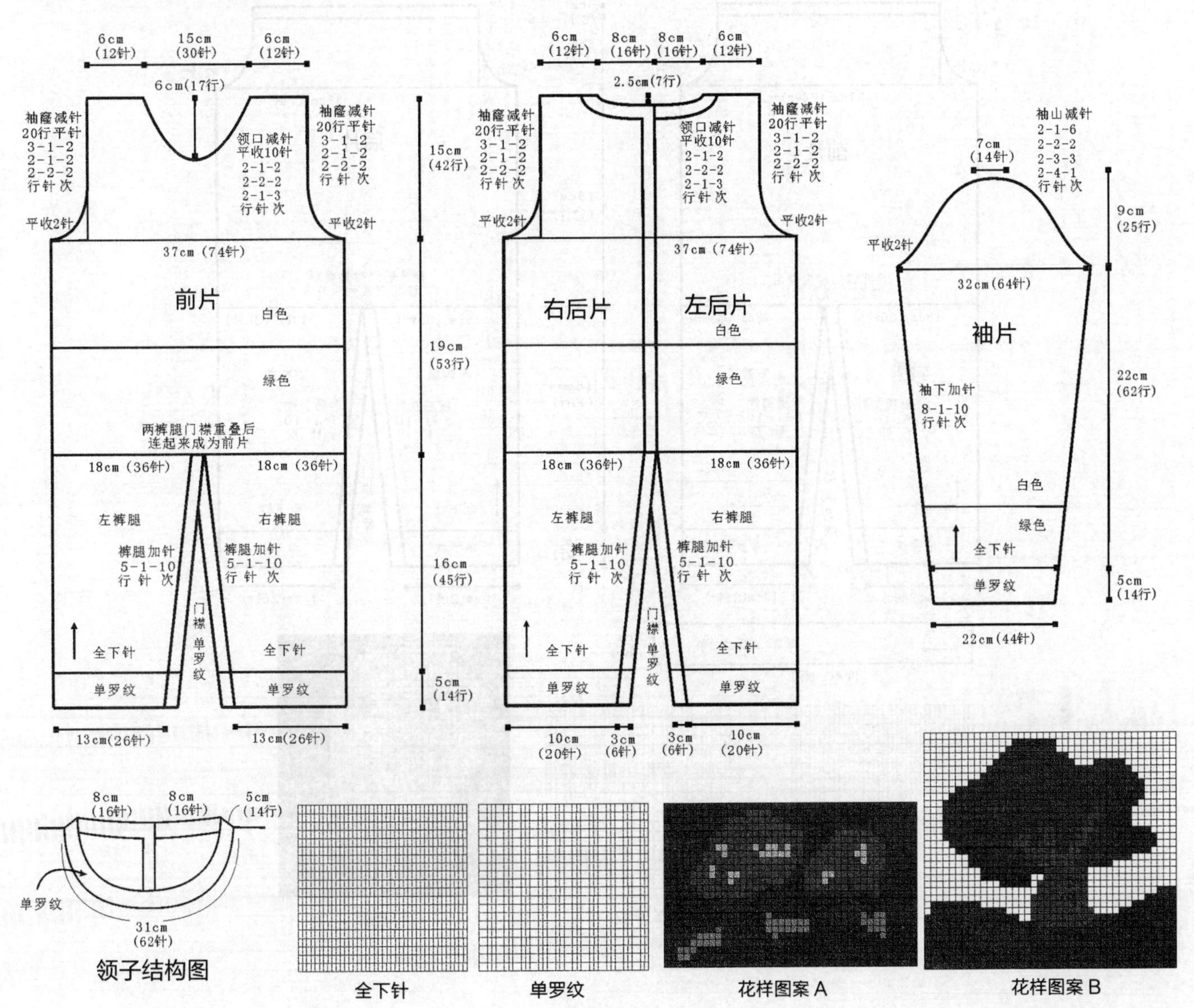

黑色卡通背带裤

【成品尺寸】裤长 49cm　胸围 74cm

【工具】10 号棒针　绣花针

【材料】黑色羊毛绒线 300g　红色、绿色、黄色羊毛绒线各少许

【密度】10cm^2：20 针 ×28 行

【附件】纽扣 11 枚

【制作过程】

1. 前片：从裤脚织起，用黑色线起 26 针，织 5cm 单罗纹后，改织全下针，门襟按图加针，织至 16cm 时，用同样方法织另一裤腿，然后将两裤腿的门襟重叠，连起来成为前片，继续编织，并用红色、绿色、黄色、黑色线编入花样图案，织至 19cm 时，左右两边开始按图收成袖窿，织至完成。
2. 后片：织法与前片一样。
3. 编织结束后，将前后片侧缝。
4. 裤裆门襟挑适合的针数，织 5cm 单罗纹，并均匀开纽扣孔。裤带另织，按图缝合。
5. 装饰：用绣花针缝上纽扣。

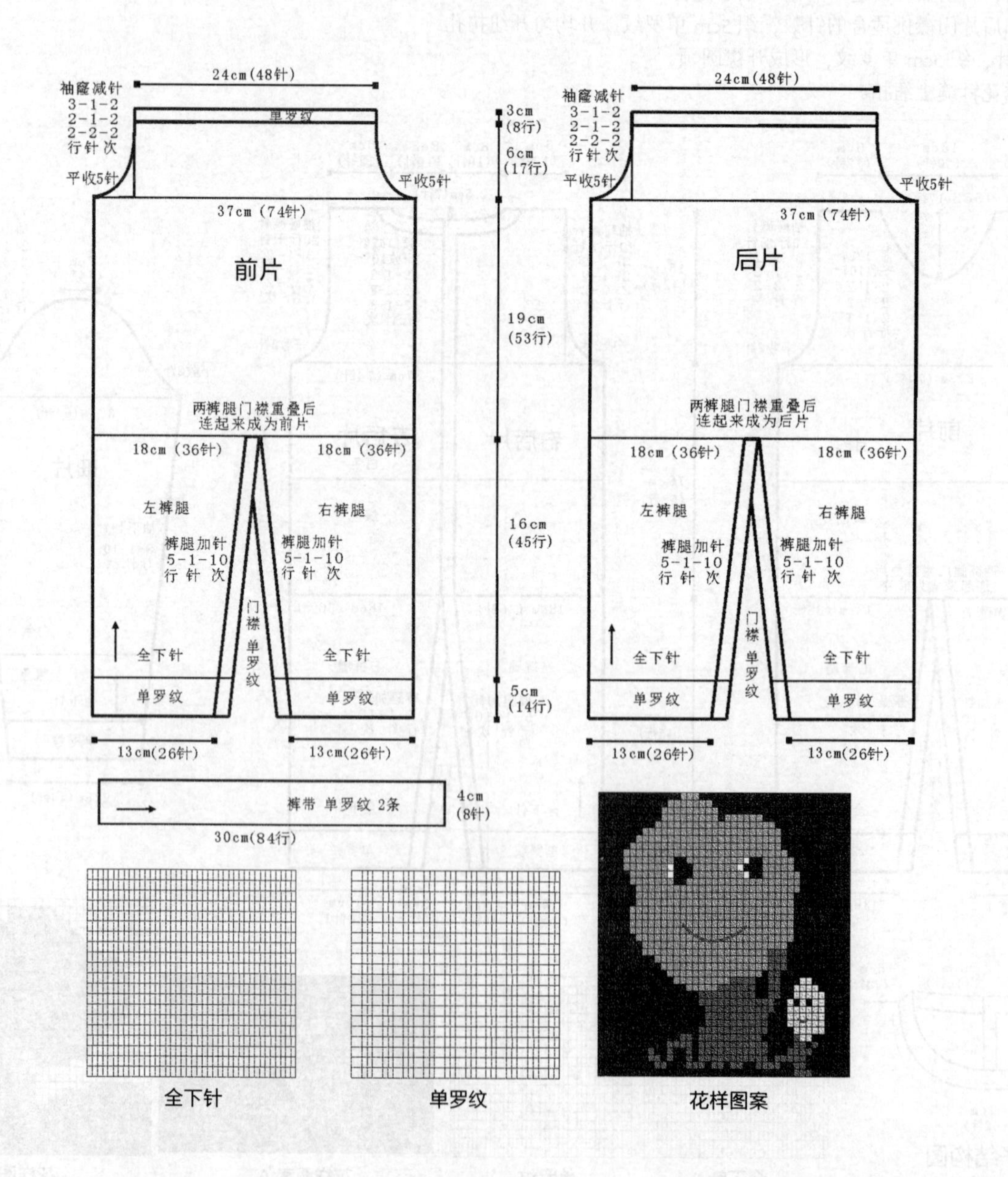

字母条纹毛衣

【成品尺寸】衣长 44cm　胸围 72cm　袖长 38cm
【工具】9 号、10 号棒针
【材料】灰色毛线 350g　黑色、红色毛线适量
【密度】$10cm^2$：26 针 ×38 行

【制作过程】

1. 后片：用 10 号棒针和灰色毛线起 96 针，织单罗纹 6cm 后，换 9 号棒针，不加不减针织下针 22cm 到腋下，进行袖窿减针，减针方法如图，肩留 18 针，待用。
2. 前片：用灰色毛线和 10 号棒针起 96 针，织单罗纹 6cm，然后换 9 号棒针织下针，同时用红色、黑色线编入花样图案 A，不加不减针织 22cm 到腋下，进行袖窿减针，减针方法如图，织到衣长最后 7.5cm 时，开始领口减针，减针方法如图，肩留 18 针，待用。
3. 袖片：用 11 号棒针和灰色毛线起 52 针，织单罗纹 6cm 后，换 9 棒针均匀加针到 64 针，织下针，织 14.5cm，此时编入花样图案 B，再织 7.5cm 到腋下，这时按图加针到 80 针，进行袖山减针，减针方法如图，减针完毕，袖山形成。
4. 分别合并侧缝线和袖下线，并缝合袖子。
5. 领：挑起 114 针织单罗纹 5cm。

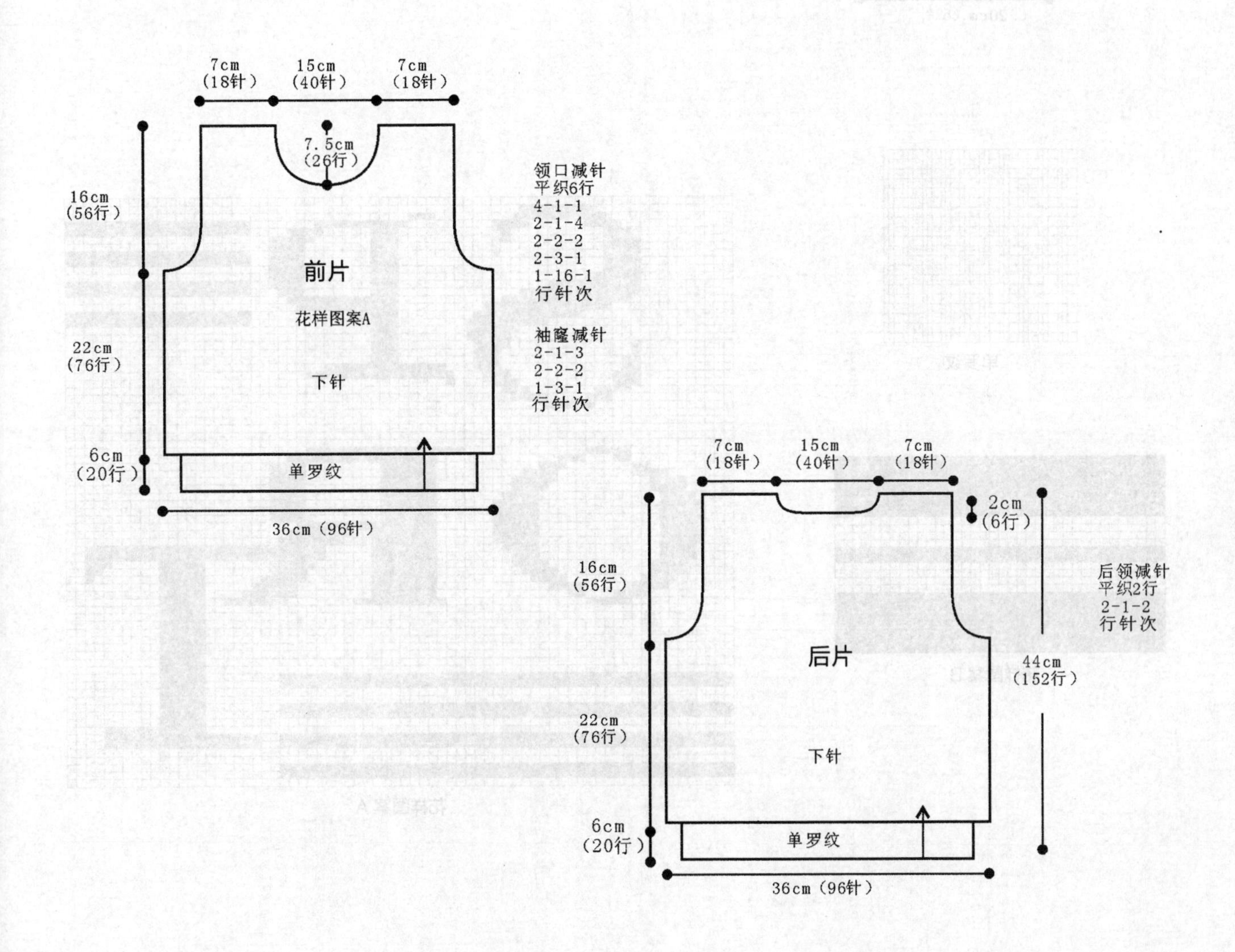

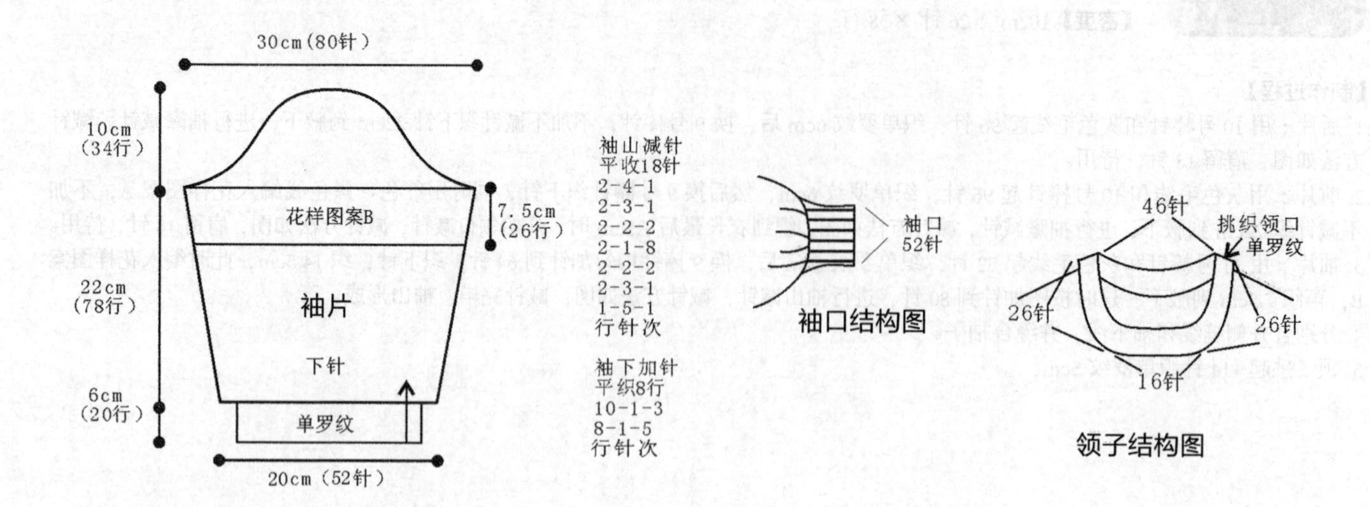

单罗纹

花样图案 B

花样图案 A

特色拼接背心裙

【成品尺寸】 衣长 50cm　胸围 74cm

【工具】 10 号棒针　钩针

【材料】 橙红色羊毛绒线 200g　段染黄色线 200g　黄色线少许

【密度】 $10cm^2$: 20 针 ×28 行

【制作过程】

1. 前片：按图用橙红色线，一般起针法起 74 针，织 12cm 全下针，左右两边按图收成袖窿，再织 9cm 时开领窝至织完成。
2. 后片：织法与前片一样，只是须按图开领窝。
3. 下摆另织，用段染黄色线，一般起针法起 154 针，织全下针，织至 18cm 时在中点处平收 20 针，并按图加针，织至 5cm 时即减针，减至 5cm 时平加 20 针，然后不加不减织至 18cm。
4. 编织结束后，将前后片侧缝、肩部缝合，再与下摆缝合。
5. 下摆四边、袖口和领圈用钩针和黄色线钩织花边。

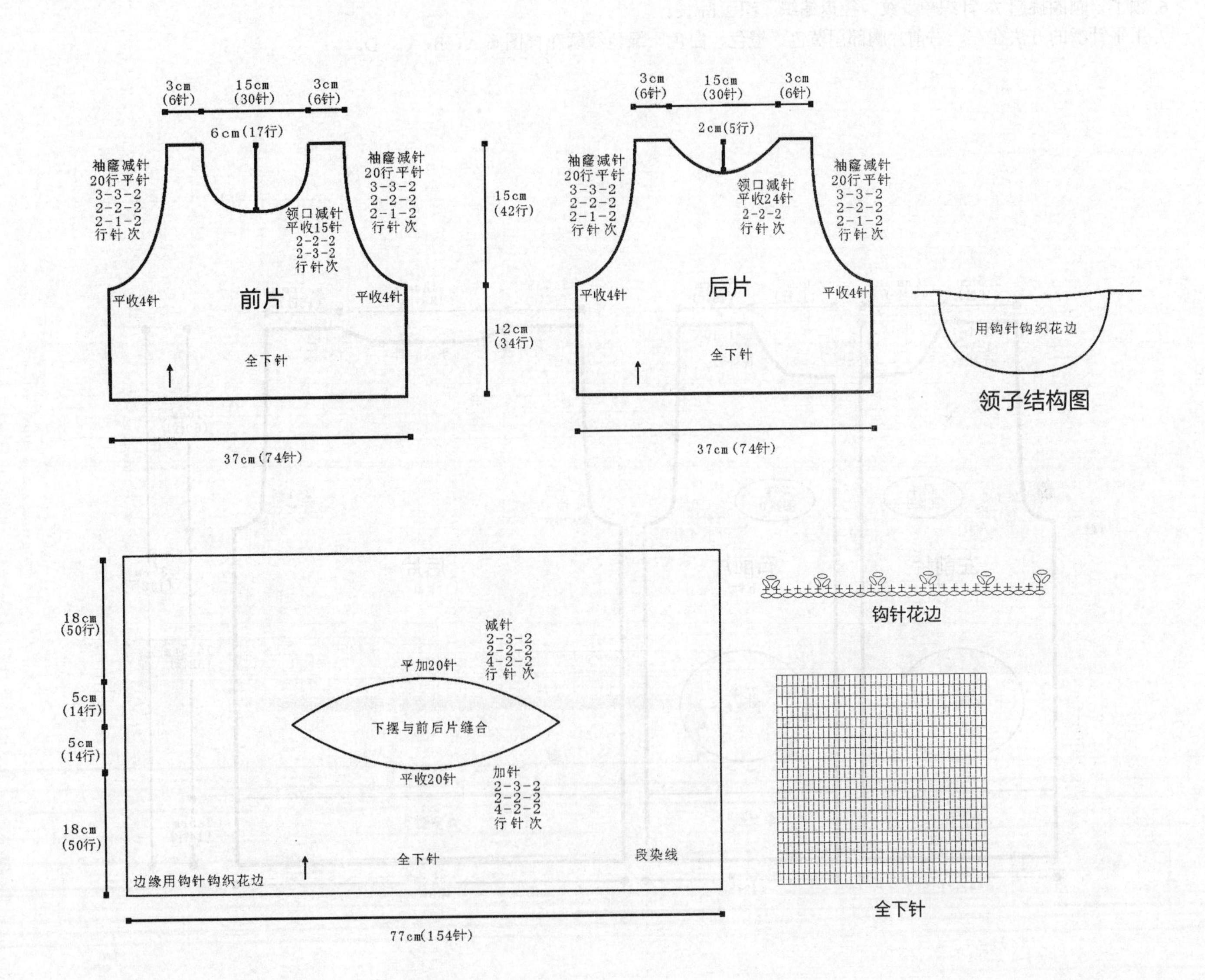

卡通开襟毛衣

【成品尺寸】 衣长 35cm　胸围 60cm　袖长 32cm

【工具】 12 号棒针　绣花针

【材料】 咖啡色棉线 300g　黄色、橙色、白色、绿色棉线各 20g

【密度】 10cm²：29 针 ×38 行

【附件】 纽扣 5 枚

【制作过程】

1. 后片：用咖啡色棉线起 88 针，织单罗纹，织 3.5cm 的高度后，改织下针，织至 19cm 时，两侧各平收 4 针，然后按 2-1-5 的方法袖窿减针，织至 35cm，中间平收 34 针，两侧按 2-1-2 的方法后领减针，最后两肩部各余下 16 针，后片共织 35cm。
2. 左前片：用咖啡色棉线起 42 针，织单罗纹，织 3.5cm 的高度后，改织下针，织至 19cm 时，左侧平收 4 针，然后按 2-1-5 的方法袖窿减针，织至 29cm，右侧平收 7 针，然后按 2-1-10 的方法前领减针，最后肩部余下 16 针，左前片共织 35cm。
3. 右前片：与左前片方法相同，方向相反。
4. 袖片：起 66 针织单罗纹，织 3.5cm 的高度后，改织下针，两侧一边织一边按 8-1-8 的方法加针，织至 21cm 后，织片变成 82 针，两侧各平收 4 针，然后按 2-1-21 的方法袖山减针，袖片共织 32cm，最后余下 32 针，收针。
5. 衣襟：左右衣襟侧分别挑起 82 针织单罗纹，往返编织，织 2cm 宽。
6. 领子：领圈挑起 78 针织单罗纹，往返编织，织 2cm 长。
7. 用平针绣的方法在左、右前片胸部用黄色、橙色、白色、绿色线绣花样图案 A、B、C、D。

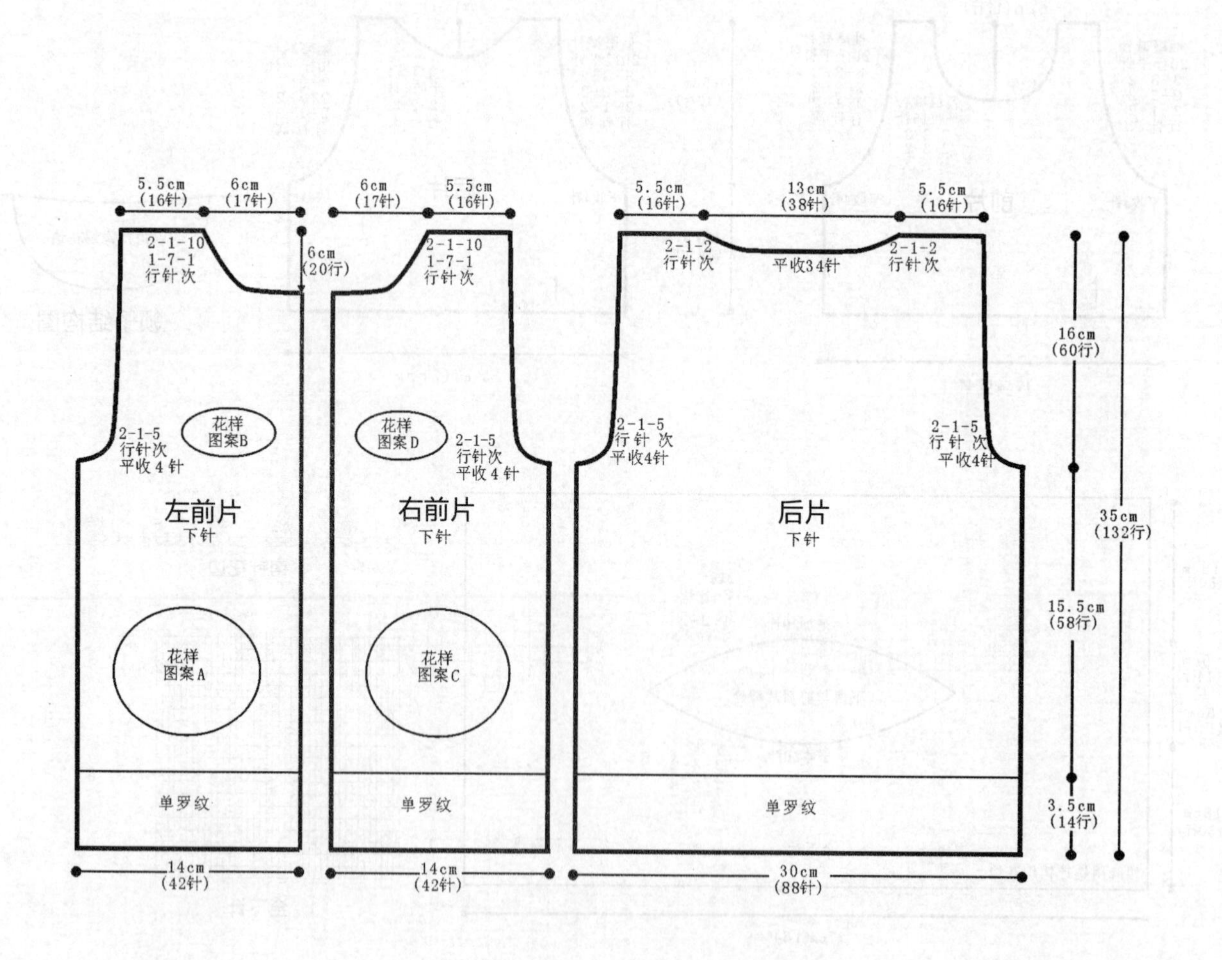

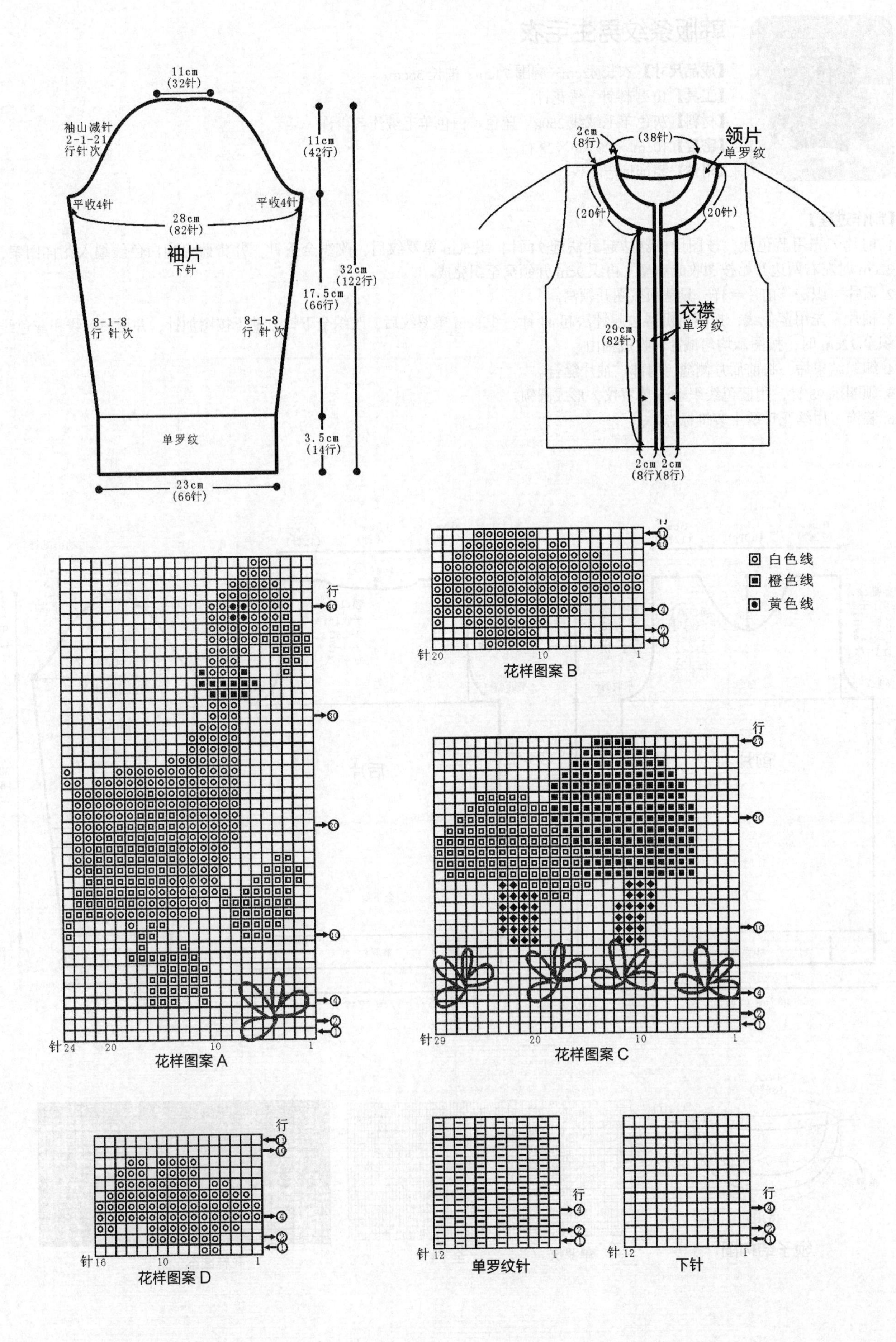
11cm
(32针)
袖山减针
2-1-21
行针次
平收4针
平收4针
28cm
(82针)
袖片
下针
8-1-8
行针次
8-1-8
行针次
单罗纹
23cm
(66针)
11cm
(42行)
32cm
(122行)
17.5cm
(66行)
3.5cm
(14行)
2cm
(8行)
(38针)
领片
单罗纹
(20针)
(20针)
衣襟
单罗纹
29cm
(82针)
2cm
(8行)
2cm
(8行)
白色线
橙色线
黄色线
花样图案A
花样图案B
花样图案C
花样图案D
单罗纹针
下针
行
针

韩版条纹男生毛衣

【成品尺寸】衣长 42cm　胸围 74cm　袖长 36cm

【工具】10 号棒针　绣花针

【材料】灰色羊毛绒线 250g　蓝色、白色羊毛绒线各少许

【密度】10cm^2：20 针 ×28 行

【附件】装饰标志 1 枚

【制作过程】

1. 前片：先用蓝色线，按图用机器边起针法起 74 针，织 5cm 单罗纹后，改织全下针，并将蓝色和白色线编入花样图案，织至 22cm 时左右两边开始按图收成袖窿，再织 9cm 开领窝至织完成。
2. 后片：织法与前片一样，只是须按图开领窝。
3. 袖片：先用蓝色线，按图用机器边起针法起 44 针，织 5cm 单罗纹后，改织全下针，袖下按图加针，并用白色线和灰色线配色，织至 22cm 时，按图示均匀减针，收成袖山。
4. 编织结束后，将前后片侧缝、肩部、袖片缝合。
5. 领圈挑 98 针，用蓝色线织 4cm 单罗纹，形成圆领。
6. 装饰：用绣花针绣上装饰标志。

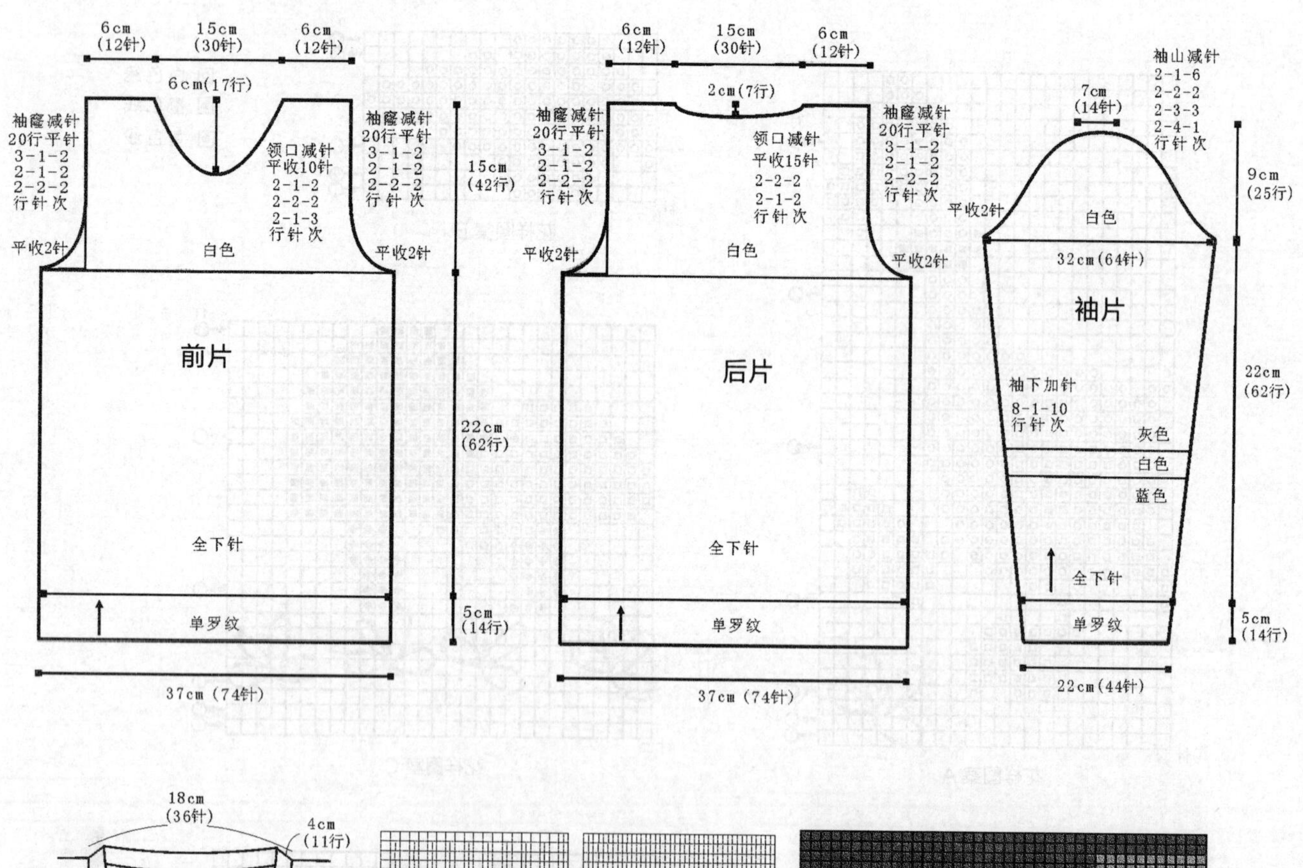

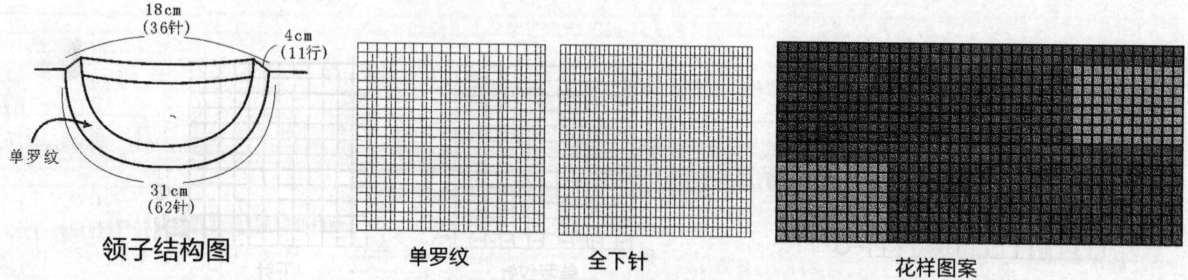

简约字母背心

【成品尺寸】衣长 40cm 胸围 70cm 肩宽 24cm
【工具】11 号、10 号棒针 绣花针
【材料】灰色毛线 200g 藏青色毛线 50g
【密度】$10cm^2$：26 针 ×35 行
【附件】装饰标志

【制作过程】
1. 后片：用 11 号棒针和藏青色毛线起 92 针，织 3 行双罗纹，换灰色毛线继续织双罗纹到 4cm，换 10 号棒针织 4.5cm 下针，再换藏青色毛线织 10cm 下针，然后再换灰色毛线织 4.5cm 下针到腋下，再进行袖窿减针，减针方法如图，织至最后 2cm 时收后领，如图。肩留 12 针，待用。
2. 前片：用 11 号棒针和藏青色毛线起 92 针，织 3 行双罗纹，换灰色毛线继续织双罗纹到 4cm，换 10 号棒针织 4.5cm 下针，再换藏青色毛线织 10cm 下针，同时编入花样图案，然后再换灰色毛线织 4.5cm 下针到腋下，再进行袖窿减针，袖窿按图收针，在袖窿减针的同时，前领按图收针，肩留 12 针，待用。
3. 将前后片肩上的针、侧缝线分别缝合。
4. 领、袖窿挑织双罗纹 4cm，如图。
5. 装饰：用绣花针绣上装饰标志。

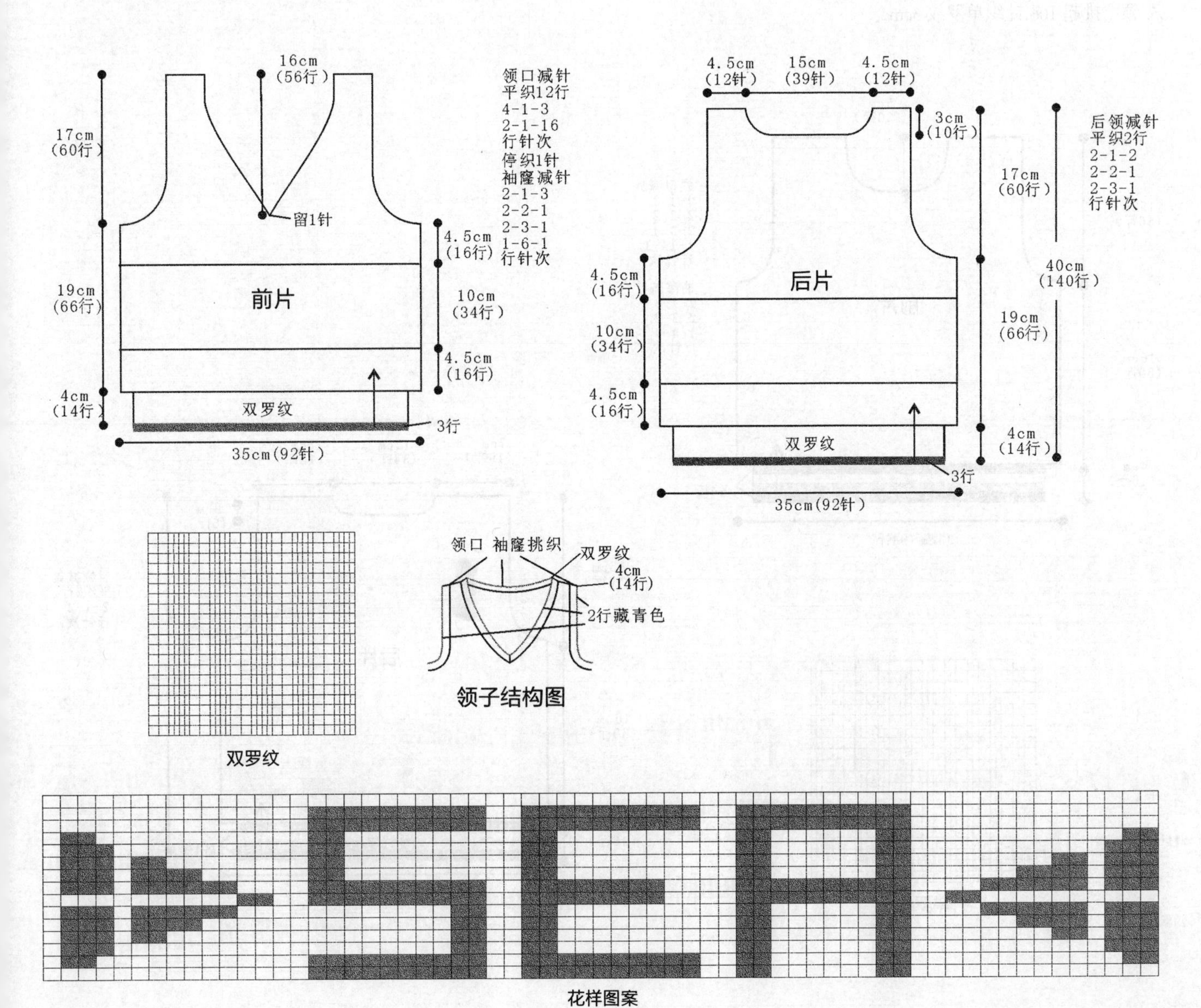

简约灰色毛衣

【成品尺寸】衣长 35cm　胸围 66cm
【工具】10 号、11 号棒针
【材料】浅灰色夹花毛线 300g　白色、黑色、红色、黄色、嫩绿色毛线各适量
【密度】$10cm^2$：28 针 ×38 行

【制作过程】

1. 先织后片，用 11 号棒针和黑色毛线起 94 针，织单罗纹 4 行，换浅灰色夹花色毛线织单罗纹 4 行，再换白色毛线织单罗纹 4 行，然后换红色毛线织单罗纹 4 行，如图，共织 4cm 单罗纹，然后换 10 号棒针和浅灰色夹花毛线织下针，织至 16cm 到腋下，进行袖窿减针，减针方法如图，肩留 19 针，待用。
2. 前片：用黑色毛线和 11 号棒针起 94 针，织单罗纹 4 行，换浅灰色夹花毛线织 4 行单罗纹，再换白色毛线织 4 行单罗纹，然后换红色毛线再织 4 行单罗纹，如图，共织 4cm 单罗纹，然后换 10 号棒针和浅灰色夹花毛线织下针，同时用白色、黑色、红色线编入花样图案，织下针 16cm 到腋下，进行袖窿减针，减针方法如图，织到衣长最后 5cm 时，开始领口减针，减针方法如图，肩留 19 针，待用。
3. 袖片：用 11 号棒针和黑毛线起 52 针，织单罗纹，颜色变化同后片，织到 4cm 时均匀放针至 62 针，如图，织 17cm 到腋下，进行袖山减针，减针方法如图，减针完毕，袖山形成。
4. 分别合并侧缝线和袖下线，并缝合袖子。
5. 领：挑起 106 针织单罗纹 3cm。

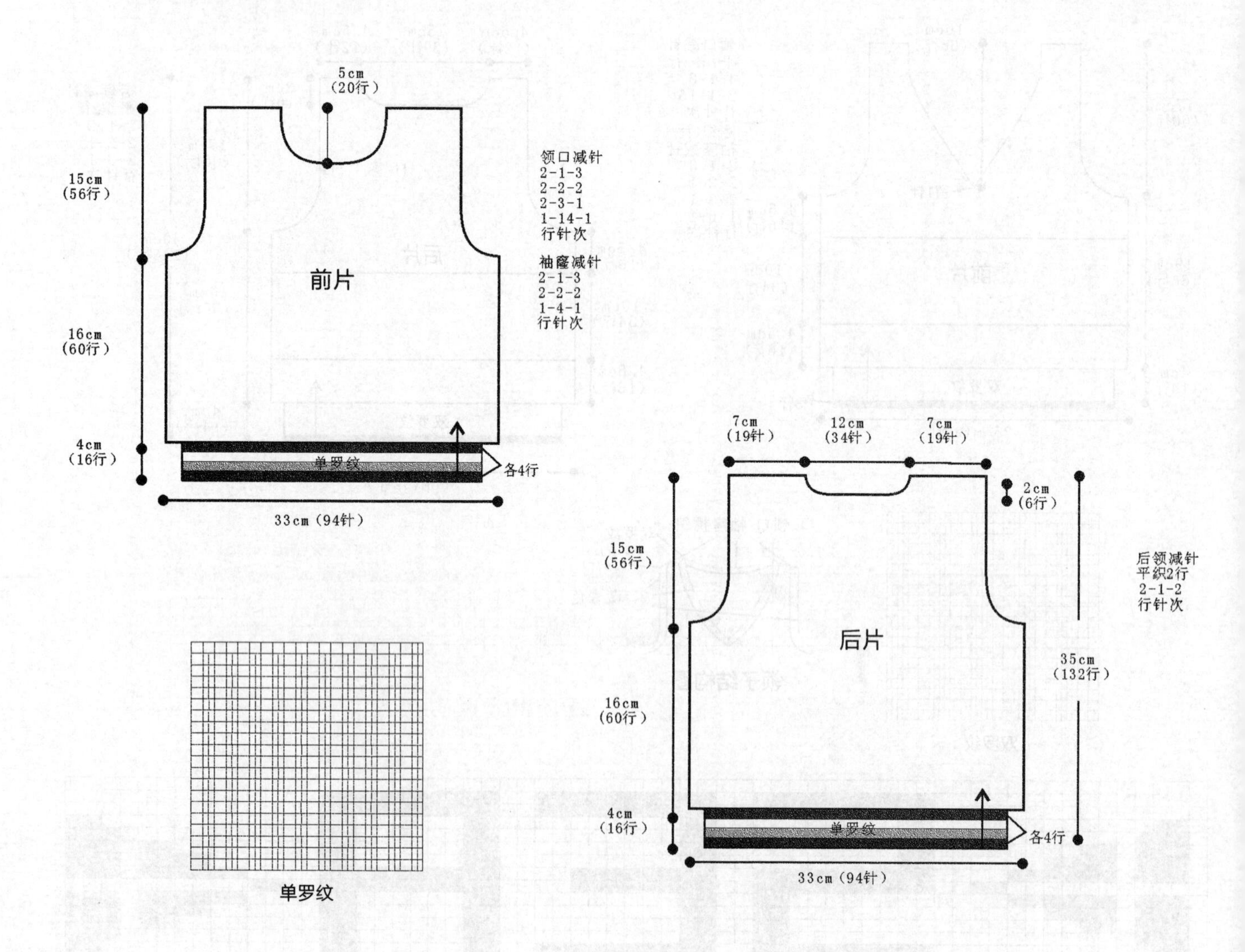

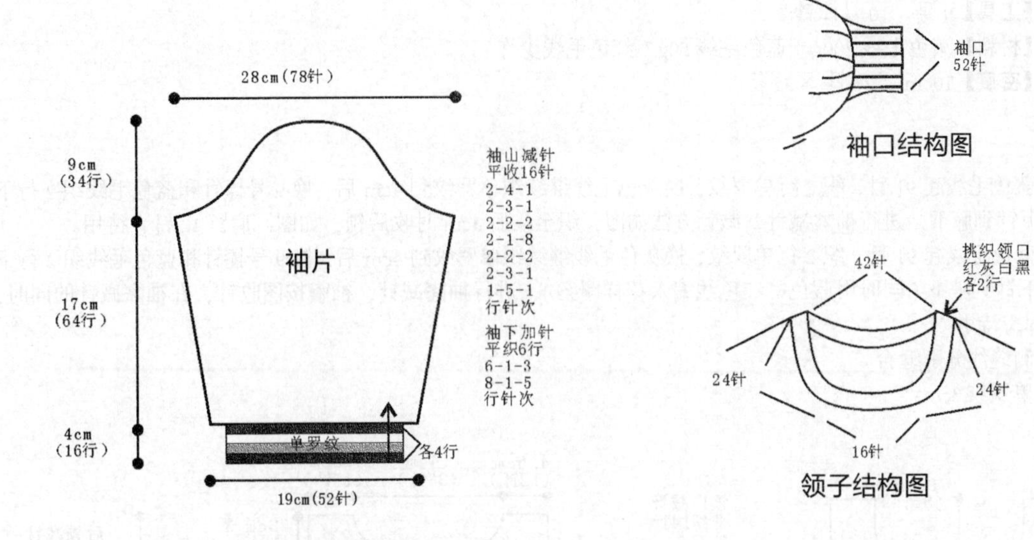
28cm(78针)
9cm
(34行)
17cm
(64行)
4cm
(16行)
袖片
袖山减针
平收16针
2-4-1
2-3-1
2-2-2
2-1-8
2-2-2
2-3-1
1-5-1
行针次
袖下加针
平织6行
6-1-3
8-1-5
行针次
单罗纹
各4行
19cm(52针)
袖口
52针
袖口结构图
挑织领口
红灰白黑
各2行
42针
24针
24针
16针
领子结构图

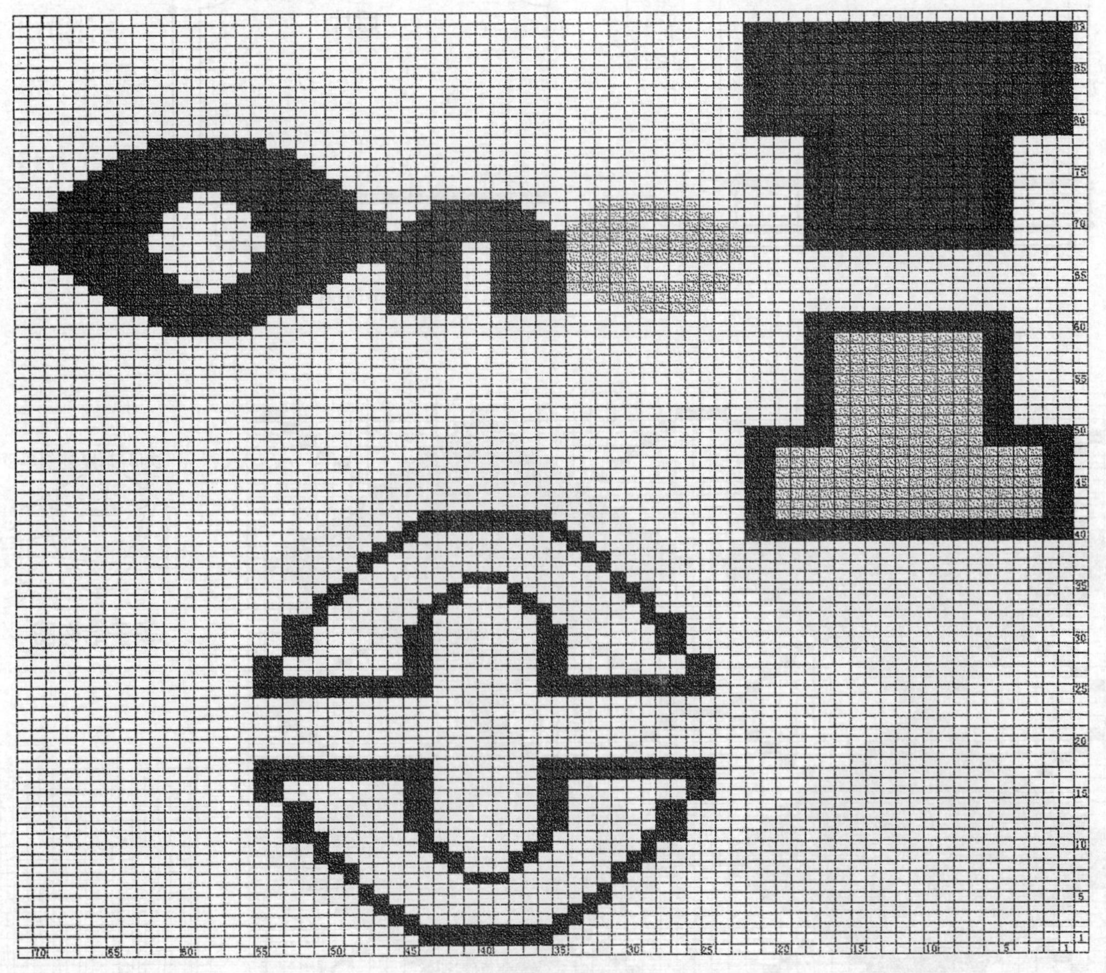

花样图案

菱形格子背心

【成品尺寸】衣长 40cm　胸围 70cm

【工具】9 号、10 号棒针

【材料】灰色毛线 200g　蓝色毛线 50g　红色毛线少许

【密度】10cm^2：26 针 ×35 行

【制作过程】

1. 后片：用 10 号棒针和蓝色毛线起 91 针，织 2 行单罗纹，换灰色毛线继续织单罗纹到 4cm 后，换 9 号棒针和蓝色毛线织 2 行下针，再换灰色毛线织 17cm 下针到腋下，进行袖窿减针，减针方法如图，织至最后 3cm 时收后领，如图。肩留 12 针，待用。
2. 前片：用 10 号棒针和蓝色毛线起 91 针，织 2 行单罗纹，换灰色毛线继续织单罗纹到 4cm 后，换 9 号棒针和蓝色毛线织 2 行下针，再换灰色毛线织 17cm 下针到腋下（同时用蓝色、红色线编入花样图案），进行袖窿减针，袖窿按图收针，在袖窿减针的同时，前领按图收针，肩留 12 针，待用。
3. 将前后片肩上的针、侧缝线分别缝合。
4. 领子、袖窿分别挑织单罗纹 3cm。

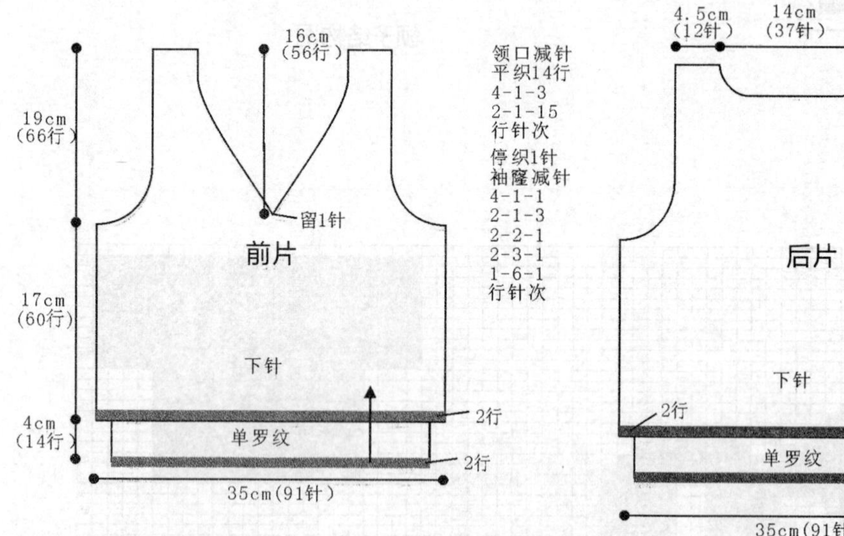

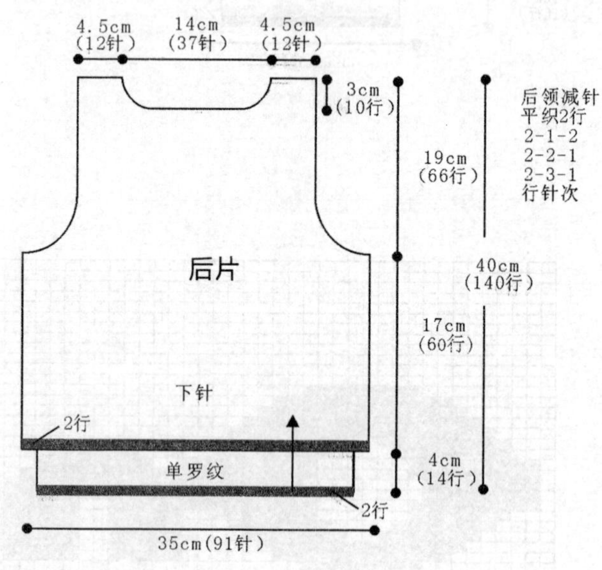

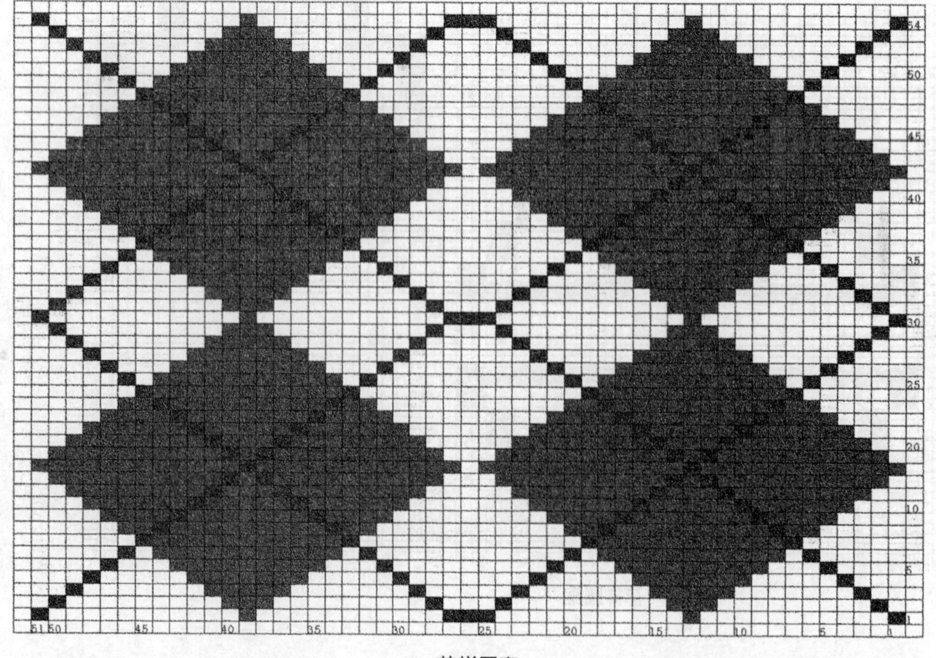

花样图案

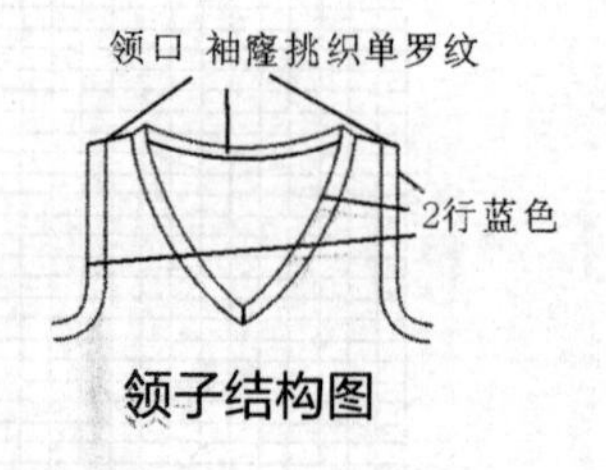

领子结构图

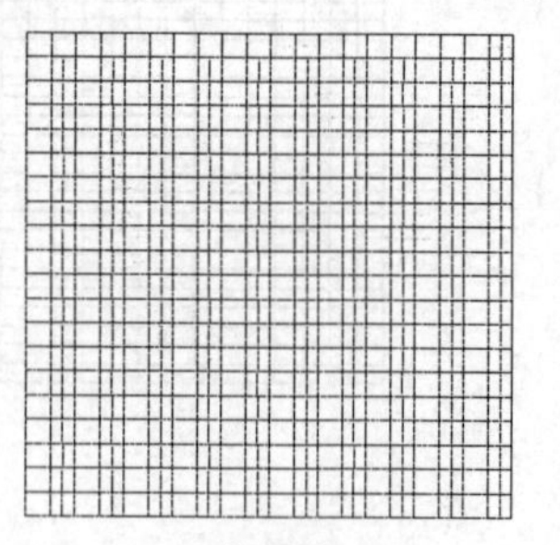

单罗纹

休闲圆领毛衣

【成品尺寸】衣长 42cm　胸围 74cm　袖长 36cm
【工具】10 号棒针　绣花针
【材料】深蓝色羊毛绒线 300g　白色、黄色、棕色线各少许
【密度】10cm²：20 针 ×28 行
【附件】纽扣 1 枚

【制作过程】

1. 前片：先用白色线，按图用机器边起针法起 74 针，先织 2 行，换深蓝色线再织 5cm 双罗纹后，改织全下针，并用白色、黄色、棕色线编入花样图案，织至 22cm 时左右两边开始按图收成袖窿，再织 9cm 开领窝至织完成。
2. 后片：织法与前片一样，只是须按图开领窝。
3. 袖片：先用白色线，按图用机器边起针法起 44 针，先织 2 行，换深蓝色线织 5cm 双罗纹后，改织全下针，袖下按图加针，织至 22cm 按图示均匀地减针，收成袖山。
4. 编织结束后，将前后片侧缝、肩部、袖子缝合。
5. 领圈挑 98 针，织 5cm 双罗纹，最后用白色线织 2 行，形成圆领。
6. 装饰：用绣花针缝上纽扣。

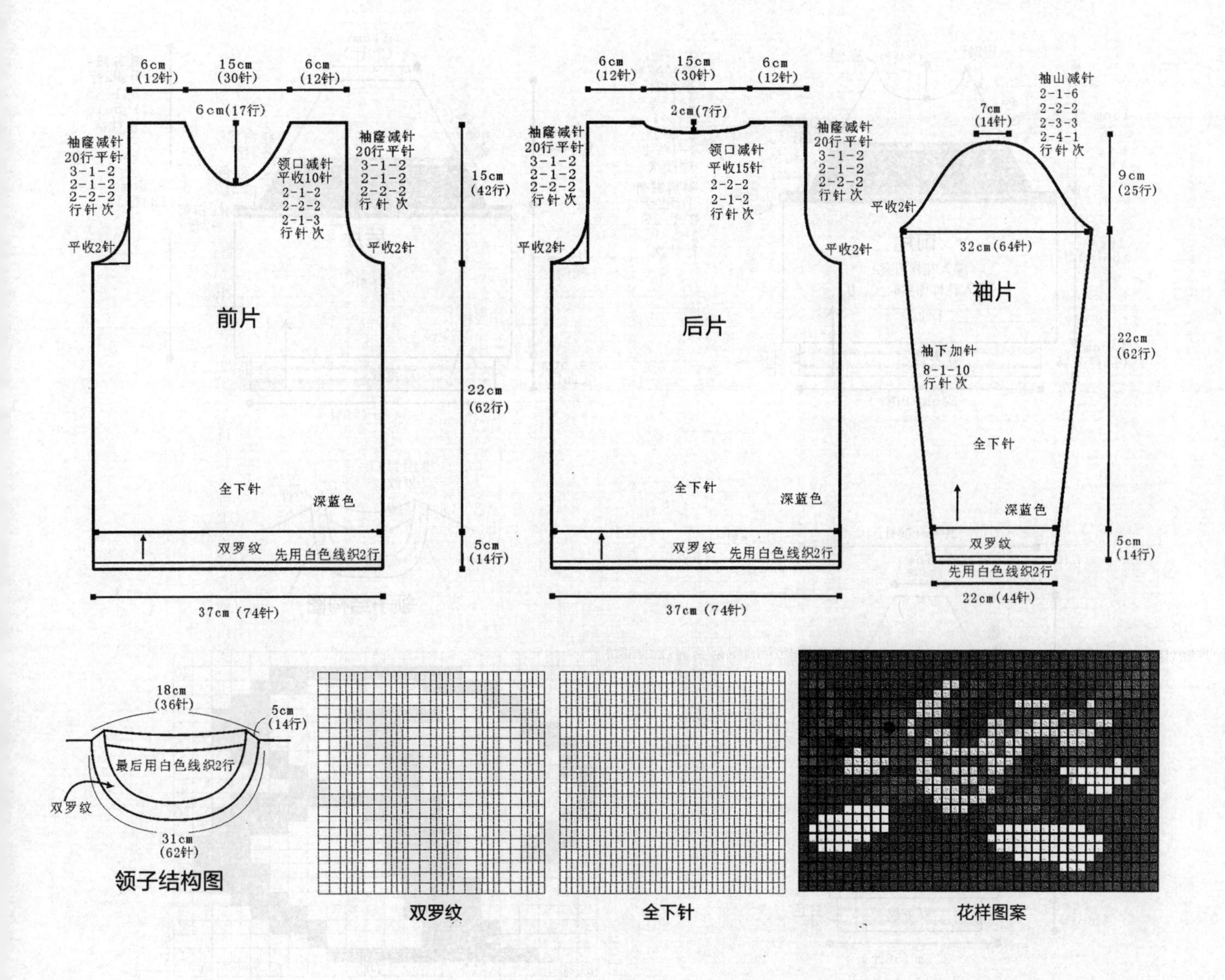

动感男生毛衣

【成品尺寸】衣长 38.5cm　胸围 68cm　袖长 40.5cm
【工具】9 号棒针　10 号棒针　绣花针
【材料】黑色毛线 300g　红色毛线 50g　白色毛线 25g
【密度】$10cm^2$：26 针 ×35 行

【制作过程】

1. 后片：用 11 号棒针和黑色毛线起 90 针，织双罗纹 4.5cm，按图配色，换 9 号棒针织下针，织 19cm 到腋下，进行斜肩减针，减针方法如图，同时按图配色，减至后领留 30 针，待用。
2. 前片：用 10 号棒针和黑色毛线起 90 针，织双罗纹 4.5cm，按图配色，换 9 号棒针织下针，并用白色线编入花样图案 A，织 19cm 到腋下，开始斜肩减针，减针方法如图，同时按图配色，在织到衣长最后 4cm 时，进行领口减针，减针方法如图，此时是领口与斜肩同时减针，减至最后领口与肩共留 2 针，待用。
3. 袖片：用 10 号棒针和黑色毛线起 56 针，织双罗纹 4.5cm，按图配色，换 9 号棒针织下针 21cm 到腋下，这时加针到 76 针，加针方法如图，然后开始斜肩减针，减针方法如图，同时按图配色，减到最后留下 18 针，待用。
4. 缝合前后片的侧缝和袖下线。
5. 领口挑起 98 针织双罗纹 3cm。
6. 在合适的位置用红色、白色线绣入花样图案 B、C、D。

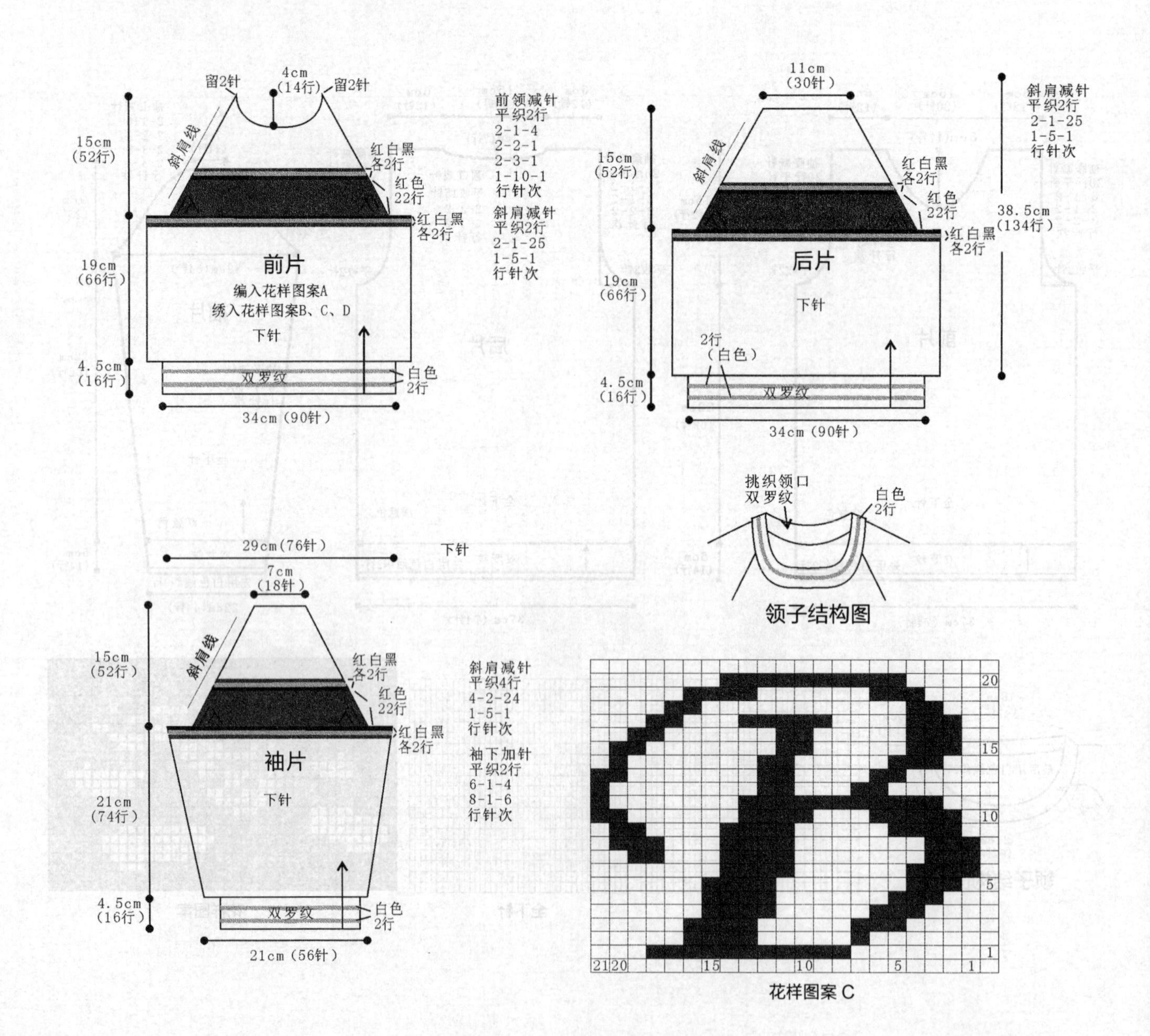

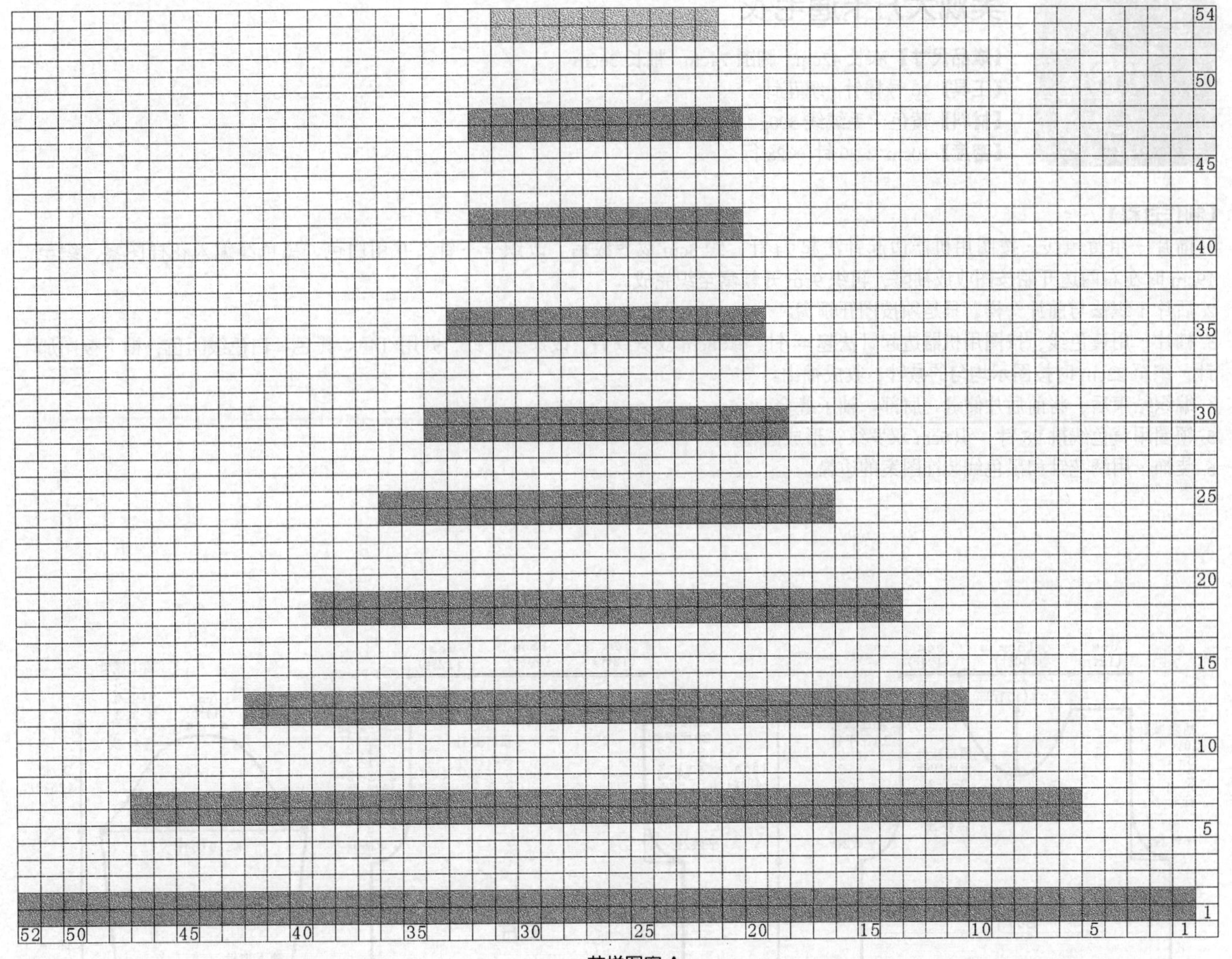

花样图案 A

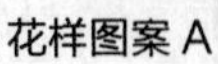

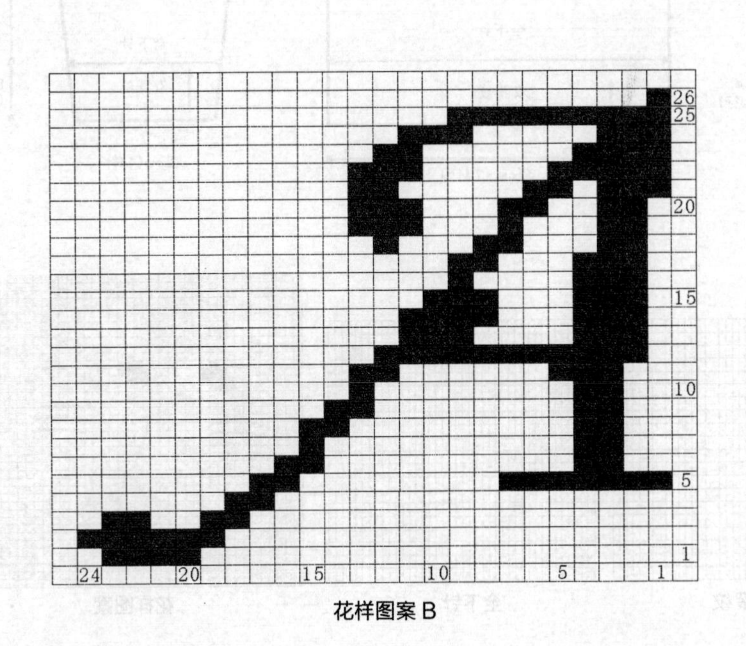

花样图案 B

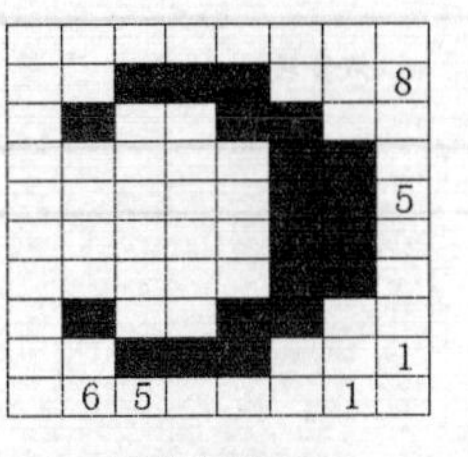

花样图案 D

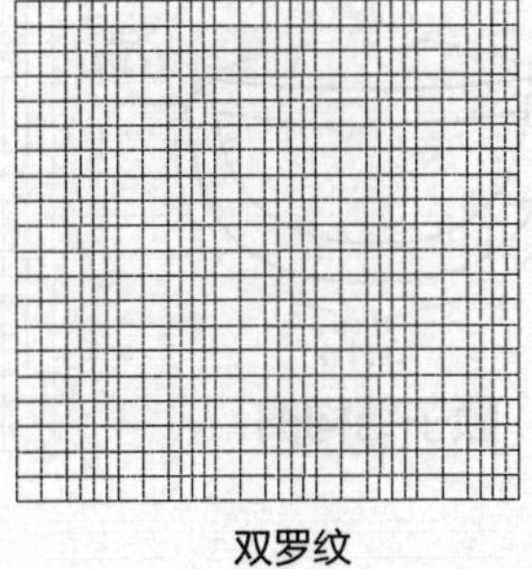

双罗纹

美观大方卡通毛衣

【成品尺寸】衣长 42cm　胸围 74cm　袖长 36cm

【工具】10 号棒针　绣花针

【材料】黄色羊毛绒线 300g　红色、白色、黑色线各少许

【密度】10cm^2：20 针 ×28 行

【制作过程】

1. 前片：用黄色线，按图用机器边起针法起 74 针，织 8cm 双罗纹后，改织全下针，并用白色、黑色线编入花样图案，织至 19cm 时左右两边开始按图收成袖窿，再织 9cm 开领窝至织完成。
2. 后片：织法与前片一样，只是须按图开领窝。
3. 袖片：用黄色线，按图用机器边起针法起 44 针，织 8cm 双罗纹后，改织全下针，并用红色、黑色、白色线间色，袖下按图加针，织至 22cm 时按图示均匀的减针，收成袖山。
4. 编织结束后，将前后片侧缝、肩部、袖子缝合。
5. 领圈用黄色线挑 98 针，织 5cm 双罗纹，形成圆领。
6. 装饰：用绣花针和黑色线装饰图案的边缘。

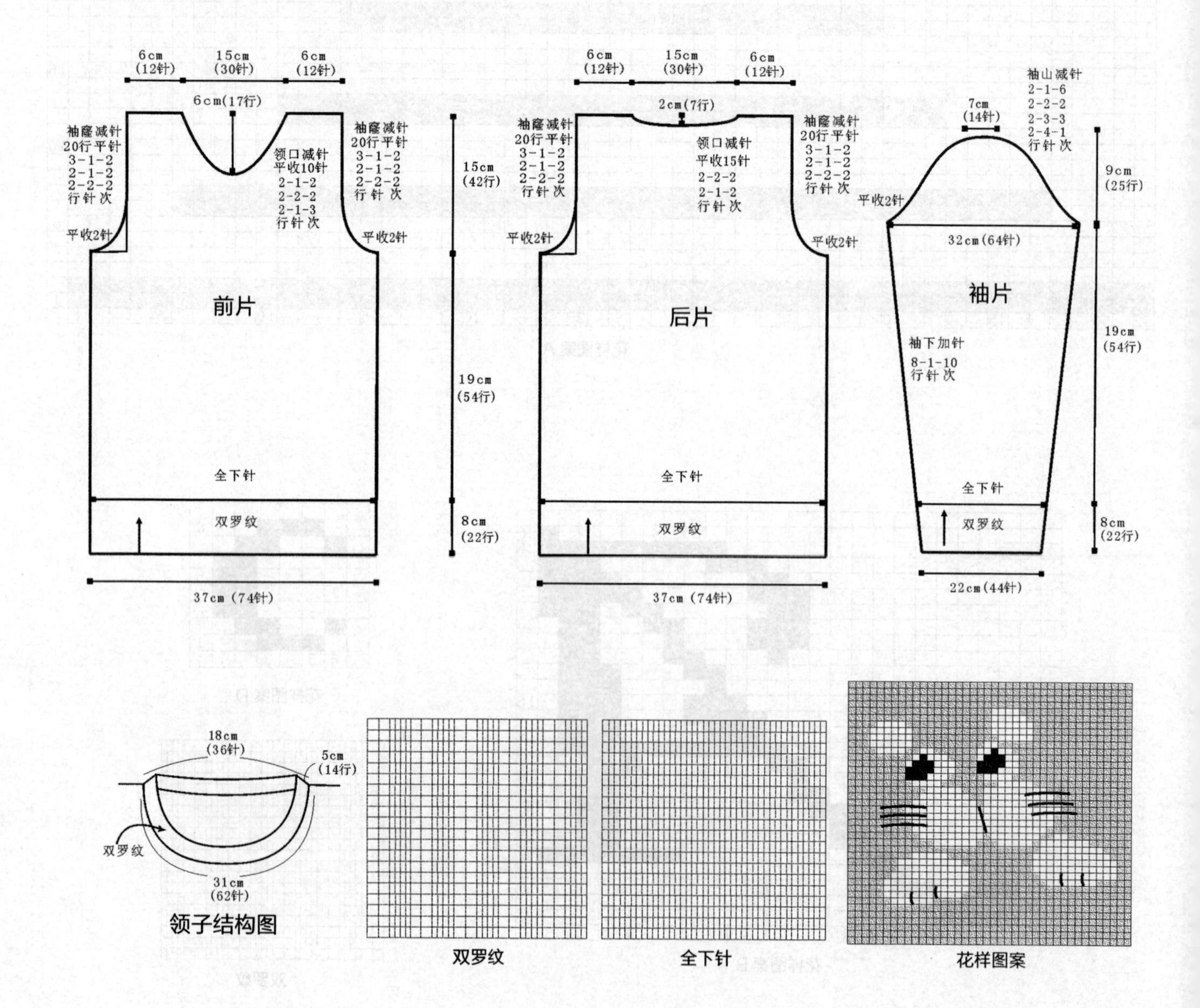

领子结构图

双罗纹

全下针

花样图案

三色童趣毛衣

【成品尺寸】 衣长 42cm　胸围 74cm　袖长 43cm

【工具】 10 号棒针　绣花针

【材料】 黄色、湖蓝色羊毛绒线各 150g　橙色、绿色羊毛绒线各 50g　白色、红色线各少许

【密度】 10cm^2：20 针 ×28 行

【附件】 动物图案亮珠 2 枚

【制作过程】

1. 前片：用黄色线，一般起针法起 74 针，织 5cm 单罗纹后，改织全下针，并用湖蓝色、白色、红色线编入花样图案，织至 22cm 时左右两边开始按图收成插肩袖窿，再织 7cm 开领窝，织至完成。
2. 后片：织法与前片一样，身片用湖蓝色线编织，按图开领窝。
3. 袖片：用黄色线，一般起针法起 40 针，织 5cm 单罗纹后，左袖片改用橙色线，右袖片改用绿色线，织全下针，袖下按图加针，织至 22cm 时按图示均匀地减针，收成插肩袖山。
4. 编织结束后，将前后片侧缝、袖子缝合。
5. 领圈用黄色线挑 98 针，织 5cm 单罗纹，形成圆领。
6. 装饰：用绣花针缝上动物图案亮珠。

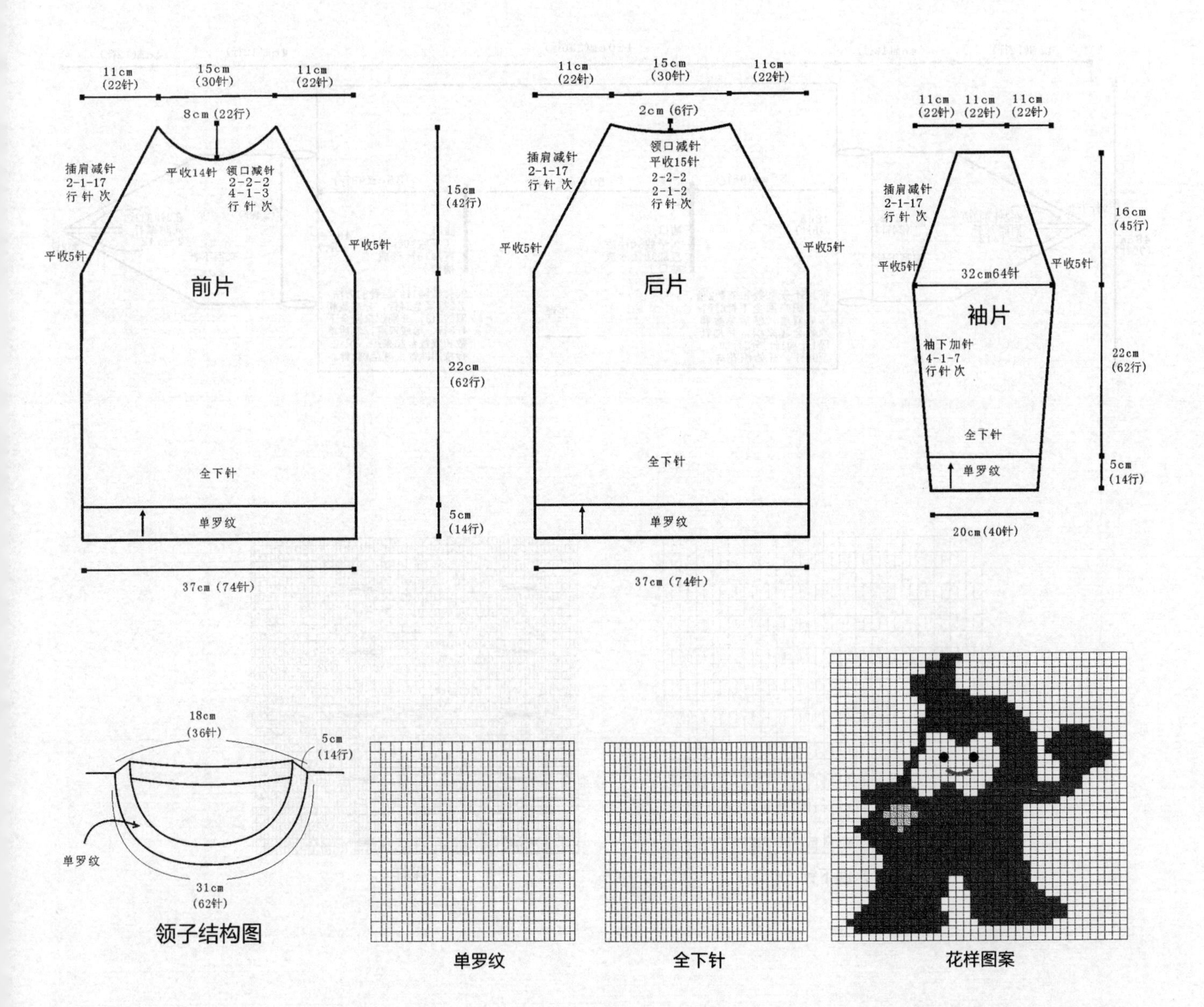

个性小披肩

【成品尺寸】 衣长 48cm　胸围 136cm
【工具】 10 号棒针
【材料】 枣红色羊毛绒线 350g
【密度】 $10cm^2$：20 针 ×28 行

【制作过程】

1. 本款是横织披肩，左边先起 2 针，织来回下针，并在 2 针的两边同时加针，加至 24 针后，织 12 行，把 24 针分单数和双数，分别织来回下针 8 行，形成双层，然后单数和双数合起来织，并加针，隔 1 针加 1 针，分 2 行加织 96 针，开始织花样。
2. 织花样不加不减针织至 35cm 时，平收 30 针后，直加 30 针，形成袖口，继续织 50cm，同样开另一袖口。
3. 再织 35cm 时，96 针按隔 1 针减 1 针，分 2 行减至 24 针，分单数和双数 2 份，分别织来回下针 8 行，形成双层，然后单数和双数合起来织，织 12 行后，按图减针织至剩 2 针。

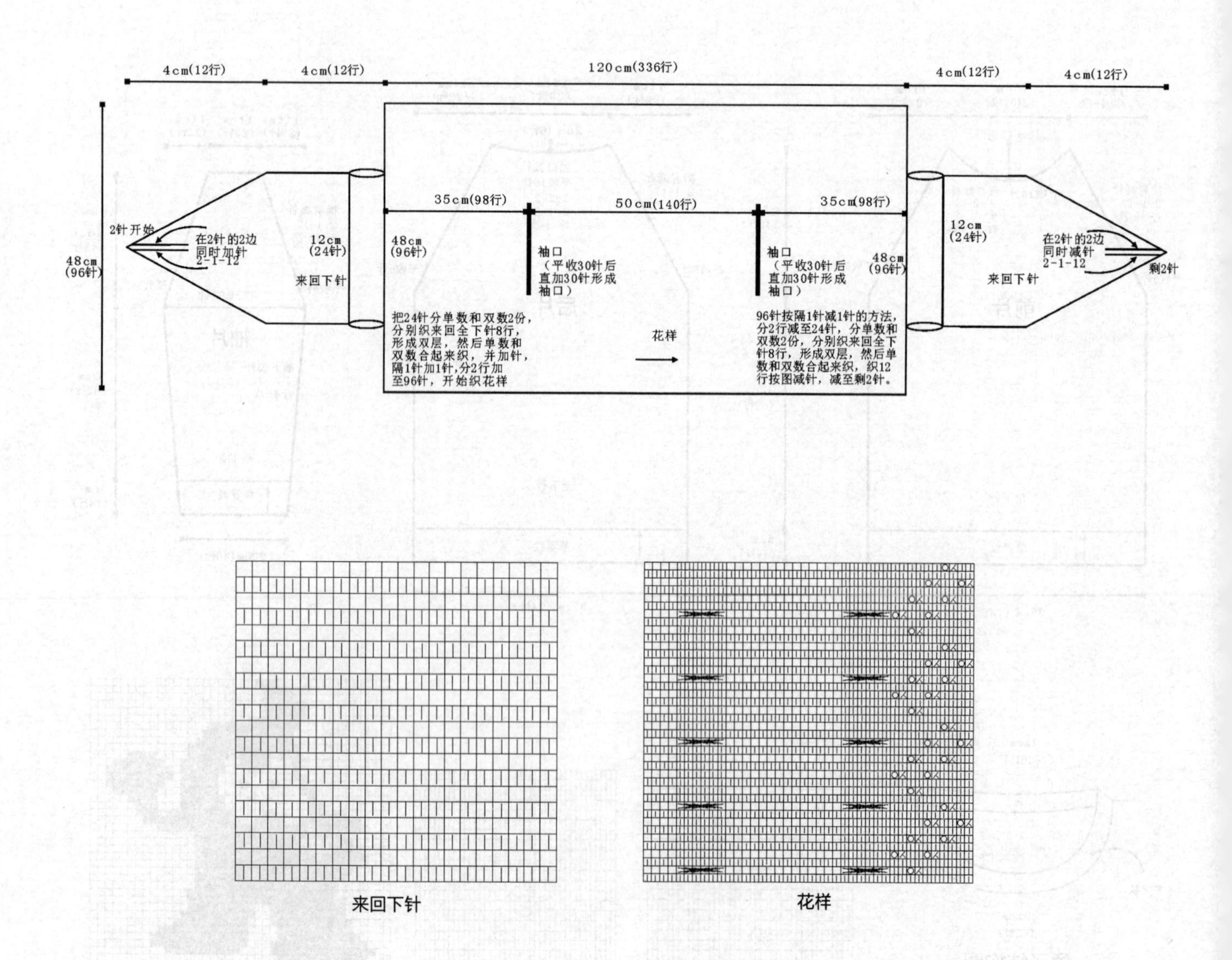

来回下针　　　　花样

粉色宽松无袖装

【成品尺寸】衣长 42cm　胸围 74cm

【工具】10 号棒针

【材料】粉红色羊毛绒线 250g　灰色线少许

【密度】10cm^2：20 针 ×28 行

【制作过程】

1. 前片：按图用灰色线，一般起针法起 74 针，先织 3cm 花样 B 后，改用粉红色线织全下针，织至 24cm 时，改织花样 A，左右两边配灰色线织花样 B，再织 9cm 时按图开领窝至织完成。
2. 后片：织法与前片一样，只是织至 13cm 时开领窝。
3. 编织结束后，将前后片侧缝、肩部缝合 。
4. 领圈挑 98 针，织 4cm 花样 B，形成圆领。

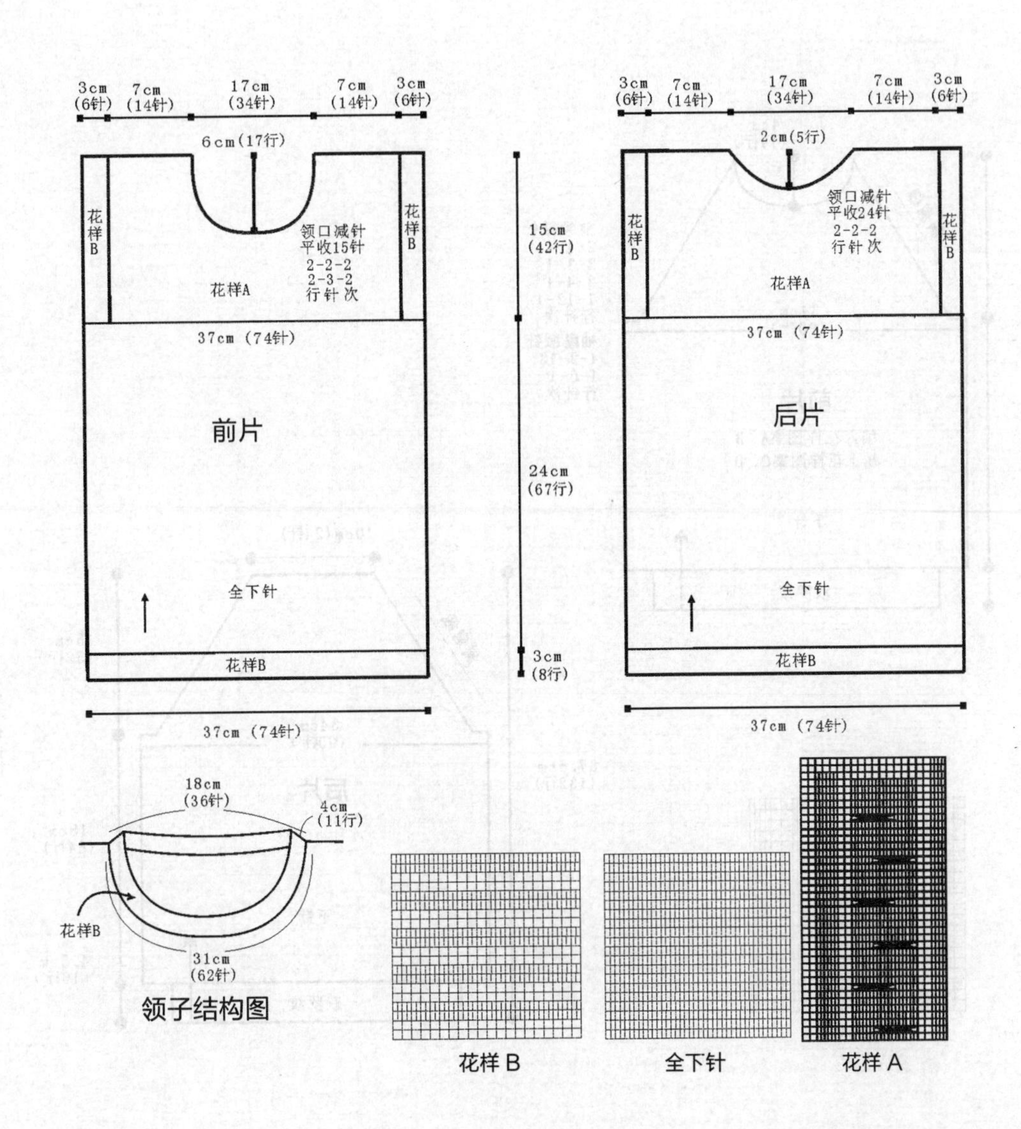

田园风套头毛衣

【成品尺寸】 衣长 37.5cm　胸围 68cm　袖长 37.5cm

【工具】 9 号、10 号棒针　绣花针

【材料】 蓝色、黄色毛线各 150g　黑色、白色毛线各 50g　红色、绿色、黄色松针线各少许

【密度】 $10cm^2$：26 针 ×35 行

【制作过程】

1. 后片：用 10 号棒针和黄色毛线起 90 针，织 4.5cm 双罗纹后，换 9 号棒针用蓝色毛线织下针 18cm 到腋下，开始收斜肩，收针方法如图，留最后 24 针待用。

2. 前片：用 10 号棒针和黄色毛线起 90 针，织 4.5cm 双罗纹后，换蓝色毛线织下针，与此同时用黑色、白色毛线，红色、绿色、黄色线编入花样图案 A 和花样图案 B，织 18cm 下针到腋下，开始收斜肩，收针方法如图，织到最后剩 4cm 时，开领口，开领方法见图。

3. 袖片：用 10 号棒针和蓝色毛线起 50 针，织 4.5cm 双罗纹后，换 9 号棒针和黄色毛线均匀放至 60 针，织下针 18cm 到腋下，开始腋下收针，收针方法如图，与此同时编入花样图案 E，留最后 14 针待用。

4. 前片、后片和袖片缝合后，挑 98 针织双罗纹 3cm 作为领子。

5. 在前片合适的位置绣上花样图案 C 和花样图案 D。

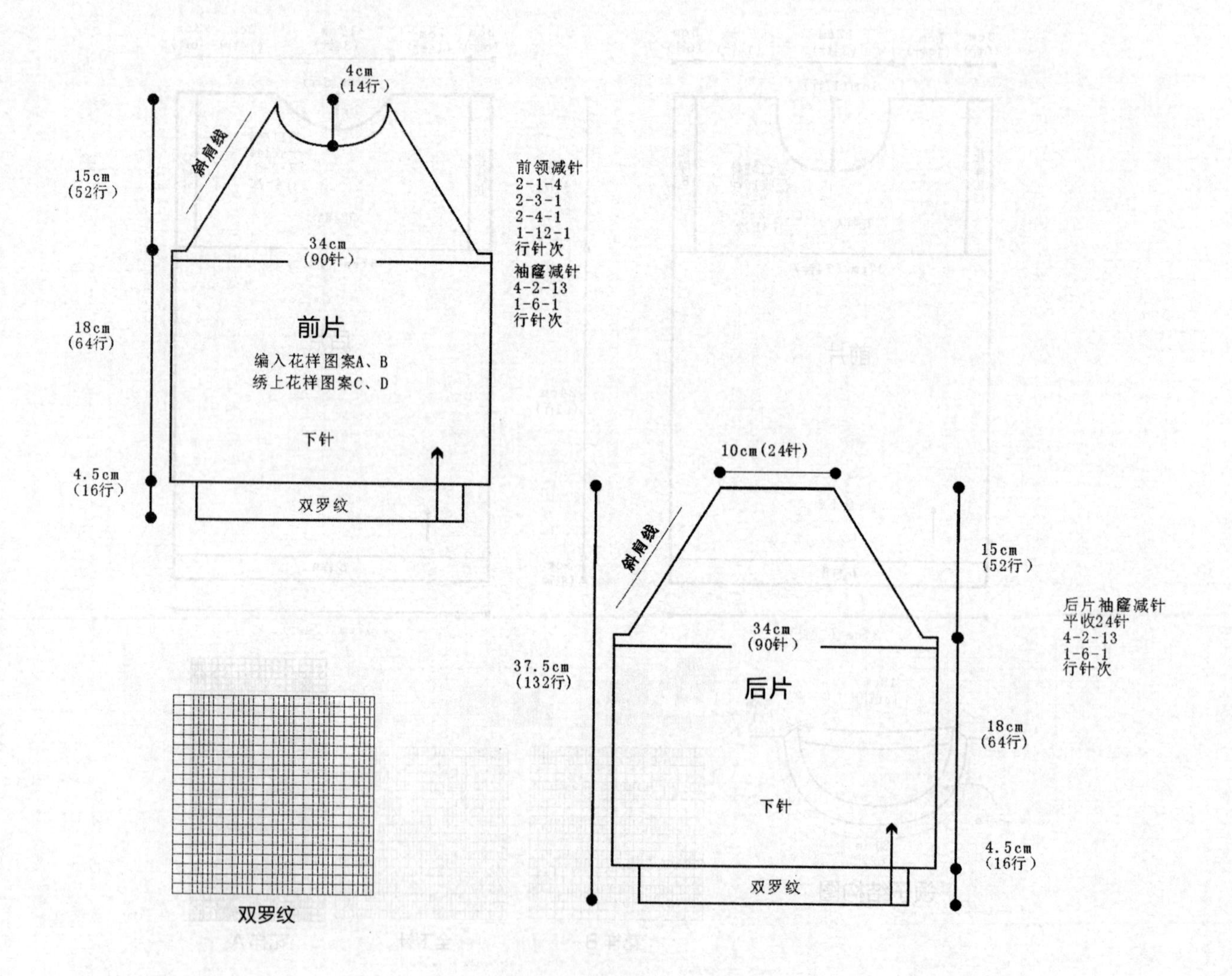

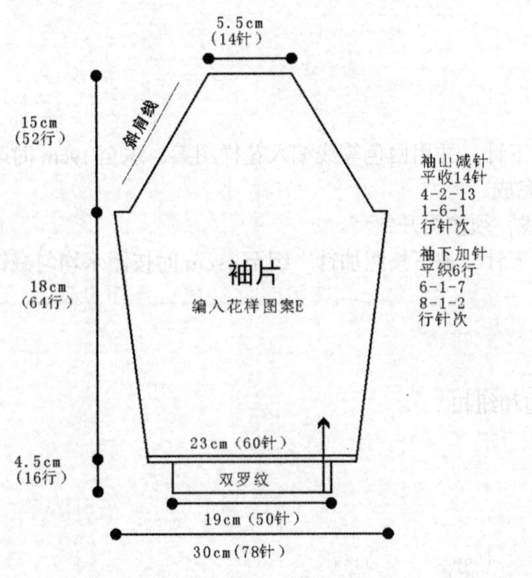

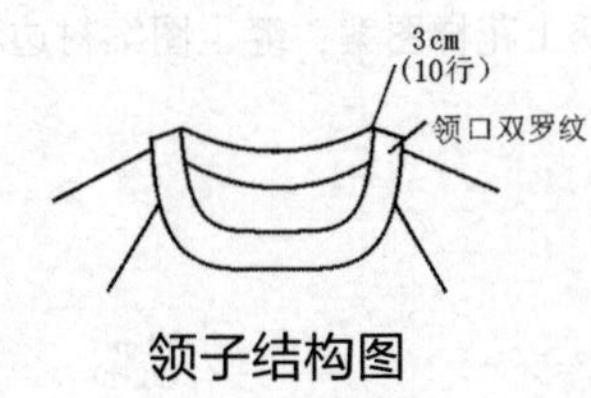

领子结构图

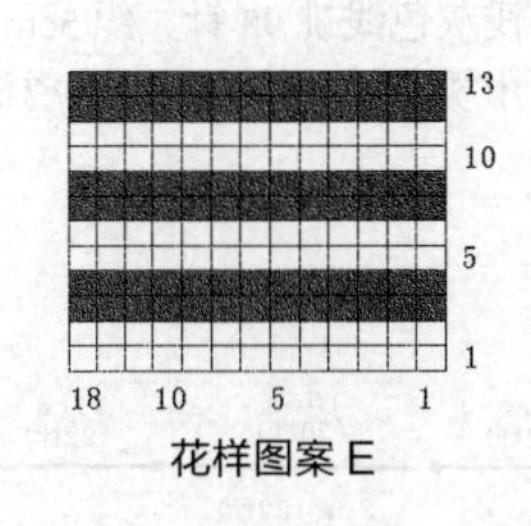

花样图案 E

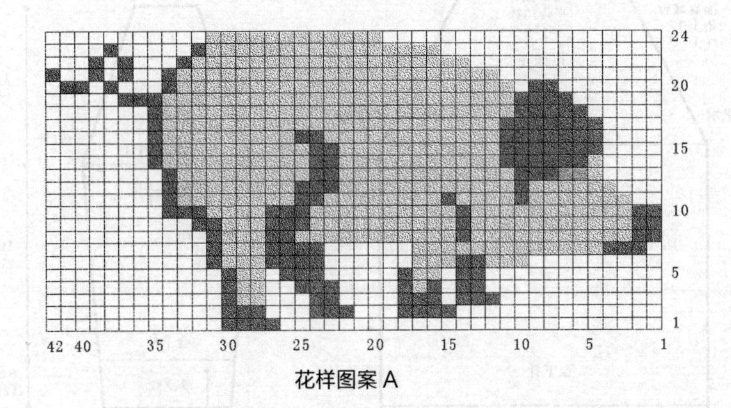

花样图案 A

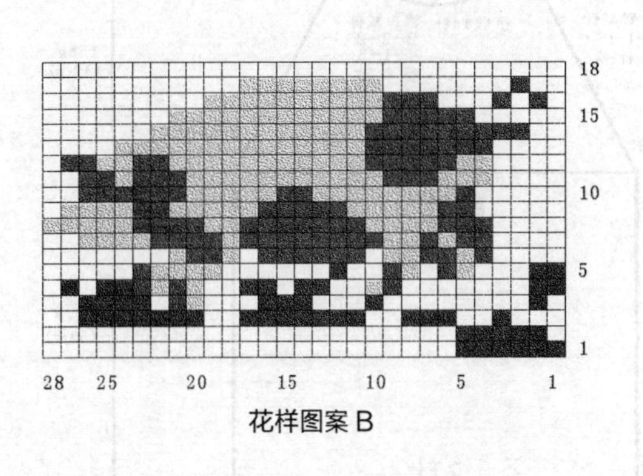

花样图案 B

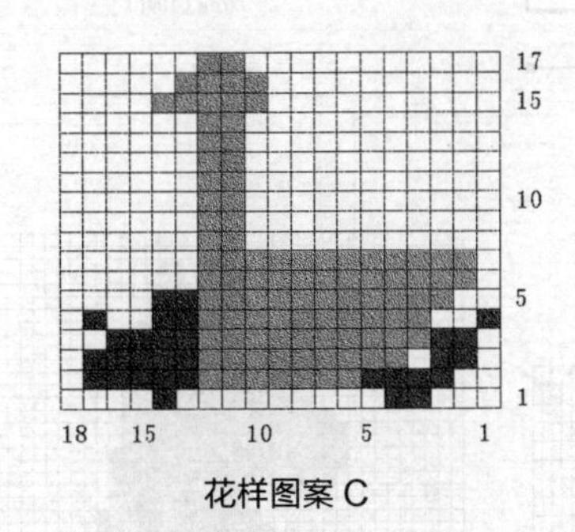

花样图案 C

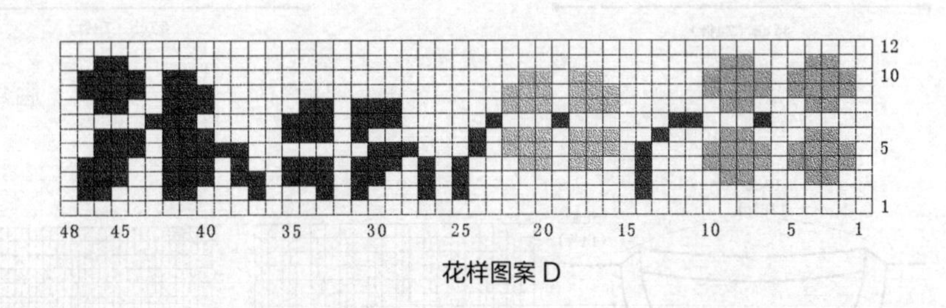

花样图案 D

经典卡通图案毛衣

【成品尺寸】衣长 42cm　胸围 74cm　袖长 43cm
【工具】10 号棒针　绣花针
【材料】棕色、浅灰色羊毛绒线各 150g　白色线少许
【密度】10cm^2：20 针 ×28 行
【附件】图案衬边毛毛绒线若干　纽扣 2 枚

【制作过程】

1. 前片：用棕色线，一般起针法起 74 针，织 8cm 单罗纹后，改织全下针，并用白色等线编入花样图案，织至 19cm 时改用浅灰色线编织，左右两边开始按图收成插肩袖窿，再织 7cm 开领窝，至织完成。
2. 后片：织法与前片一样，织 8cm 单罗纹用棕色线，身片用浅灰色线，须按图开领窝。
3. 袖片：用棕色线，一般起针法起 40 针，织 8cm 单罗纹后，改织全下针，袖下按图加针，织至 19cm 时按图示均匀减针，收成插肩袖山，并用浅灰色线间色。
4. 编织结束后，将前后片侧缝、袖子缝合。
5. 领圈用浅灰色线挑 98 针，织 5cm 单罗纹，形成圆领。
6. 装饰：用绣花针，按十字绣的绣法，绣上花样图案，缝上图案衬边和纽扣。

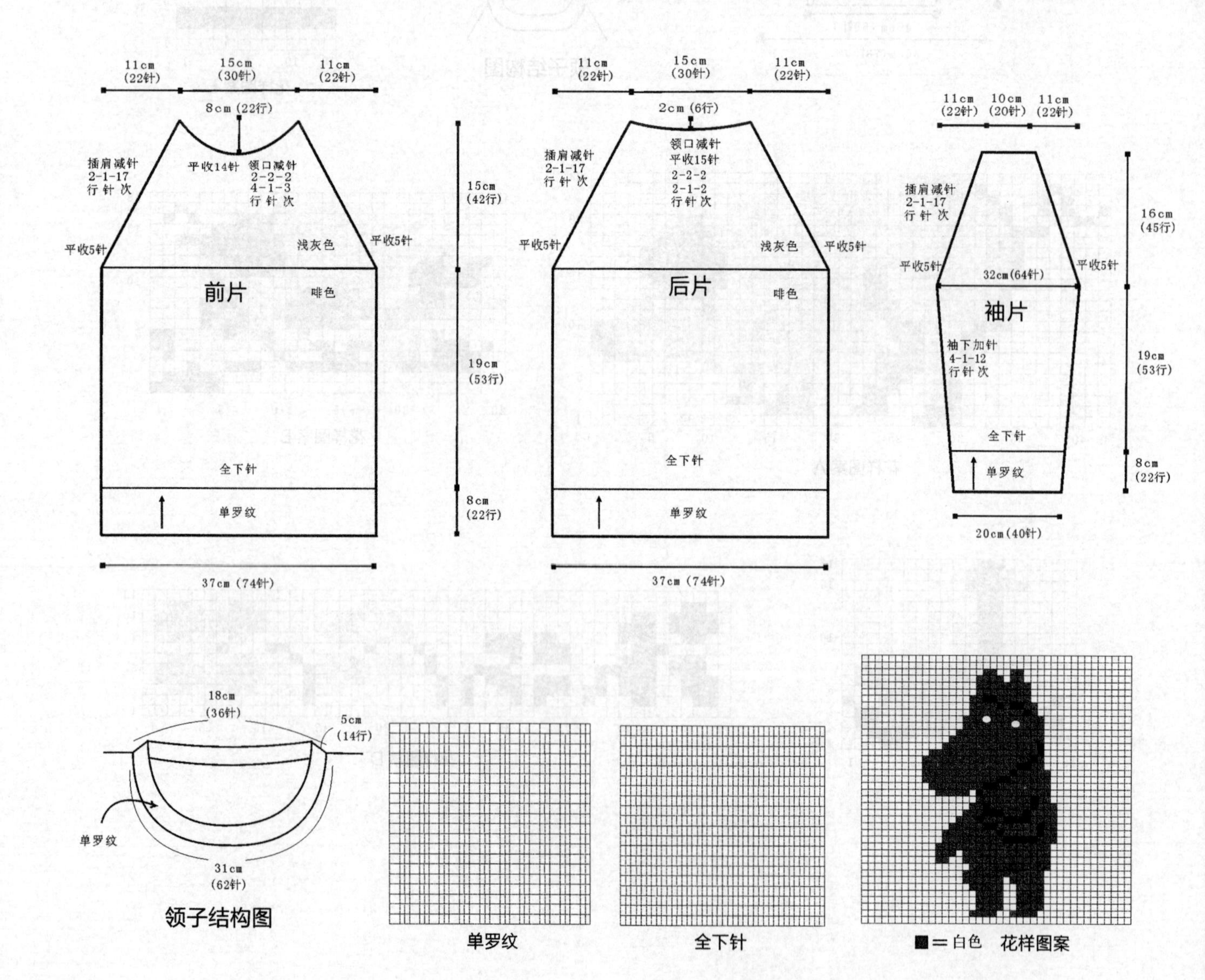

卡通鲸鱼毛衣

【成品尺寸】 衣长 32cm 胸围 56cm 袖长 28cm
【工具】 12 号棒针 绣花针
【材料】 灰色棉线 350g 棕色棉线 30g 橙色、红色、白色、蓝色线少许
【密度】 10cm^2：27 针 ×34 行
【附件】 图案纽扣 1 枚

【制作过程】

1. 后片：用棕色线起 76 针，织双罗纹，织 2 行后改为灰色线编织，共织 5cm 的高度，改织下针，织至 19cm，两侧各平收 4 针，然后按 2-1-4 的方法袖窿减针，织至 31cm，中间平收 24 针，两侧按 2-1-2 的方法后领减针，最后两肩部各余下 16 针，后片共织 32cm。
2. 前片：用棕色线起 76 针，织双罗纹，织 2 行后改为灰色线编织，共织 5cm 的高度，改织下针，织至 19cm，两侧各平收 4 针，然后按 2-1-4 的方法袖窿减针，织至 26cm，中间平收 8 针，两侧按 2-1-10 的方法前领减针，最后两肩部各余下 16 针，前片共织 32cm。
3. 袖片：用棕色线起 60 针，织双罗纹，织 2 行后改为灰色线编织，共织 5cm 的高度，改织下针，两侧一边织一边按 8-1-6 的方法加针，织至 19cm 后，织片变成 72 针，两侧各平收 4 针，然后按 2-1-15 的方法袖山减针，袖片共织 28cm，最后余下 34 针，收针。
4. 领子：灰色线领圈挑起 68 针织双罗纹，环形编织，织 8 行后，改为棕色线编织，领子共织 3cm 长。
5. 用平针绣的方法在前片中央用棕色、白色、蓝色、橙色、红色线绣花样图案，缝上图案纽扣。

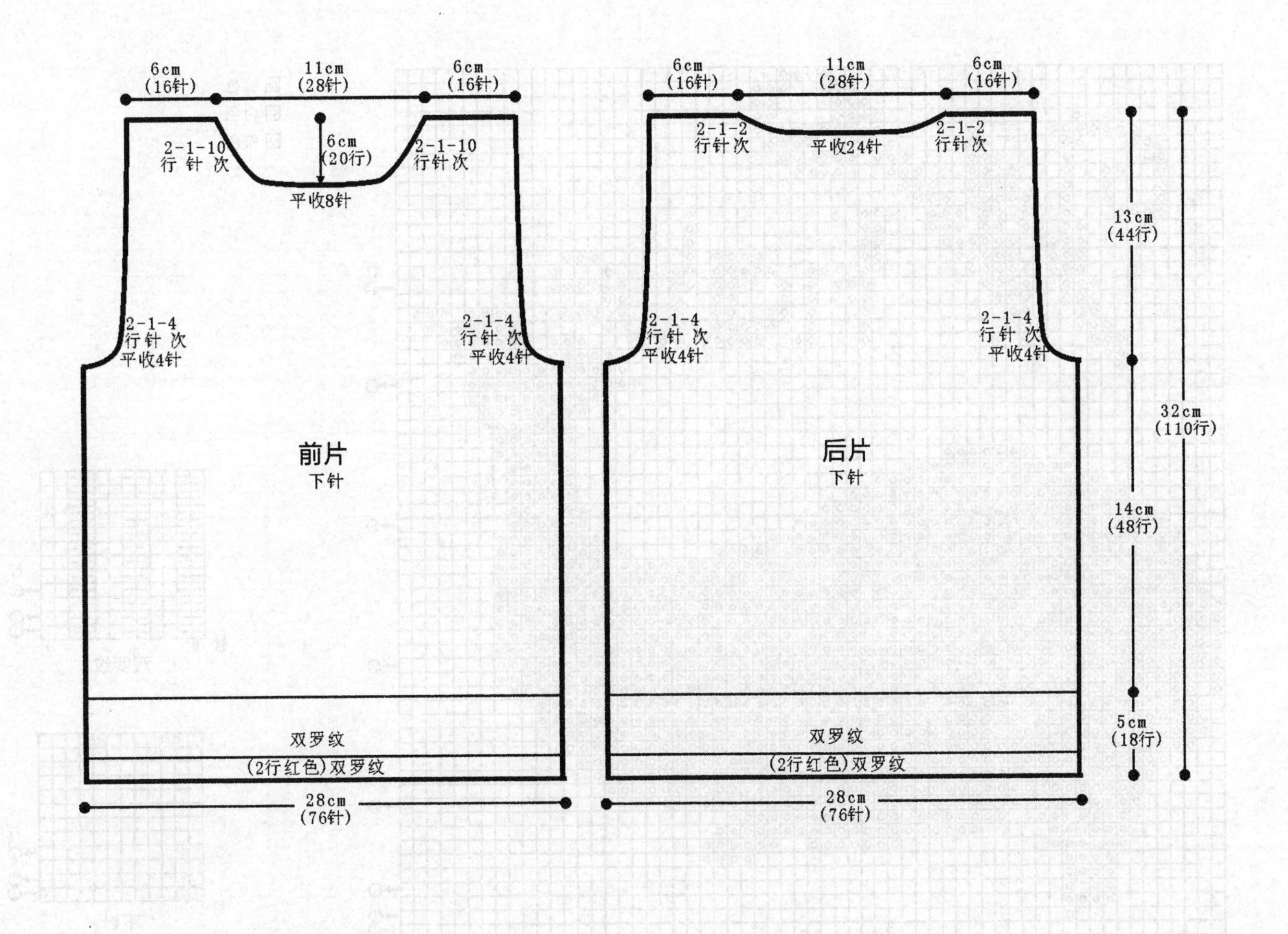

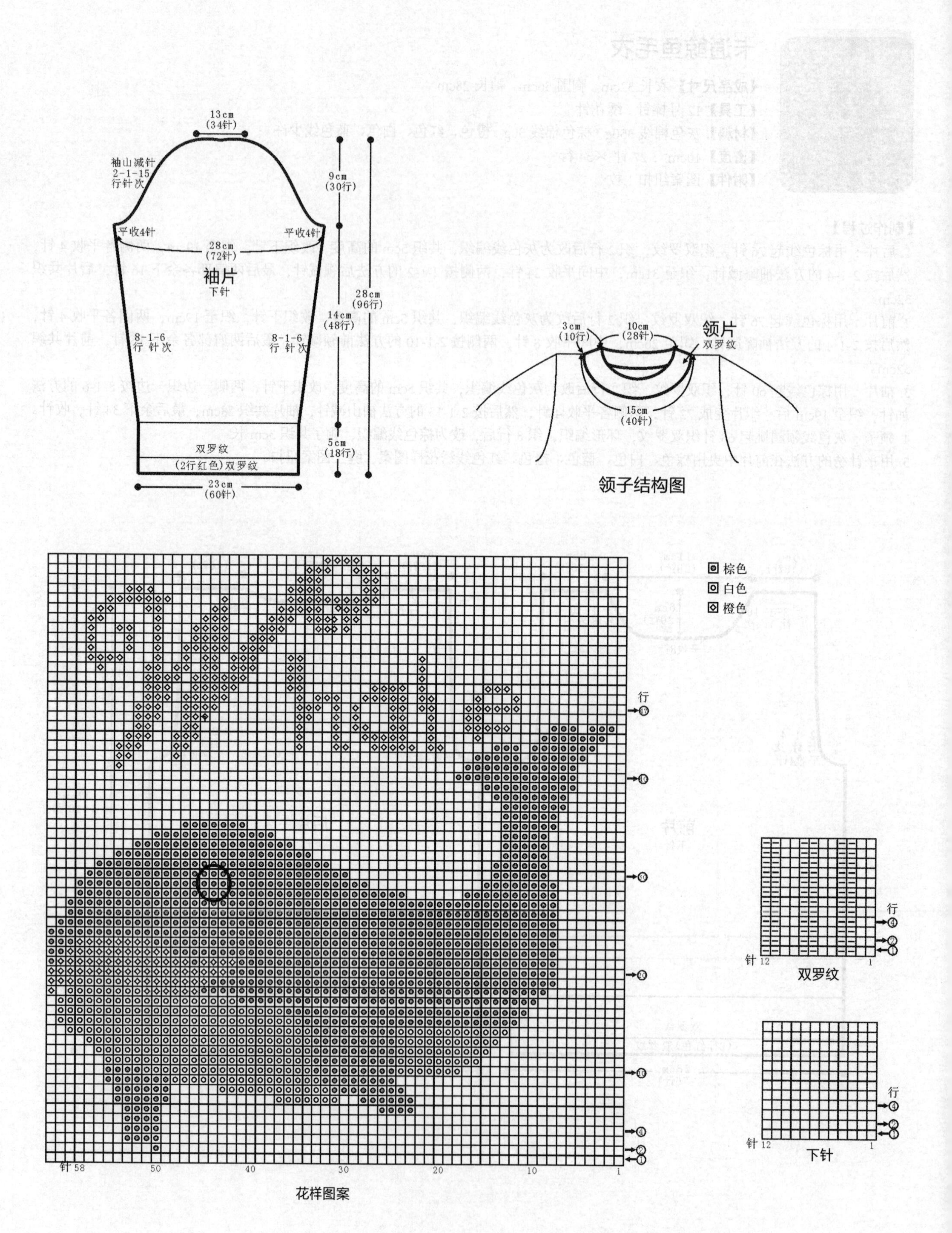

领子结构图

花样图案

双罗纹

下针

宽松休闲开襟毛衣

【成品尺寸】 衣长 42cm　胸围 74cm　袖长 36cm

【工具】 10 号棒针　绣花针

【材料】 深咖啡色羊毛绒线 250g　浅咖啡色、红色、白色、黄色、黑色线各少许

【密度】 $10cm^2$：20 针 ×28 行

【附件】 纽扣 6 枚

【制作过程】

1. 前片：分左、右两片，左前片用深咖啡色线，按图起 37 针，织 5cm 双罗纹后，改织全下针，并用浅咖啡色、黄色、红色、白色、黑色线编入花样图案 A，织至 22cm 时左边开始按图收成袖窿，再织 9cm 开领窝至织完成，用同样方法对应织右片，编入花样图案 B。
2. 后片：先用深咖啡色线，按图起 74 针，织 5cm 双罗纹后，改织全下针，按浅咖啡色 2 行，白色 2 行，浅咖啡色 18 行，白色 2 行，浅咖啡色 2 行间色，织至 22cm 时左右两边开始按图收成袖窿，再织 13cm 开领窝至完成。
3. 袖片：用深咖啡色线，按图起 44 针，织 5cm 双罗纹后，改织全下针，按白色 18 行，红色 4 行，白色 6 行，红色 4 行间色，袖下按图加针，织至 22cm 时按图示均匀地减针，收成袖山。
4. 编织结束后，将前后片侧缝、肩部、袖子缝合，门襟用深啡色线挑 60 针，织 4cm 双罗纹。
5. 领圈用深啡色线挑 92 针，织 4cm 双罗纹，形成开襟圆领。
6. 装饰：用绣花针缝上纽扣。

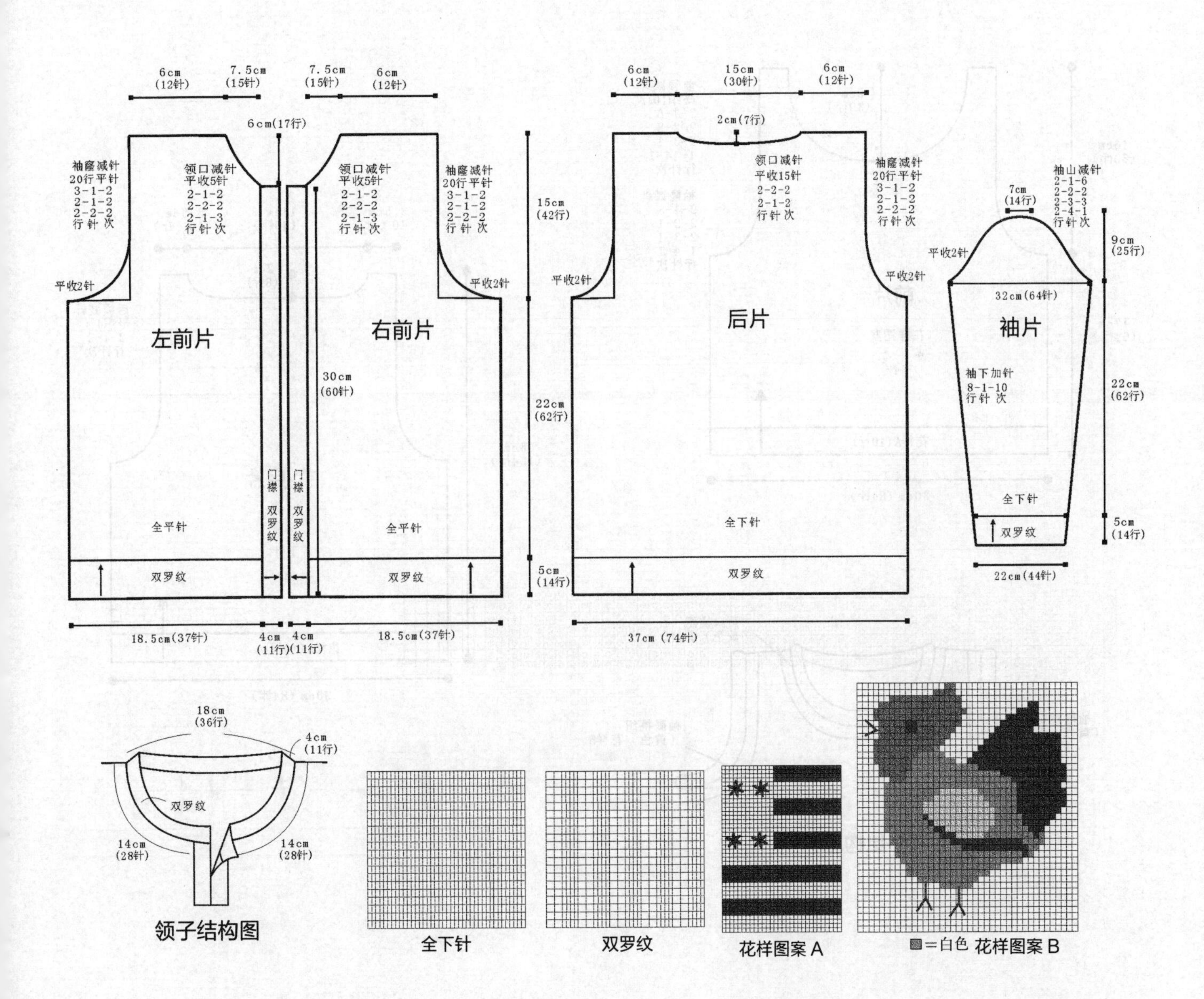

可爱小兔背心

【成品尺寸】 衣长 33cm 胸围 60cm
【工具】 10 号棒针
【材料】 灰色毛线 150g 黄色毛线 50g 粉红色、红色、黑色毛线各少许
【密度】 $10cm^2$：28 针 ×38 行

【制作过程】

1. 后片：用 10 号棒针和黄色毛线起 84 针，按花样 A 织 10 行后，换灰色毛线织下针，织到 17cm 时开始袖窿减针，减针方法见图，织到最后 2cm 时进行后领减针，后领减针按照 2-1-2 方法，如图，肩留 10 针待用。
2. 前片：用 10 号棒针和黄色毛线起 84 针，按花样 A 织 10 行后，换灰色毛线，织下针，在合适的位置用黄色、红色、粉红色、黑色线编入花样图案，织到 17cm 时进行袖窿减针，减针方法如图所示，到最后 8cm 时进行领口减针，减针方法如图所示，直到领口收针完成。肩留 10 针，与后片两肩缝合。
3. 缝合前后片的侧缝。
4. 领口挑织，织花样 B3cm，如图所示。

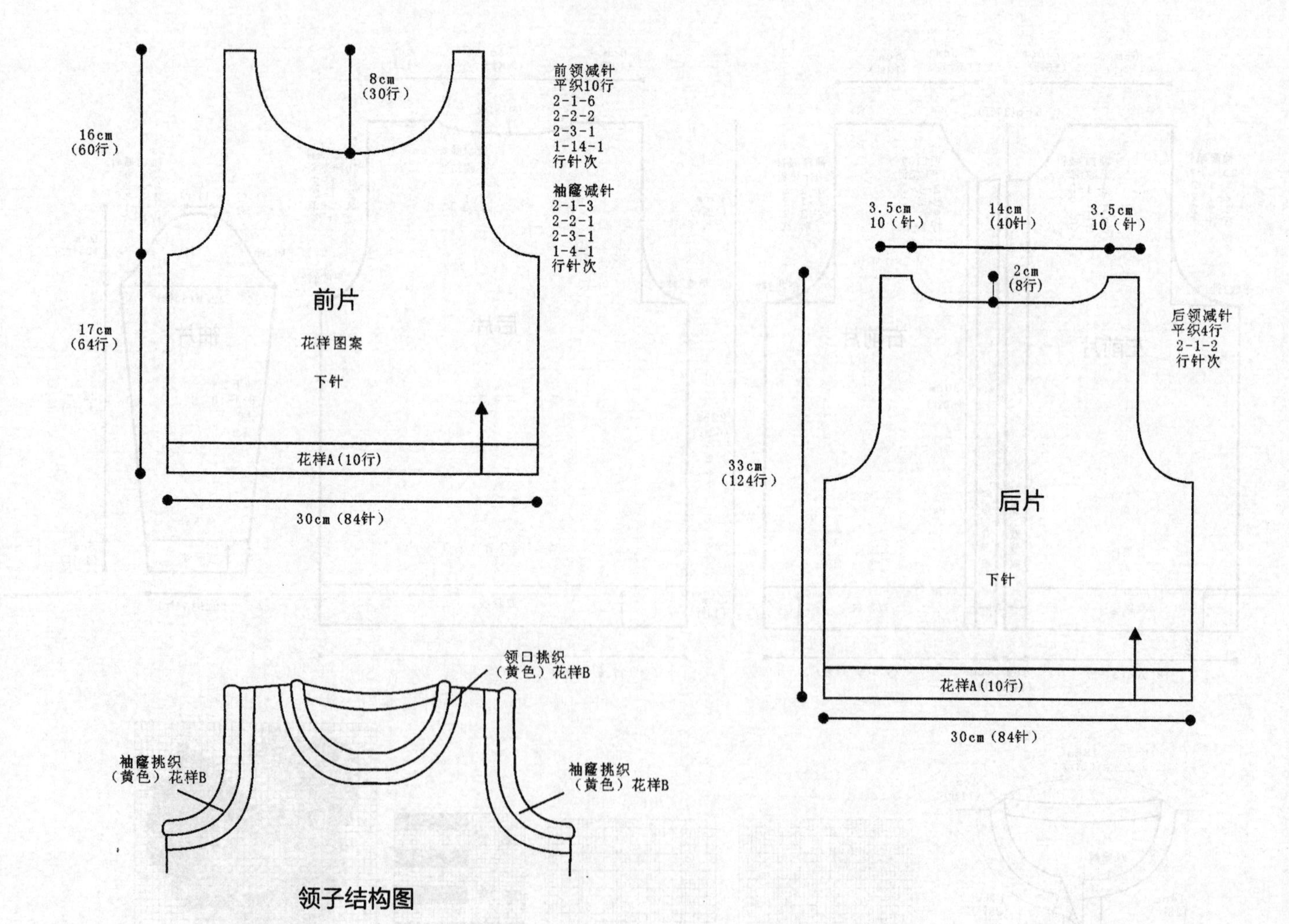

领子结构图

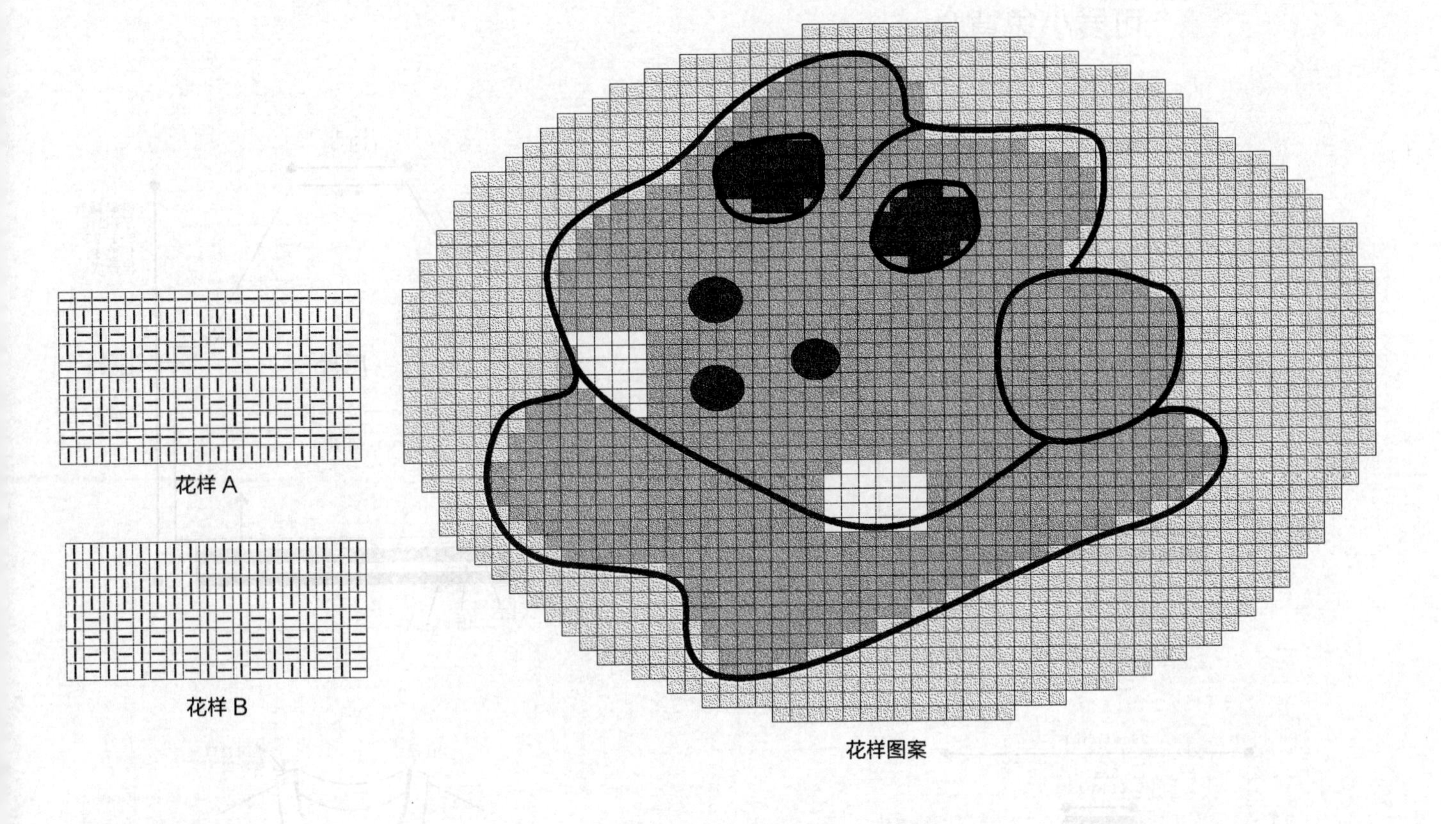

条纹袖卡通毛衣

【成品尺寸】衣长 37cm 胸围 70cm 袖长 40cm
【工具】9 号、10 号棒针
【材料】灰色毛线 150g 黑色、橙色、白色毛线各 50g
【密度】10cm^2：26 针 ×35 行

【制作过程】

1. 后片：用 10 号棒针和黑色毛线起 92 针，织 3 行单罗纹后，用灰色、橙色、白色线间色，织 4.5cm 单罗纹后，换 9 号棒针和灰色毛线织下针，织 17.5cm 到腋下时，进行斜肩减针，减针方法如图，减至后领留 32 针，待用。
2. 前片：用 10 号棒针和黑色毛线起 92 针，织 3 行单罗纹后，用灰色、橙色、白色线间色，织 4.5cm 单罗纹后，换 9 号棒针和灰色毛线织下针，同时用黑色、白色、橙色编入花样图案，织 17.5cm 下针到腋下时，开始斜肩减针，减针方法如图，在织到离衣长还差 4cm 时，进行领口减针，减针方法如图，此时领口与斜肩同时减针，减至最后领口与肩共留 2 针，待用。
3. 袖片：用 10 号棒针和黑色毛线起 56 针，织 3 行单罗纹后，用灰色、黑色、橙色毛线间色，织 4.5cm 单罗纹后，换 9 号棒针织 21cm 下针到腋下，这时加针到 76 针，开始斜肩减针，减针方法如图，减到最后留下 18 针，待用。
4. 缝合前后片的侧缝和袖下线。
5. 领口挑织单罗纹 3cm，最后织 2 行黑色单罗纹结束。

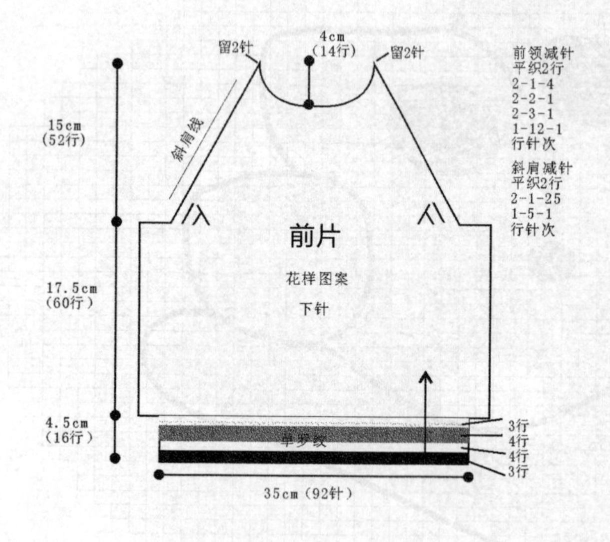

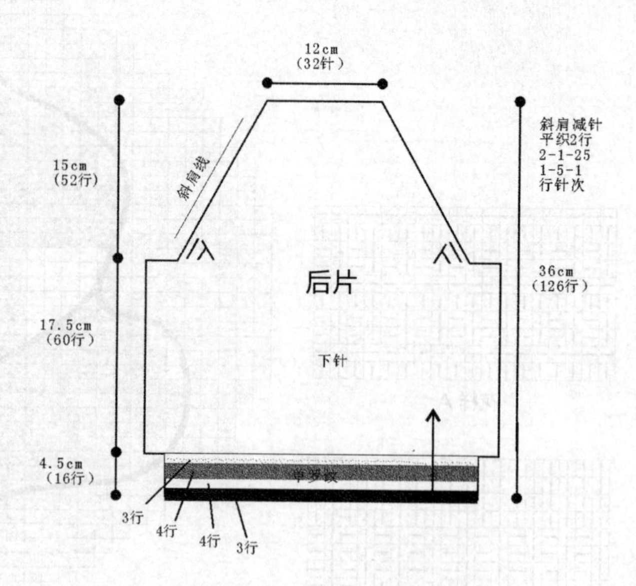

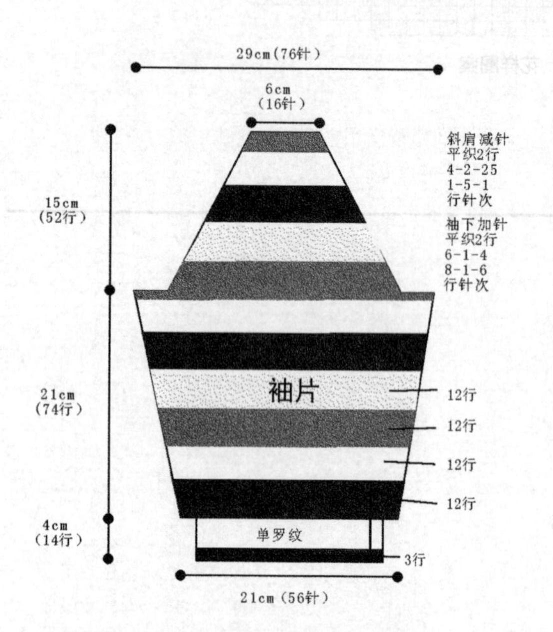

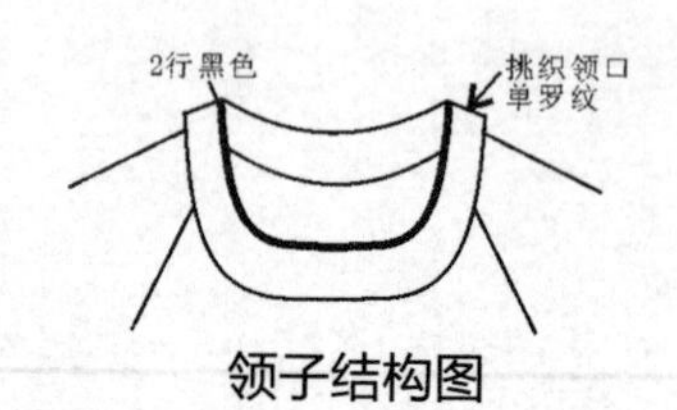

领子结构图

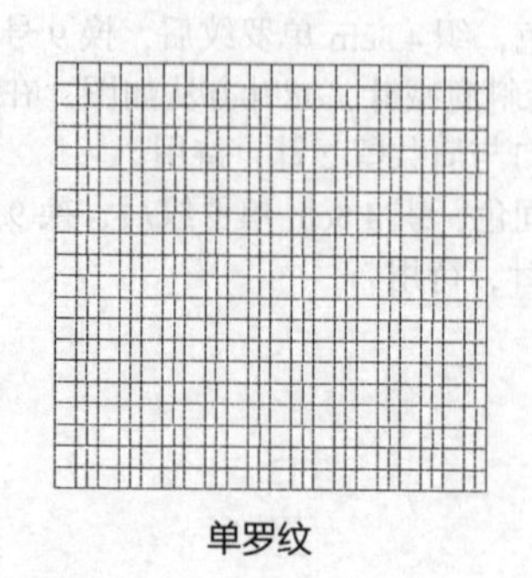

单罗纹

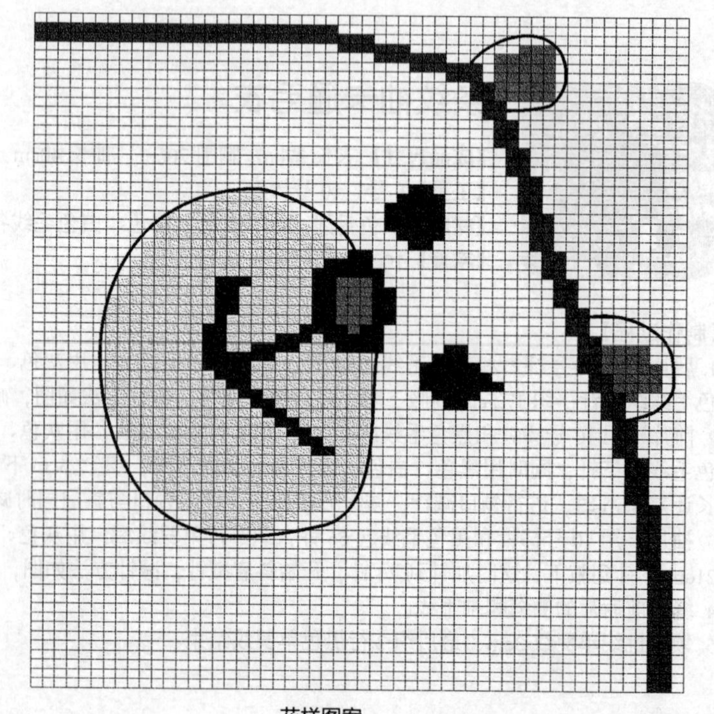

花样图案

熊宝宝卡通毛衣

【成品尺寸】衣长 35cm　胸围 66cm　袖长 30cm

【工具】10 号、11 号棒针　绣花针

【材料】灰色夹花毛线 300g　白色、红色、蓝色、黄色、咖啡色毛线各少许

【密度】$10cm^2$：28 针 ×38 行

【附件】小珠珠 2 粒

【制作过程】

1. 后片：用 11 号棒针和灰色夹花毛线起 94 针，织 4cm 单罗纹后，换 10 号棒针，织下针 16cm 到腋下，进行袖窿减针，减针方法如图，肩留 19 针，待用。
2. 前片：用灰色夹花毛线和 11 号棒针起 94 针，织 4cm 单罗纹后，换 10 号棒针，织下针 16cm 到腋下（此时用白色、红色、蓝色、黄色、咖啡色线编入花样图案），进行袖窿减针，减针方法如图，织到衣长最后 5cm 时，开始领口减针，减针方法如图，肩留 19 针，待用。
3. 袖片：用 11 号棒针和灰色夹花毛线起 52 针，织单罗纹，织到 4cm 均匀放针至 62 针，如图，织 17cm 到腋下后，进行袖山减针，减针方法如图，减针完毕，袖山形成。
4. 分别合并侧缝线和袖下线，并缝合袖子。
5. 领子：挑起 98 针织单罗纹 5cm。
6. 缝上小珠珠。

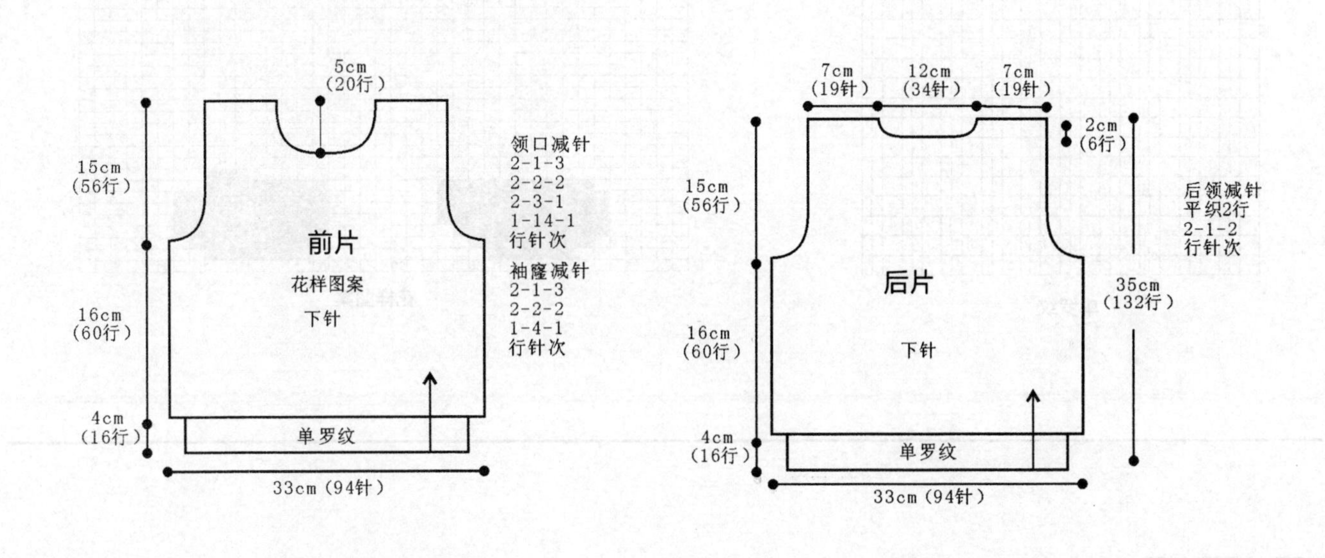

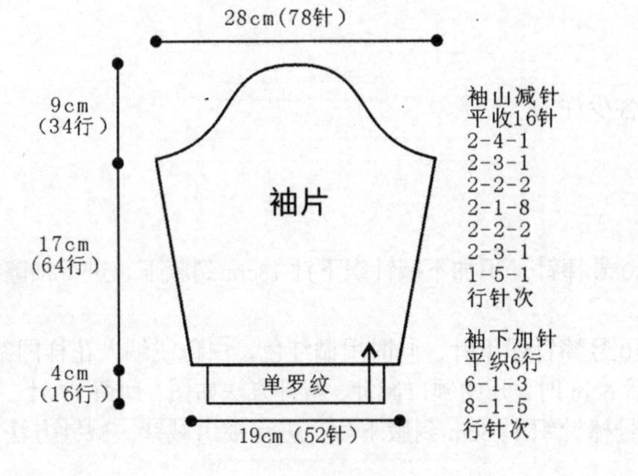

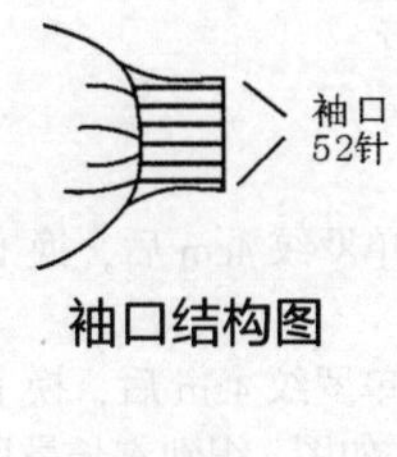

袖口结构图

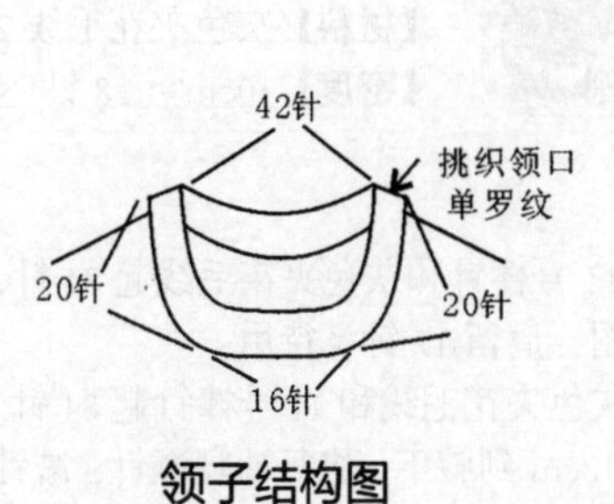

领子结构图

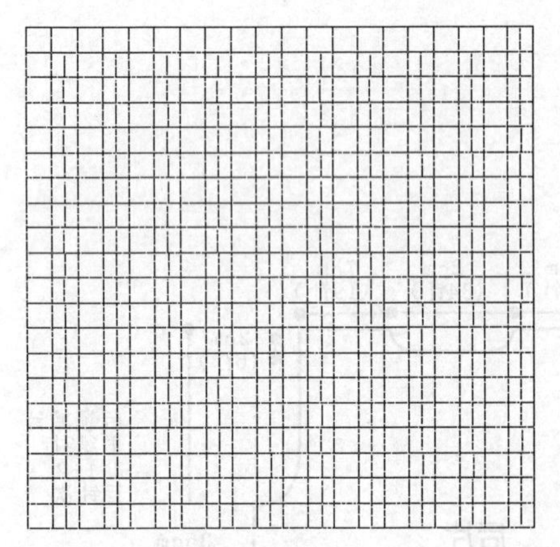

单罗纹

花样图案

顽皮小猴灰色毛衣

【成品尺寸】衣长 36cm　胸围 60cm　袖长 30cm

【工具】10 号、11 号棒针

【材料】灰色夹花毛线 225g　橘红色、白色毛线各少许

【密度】10cm^2：28 针 ×38 行

【制作过程】

1. 后片：用 11 号棒针和灰色夹花毛线起 84 针，织单罗纹 4cm 后，换 10 号棒针，不加不减针织下针 18cm 到腋下，进行袖窿减针，减针方法如图，肩留 17 针，待用。
2. 前片：用灰色夹花毛线和 11 号棒针起 84 针，织单罗纹 4cm 后，换 10 号棒针织下针，同时用橘红色、白色线编入花样图案，不加不减针织 18cm 到腋下，进行袖窿减针，减针方法如图，织到衣长最后 6cm 时，开始领口减针，减针方法如图，肩留 17 针，待用。
3. 袖片：用 11 号棒针和灰色夹花毛线起 50 针，织单罗纹 4cm，换 10 号棒针织 17.5cm 到腋下后，进行袖山减针，减针方法如图，减针完毕，袖山形成。
4. 分别合并侧缝线和袖下线，并缝合袖子。
5. 领子：挑起 100 针织单罗纹 5cm。

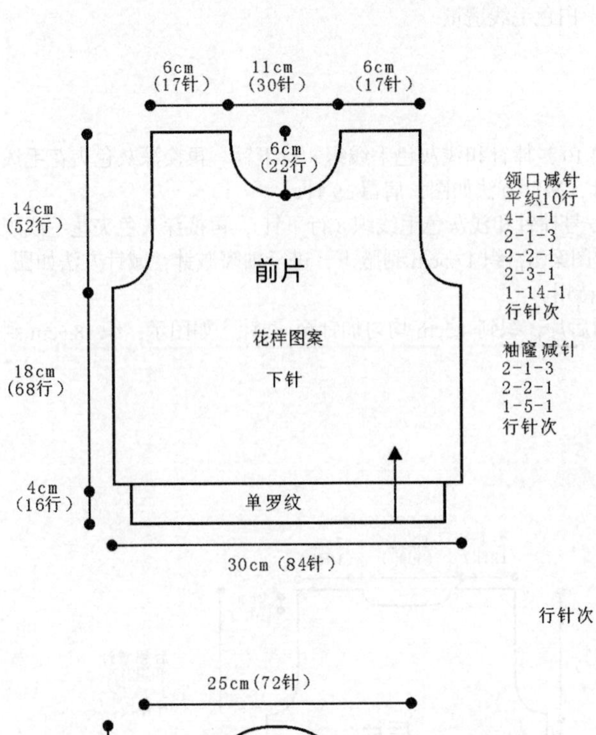
6cm
(17针)
11cm
(30针)
6cm
(17针)
6cm
(22行)
14cm
(52行)
前片
领口减针
平织10行
4-1-1
2-1-3
2-2-1
2-3-1
1-14-1
行针次
花样图案
下针
袖窿减针
2-1-3
2-2-1
1-5-1
行针次
18cm
(68行)
4cm
(16行)
单罗纹
30cm（84针）

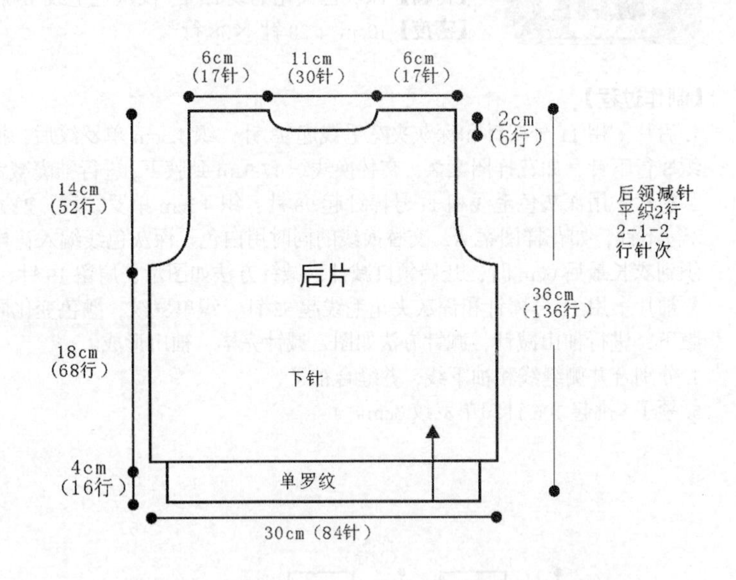
6cm
(17针)
11cm
(30针)
6cm
(17针)
2cm
(6行)
14cm
(52行)
后领减针
平织2行
2-1-2
行针次
后片
36cm
(136行)
18cm
(68行)
下针
4cm
(16行)
单罗纹
30cm（84针）

行针次

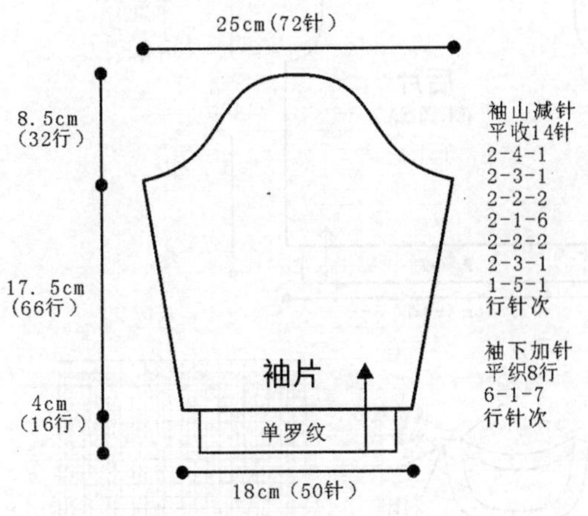
25cm（72针）
8.5cm
(32行)
袖山减针
平收14针
2-4-1
2-3-1
2-2-2
2-1-6
2-2-2
2-3-1
1-5-1
行针次
17.5cm
(66行)
袖片
袖下加针
平织8行
6-1-7
行针次
4cm
(16行)
单罗纹
18cm（50针）

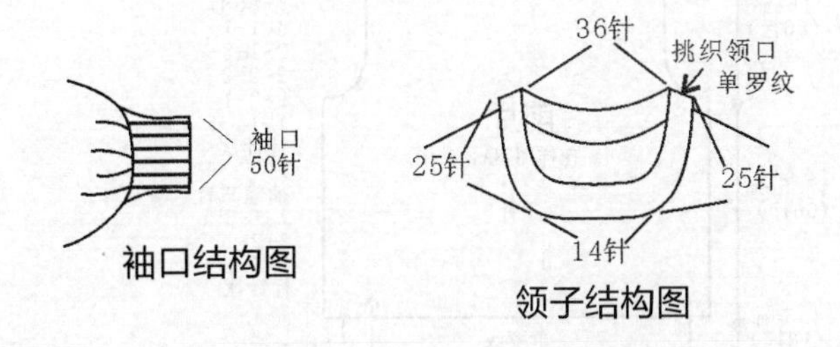
袖口
50针
袖口结构图
36针
挑织领口
单罗纹
25针
25针
14针
领子结构图

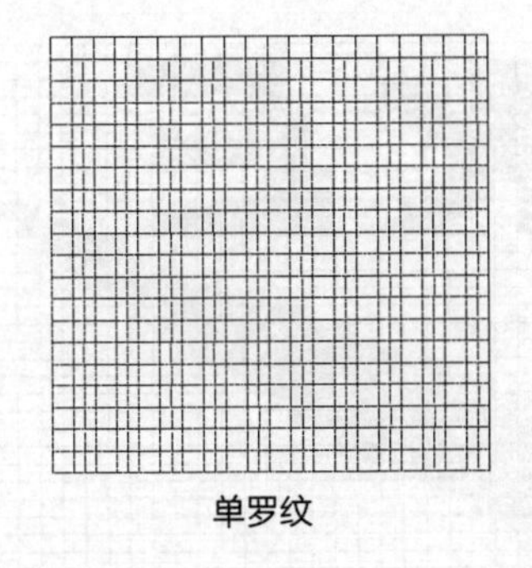
单罗纹

花样图案

休闲条纹毛衣

【成品尺寸】 衣长 37cm　胸围 68cm　袖长 32cm

【工具】 10 号、11 号棒针

【材料】 深灰色夹花毛线 250g　浅灰色毛线 150g　白色毛线适量

【密度】 $10cm^2$：28 针 ×38 行

【制作过程】

1. 后片：用 11 号棒针和深灰夹花毛线起 98 针，织 4.5cm 单罗纹后，换 10 号棒针和浅灰色毛线织 8 行下针，再换深灰色夹花毛线织 8 行下针，如花样图案 A，交替换线织 17.5cm 到腋下，进行袖窿减针，减针方法如图，肩留 19 针。
2. 前片：用深灰色毛线和 11 号棒针起 98 针，织 4.5cm 单罗纹后，换 10 号棒针和浅灰色毛线织 8 行下针，再换深灰色夹花毛线织 8 行下针，如花样图案 A，交替换线的同时用白色、深灰色线编入花样图案 B，织 17.5cm 到腋下，进行袖窿减针，减针方法如图，织到衣长最后 6cm 时，开始领口减针，减针方法如图示，肩留 19 针，待用。
3. 袖片：用 11 号棒针和深灰夹花毛线起 52 针，织单罗纹，颜色变化同后片，织到 4.5cm 均匀加针至 62 针，如图示，织 18.5cm 到腋下，进行袖山减针，减针方法如图，减针完毕，袖山形成。
4. 分别合并侧缝线和袖下线，并缝合袖子。
5. 领子：挑起 106 针织单罗纹 3cm。

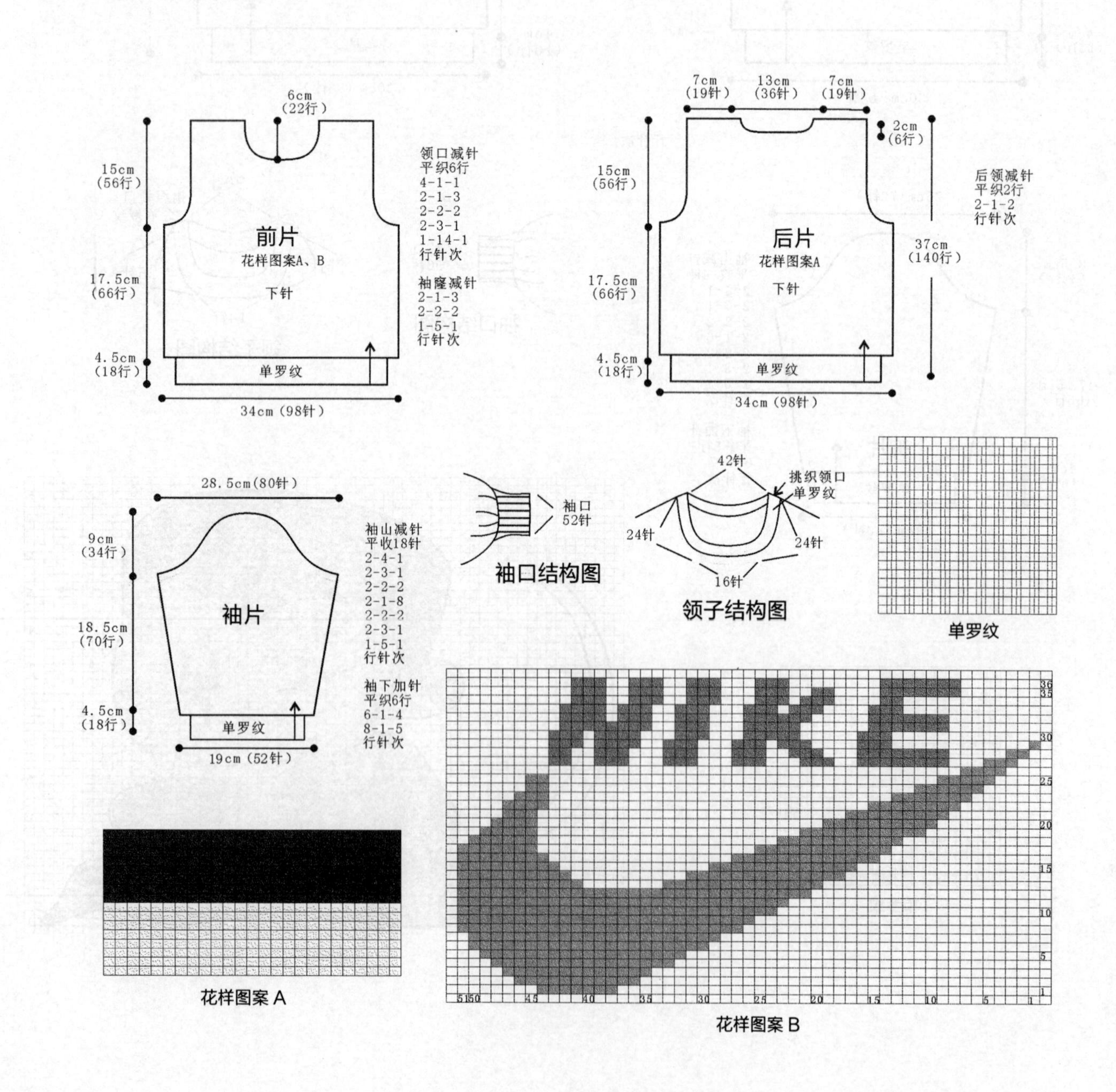

字母套头毛衣

【成品尺寸】 衣长 42cm　胸围 74cm　袖长 36cm

【工具】 10 号棒针　绣花针

【材料】 黑色羊毛绒线 300g　白色羊毛绒线 100g

【密度】 $10cm^2$：20 针 ×28 行

【制作过程】

1. 前片：先用黑色线，按图用机器边起针法起 74 针，织 8cm 双罗纹后，改织全下针，并用白色线间色，织至 19cm 时左右两边开始按图收成袖窿，再织 9cm 开领窝至织完成。
2. 后片：织法与前片一样，只是须按图开领窝。
3. 袖片：先用黑色线，按图用机器边起针法起 44 针，织 5cm 双罗纹后，改织全下针，并用白色线间色，袖下按图加针，织至 22cm 按图示均匀减针，收成袖山。
4. 编织结束后，将前后片侧缝、肩部、袖子缝合。
5. 领圈挑 98 针，织 5cm 双罗纹，形成圆领。
6. 装饰：用绣花针，用十字绣的绣法，绣上花样图案。

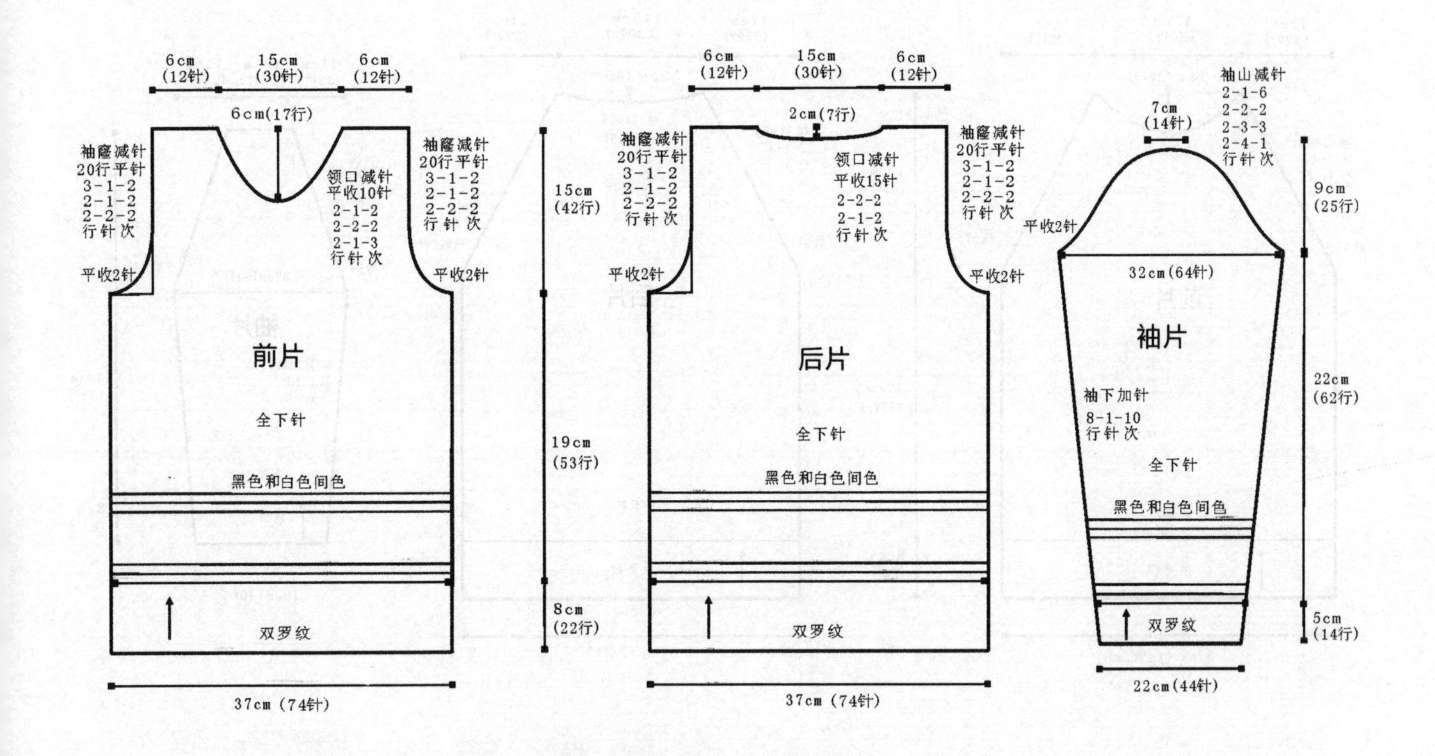

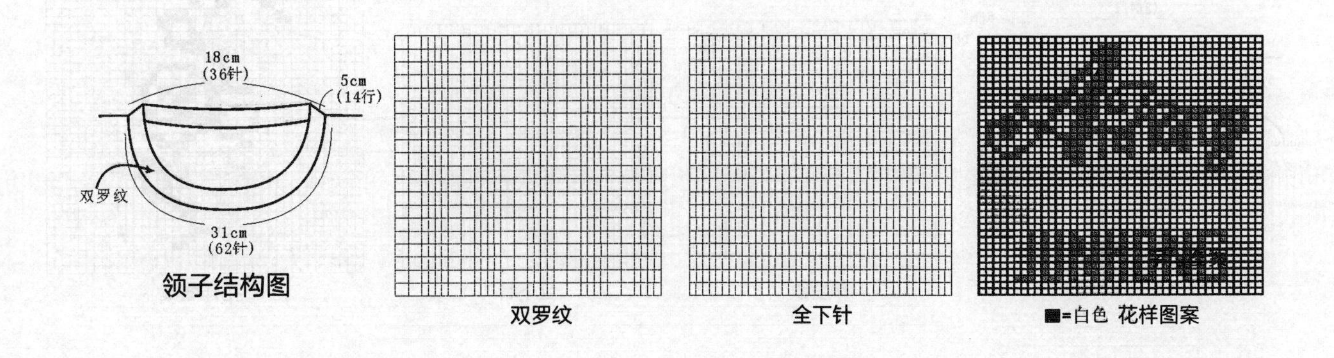

领子结构图　双罗纹　全下针　■=白色 花样图案

温馨花卉毛衣

【成品尺寸】衣长 42cm　胸围 74cm　袖长 43cm
【工具】10 号棒针　绣花针
【材料】粉红色羊毛绒线 300g　黄色、灰色、绿色线各少许
【密度】10cm^2：20 针 ×28 行

【制作过程】

1. 前片：用粉红色线，一般起针法起 74 针，织 8cm 单罗纹后，改织全下针，织至 19cm 时左右两边开始按图收成插肩袖窿，再织 7cm 开领窝，至织完成。
2. 后片：织法与前片一样，只是须按图开领窝。
3. 袖片：用一般起针法起 40 针，织 8cm 单罗纹后，改织全下针，袖下按图加针，织至 19cm 时按图示均匀减针，收成插肩袖山。
4. 编织结束后，将前后片侧缝、袖子缝合。
5. 领圈挑 98 针，织 5cm 单罗纹，形成圆领。
6. 装饰：用绣花针，按十字绣的绣法，绣上花样图案。

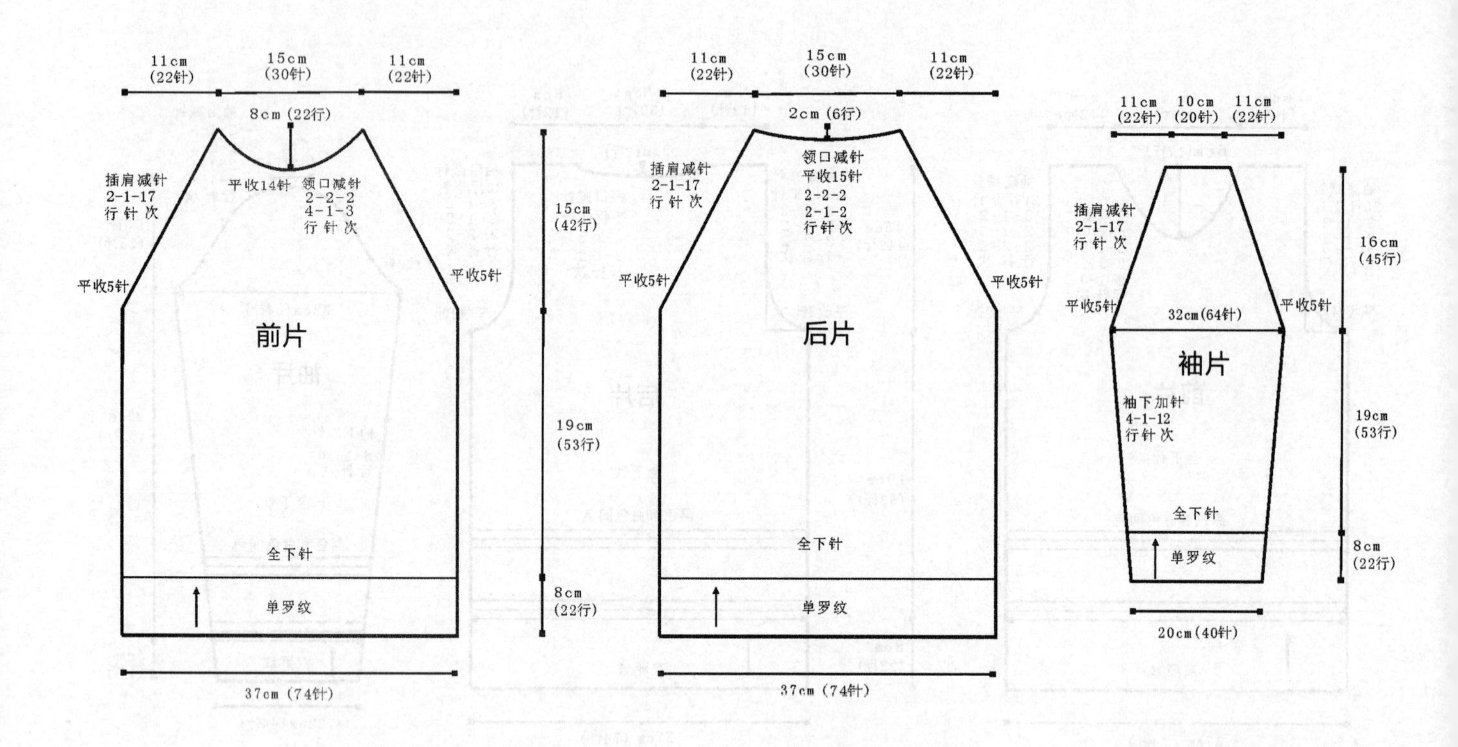

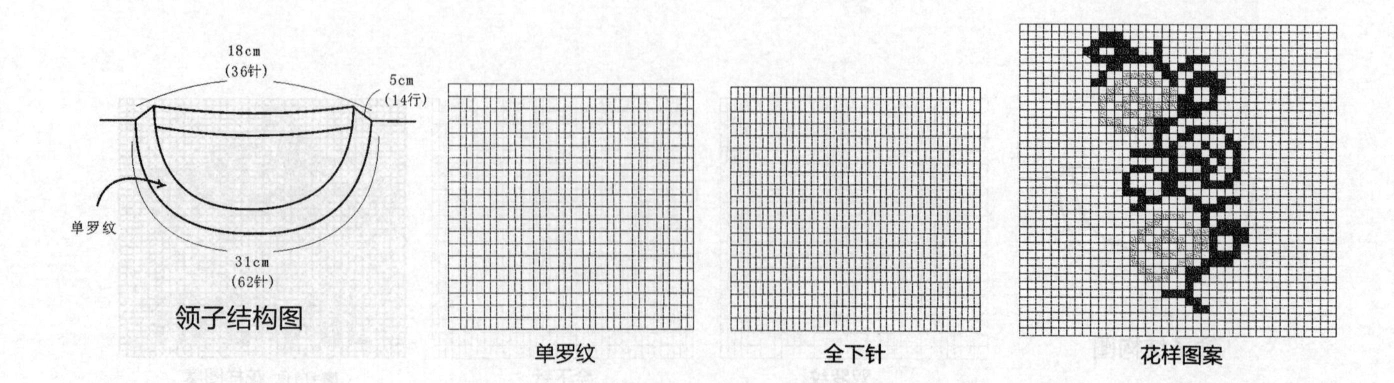

领子结构图　　单罗纹　　全下针　　花样图案

五彩星星毛衣

【成品尺寸】衣长 42cm　胸围 74cm　袖长 36cm

【工具】10 号棒针　绣花针

【材料】橙色、白色、花纹线羊毛绒线各 100g　浅紫色线少许

【密度】10cm^2：20 针 ×28 行

【制作过程】

1. 前片：先用橙色线，按图用机器边起针法起 74 针，织 8cm 花样后，改用白色线织全下针，并用橙色、白色、浅紫色线等编入花样图案 A，织至 19cm 时左右两边开始按图收成袖窿，再织 9cm 开领窝至织完成。
2. 后片：全部用橙色线，织法与前片一样，只是须按图开领窝。
3. 袖片：用花纹线，按图用机器边起针法起 44 针，织 5cm 花样，并用浅紫色线间色，再改织全下针，袖下按图加针，织至 22cm 时按图示均匀减针，收成袖山。
4. 编织结束后，将前后片侧缝、肩部、袖子缝合。
5. 领圈用白色线和橙色线相间，挑 98 针，织 5cm 花样，形成圆领。
6. 装饰：用绣花针，按十字绣的绣法，绣上花样图案 B。

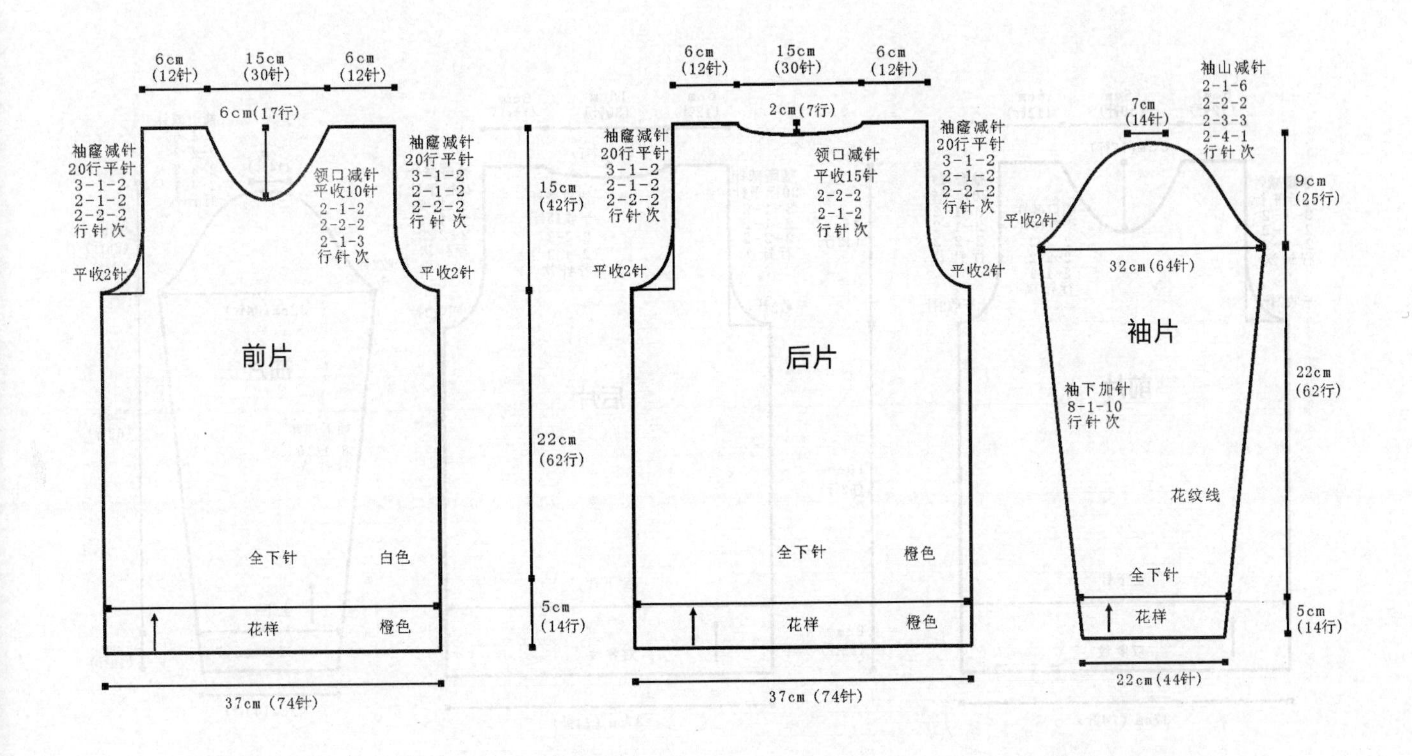

(74针)

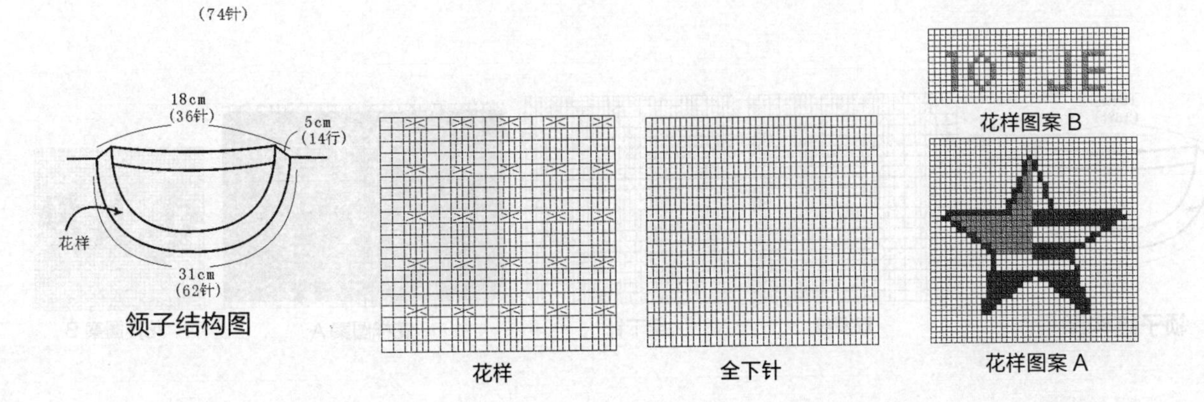

帅气套头男生毛衣

【成品尺寸】衣长 42cm　胸围 74cm　袖长 36cm

【工具】10 号棒针　绣花针

【材料】灰色毛线 200g　黑色、红色毛线各 50g　黄色、绿色毛线各少许

【密度】10cm^2：20 针 ×28 行

【制作过程】

1. 前片：先用黑色线，按图用机器边起针法起 74 针，织 8cm 双罗纹后，改织全下针，并用黄色、绿色、红色线编入花样图案 A，织至 19cm 时左右两边开始按图收成袖窿，再织 9cm 开领窝，完成图案后改用黑色线织至完成。
2. 后片：织法与前片一样，用黑色线织 8cm 双罗纹，其余用灰色线和黑色线织全下针，按图开领窝。
3. 袖片：先用黑色线，按图用机器边起针法起 44 针，织 5cm 双罗纹后，改用灰色线织全下针，袖下按图加针，织至 22cm 时按图示均匀减针，收成袖山。
4. 编织结束后，将前后片侧缝、肩部、袖子缝合。
5. 领圈用红色线挑 98 针，织 5cm 双罗纹，形成圆领。
6. 装饰：用绣花针绣上花样图案 B。

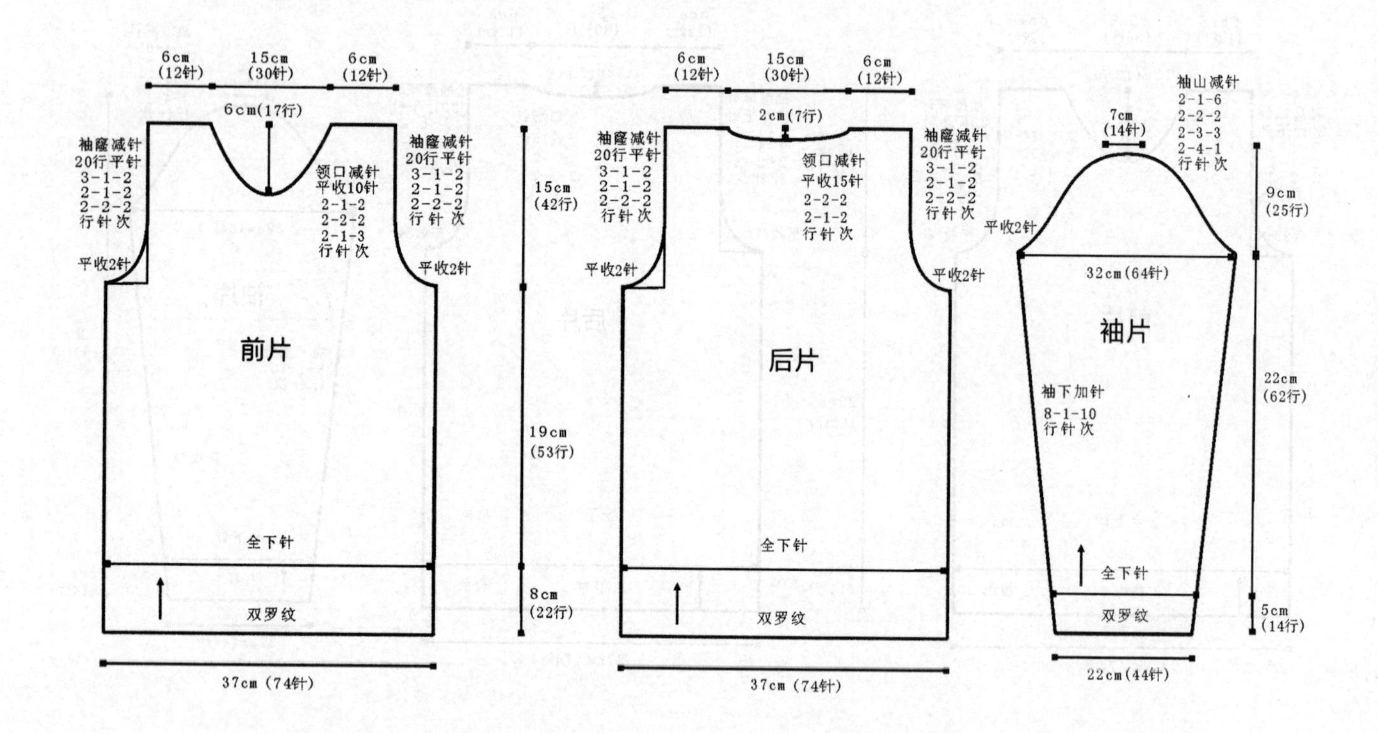

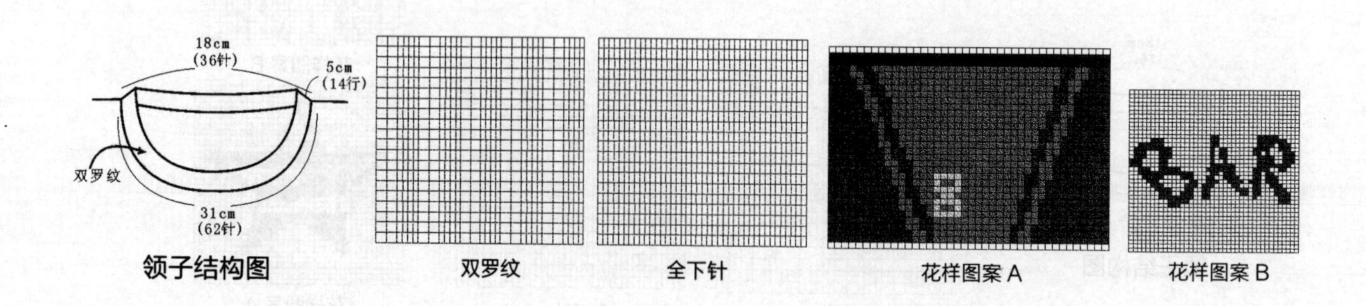

领子结构图　双罗纹　全下针　花样图案 A　花样图案 B

舒适运动毛衣

【成品尺寸】 衣长 42cm　胸围 74cm　袖长 43cm
【工具】 10 号棒针　绣花针
【材料】 灰色羊毛绒线 300g　黑色线 50g
【密度】 10cm^2：20 针 ×28 行
【附件】 图案衬边毛毛绒线若干

【制作过程】

1. 前片：用灰色线，一般起针法起 74 针，织 5cm 单罗纹后，改织全下针，织至 22cm 时左右两边开始按图收成插肩袖窿，再织 7cm 开领窝，至织完成。
2. 后片：织法与前片一样，只是须按图开领窝。
3. 袖片：用灰色线，一般起针法起 40 针，织 5cm 单罗纹后，改织全下针，袖下按图加针，织至 19cm 时按图示均匀减针，收成插肩袖山，并用黑色线间色。
4. 编织结束后，将前后片侧缝和袖子缝合。
5. 领圈用灰色线挑 98 针，织 5cm 单罗纹，形成圆领。
6. 装饰：用绣花针和毛毛绒线缝上花样图案。

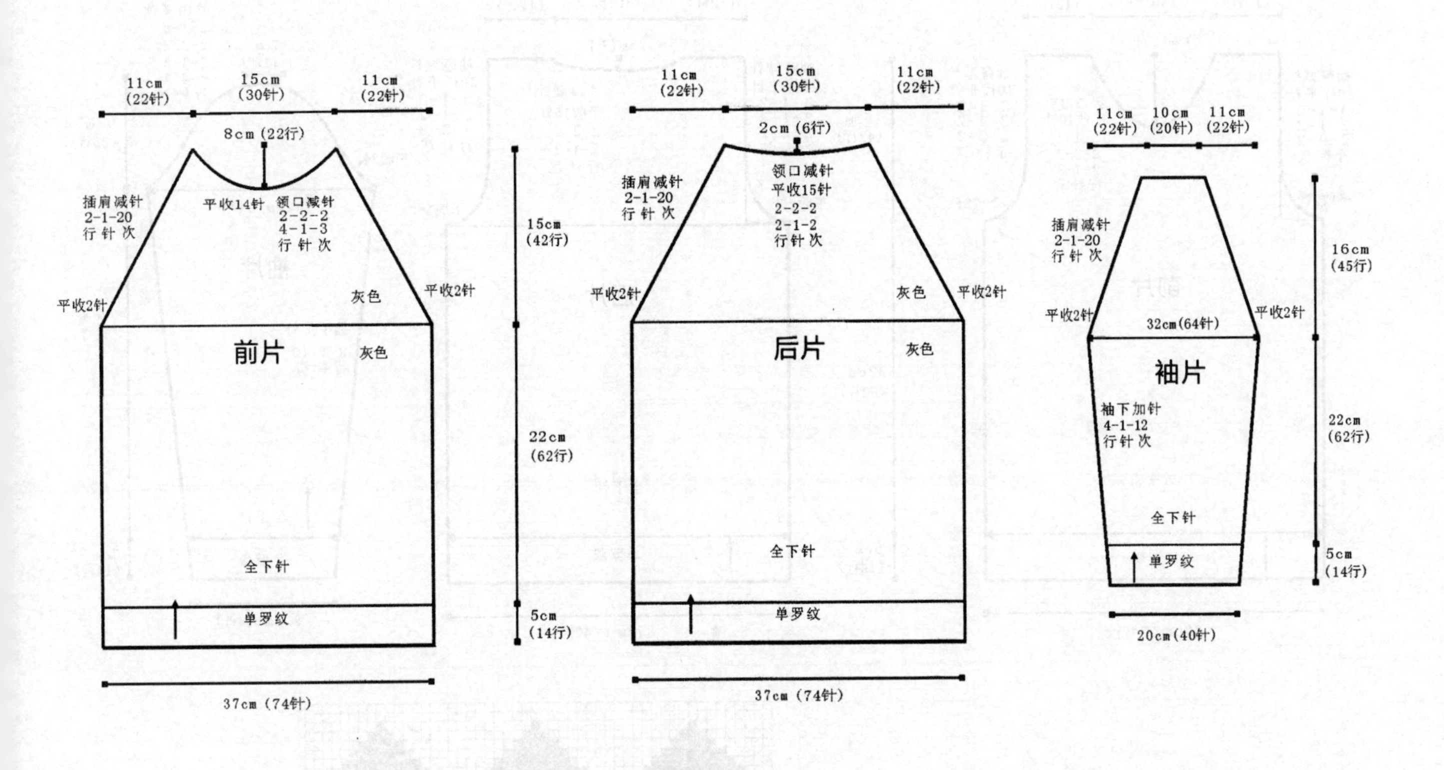

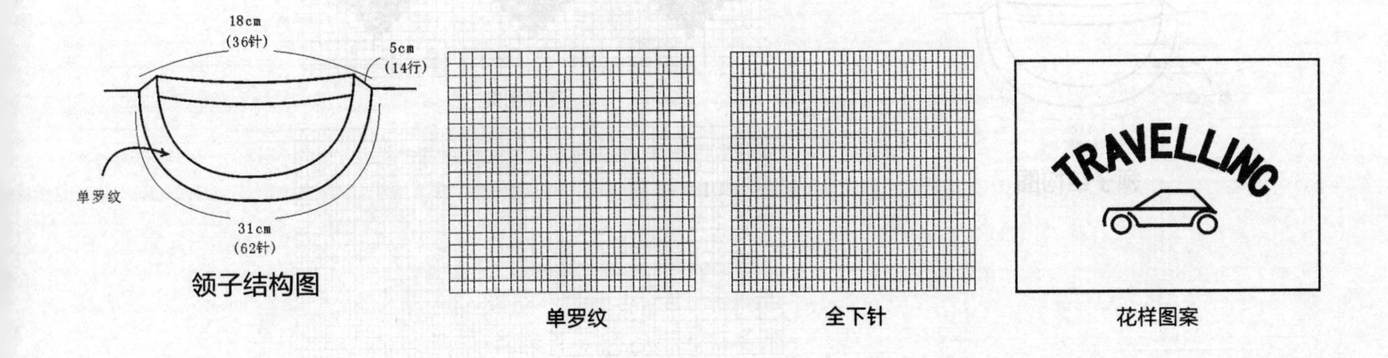

领子结构图　单罗纹　全下针　花样图案

活力帅气毛衣

【成品尺寸】 衣长 42cm　胸围 74cm　袖长 36cm
【工具】 10 号棒针　绣花针
【材料】 黑色羊毛绒线 300g　浅灰色羊毛绒线 100g
【密度】 $10cm^2$：20 针 ×28 行

【制作过程】

1. 前片：先用黑色线，按图用机器边起针法起 74 针，织 5cm 单罗纹后，改织全下针，并按图间色，同时编入花样图案，织至 22cm 时，左右两边开始按图收成袖窿，再织 9cm 开领窝至织完成。
2. 后片：织法与前片一样，只是须按图开领窝。
3. 袖片：用黑色线，按图用机器边起针法起 44 针，织 5cm 单罗纹后，改织全下针，袖下按图加针，织至 22cm 时，按图示均匀减针，收成袖山。
4. 编织结束后，将前后片侧缝、肩部、袖子缝合。
5. 领圈挑 98 针，织 5cm 单罗纹，形成圆领。

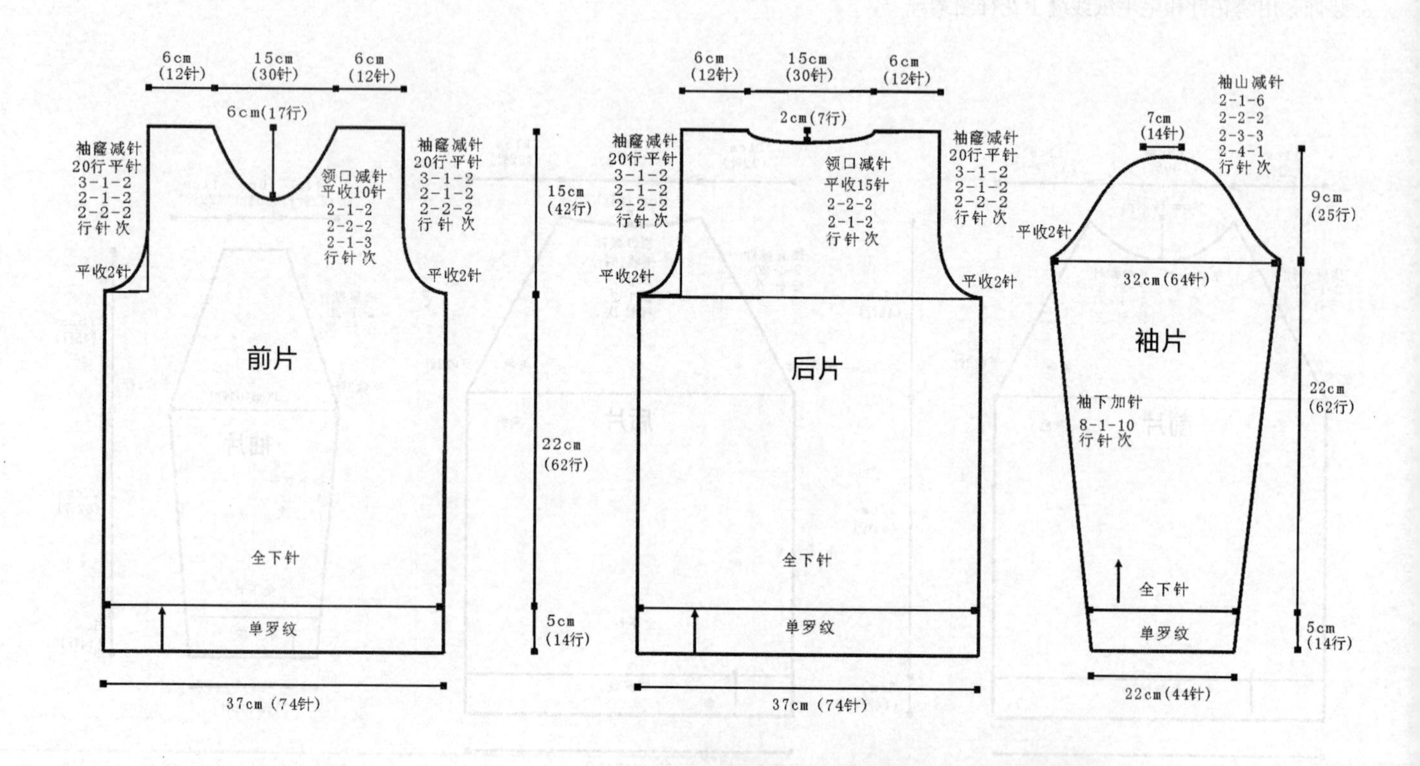

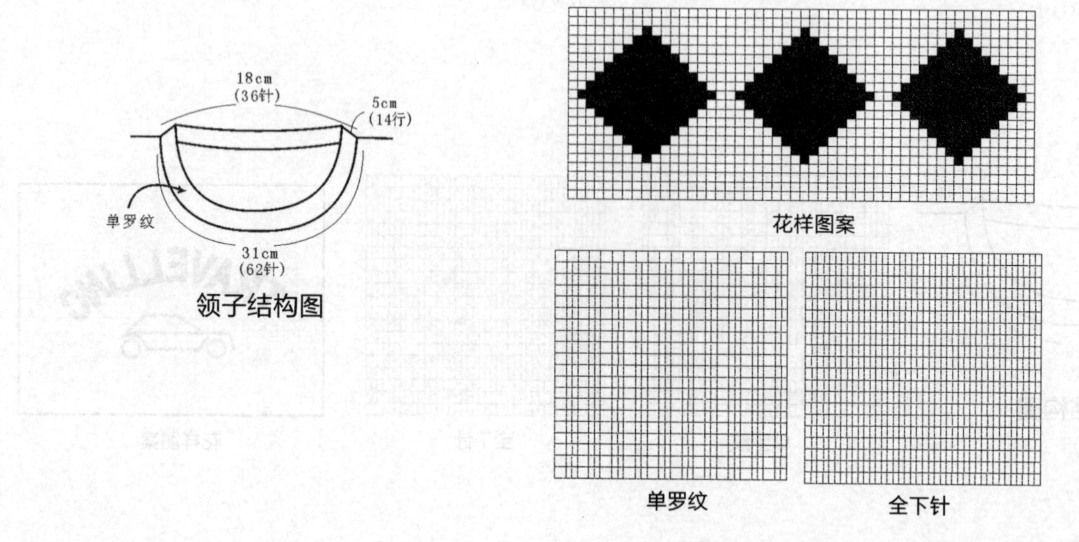

俏皮童趣男生毛衣

【成品尺寸】衣长 42cm　胸围 74cm　袖长 36cm

【工具】10 号棒针

【材料】黑色、灰色羊毛绒线各 200g　橙红色、粉红色线少许

【密度】$10cm^2$：20 针 ×28 行

【制作过程】

1. 前片：先用黑色线，按图用机器边起针法起 74 针，织 8cm 单罗纹后，改织全下针，并用橙红色线和粉红色线编入花样图案，织至 19cm 时左右两边开始按图收成袖窿，再织 9cm 开领窝至织完成。
2. 后片：织法与前片一样，只是须按图开领窝，全部用黑色线。
3. 袖片：用黑色线，按图用机器边起针法起 44 针，织 5cm 单罗纹后，改织全下针，袖下按图加针，织至 22cm 时按图示均匀减针，收成袖山。
4. 编织结束后，将前后片侧缝、肩部、袖子缝合。
5. 领圈挑 98 针，织 5cm 单罗纹，形成圆领。

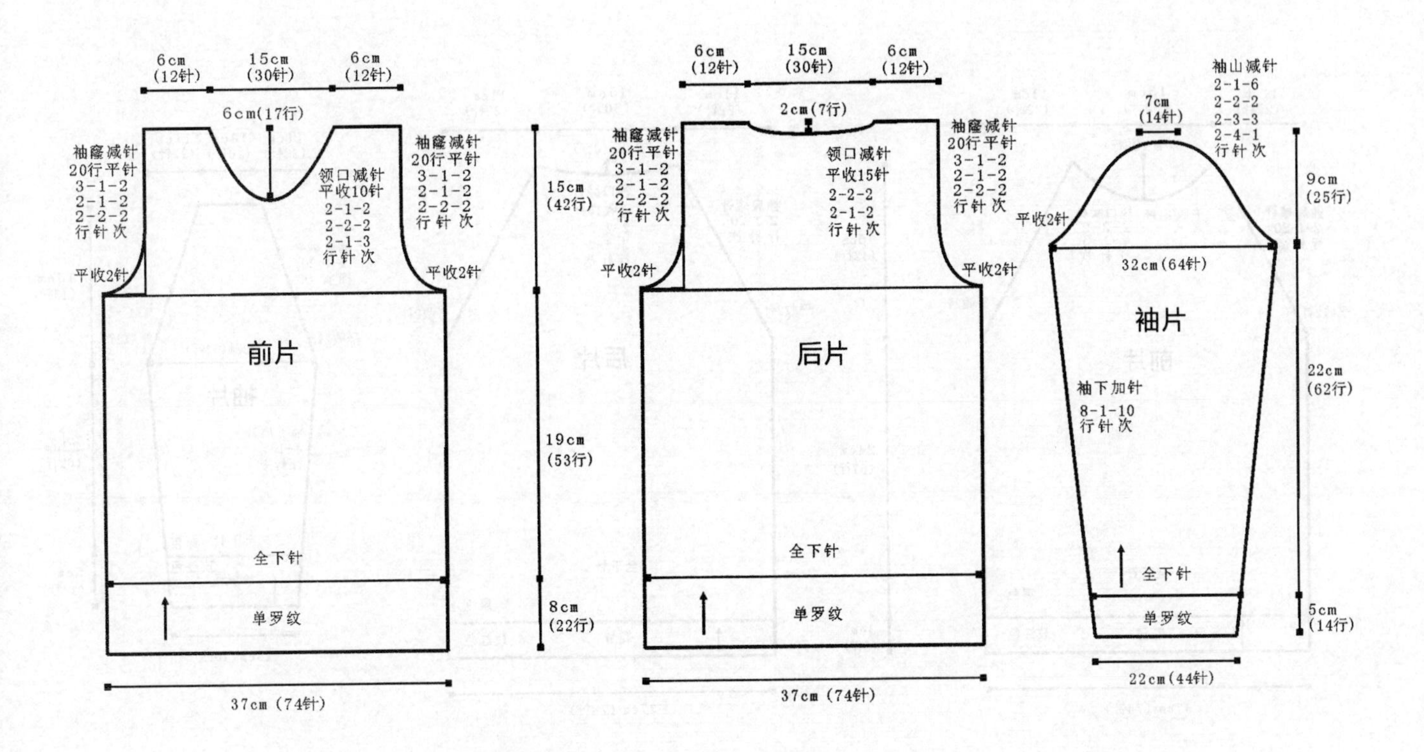

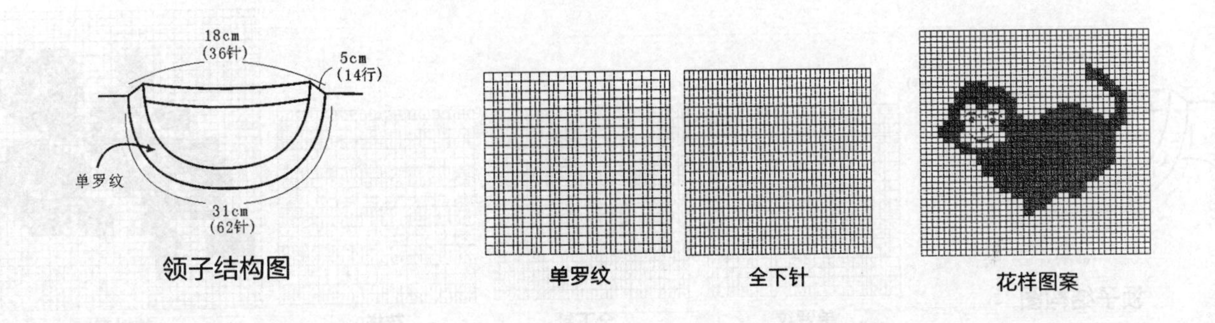

可爱花朵毛衣

【成品尺寸】衣长 42cm　胸围 74cm　袖长 43cm
【工具】10 号棒针
【材料】黑色羊毛绒线 300g　蓝色、玫红色、灰色线各少许
【密度】10cm^2：20 针 ×28 行

【制作过程】

1. 前片：先用玫红色线，按图用一般起针法起 74 针，织 3cm 花样后，改用黑色线织全下针，并用玫红色、蓝色、灰色线编入花样图案，织至 24cm 时左右两边开始按图收成插肩袖窿，再织 7cm 开领窝，至织完成。
2. 后片：织法与前片一样，只是须按图开领窝。
3. 袖片：先用玫红色线，按图用一般起针法起 44 针，织 5cm 单罗纹后，改用黑色线织全下针，袖下按图加针，织至 22cm 时按图示均匀的减针，收成插肩袖山。
4. 编织结束后，将前后片侧缝、袖子缝合。
5. 领圈用玫红色线挑 98 针，织 5cm 单罗纹，形成圆领。

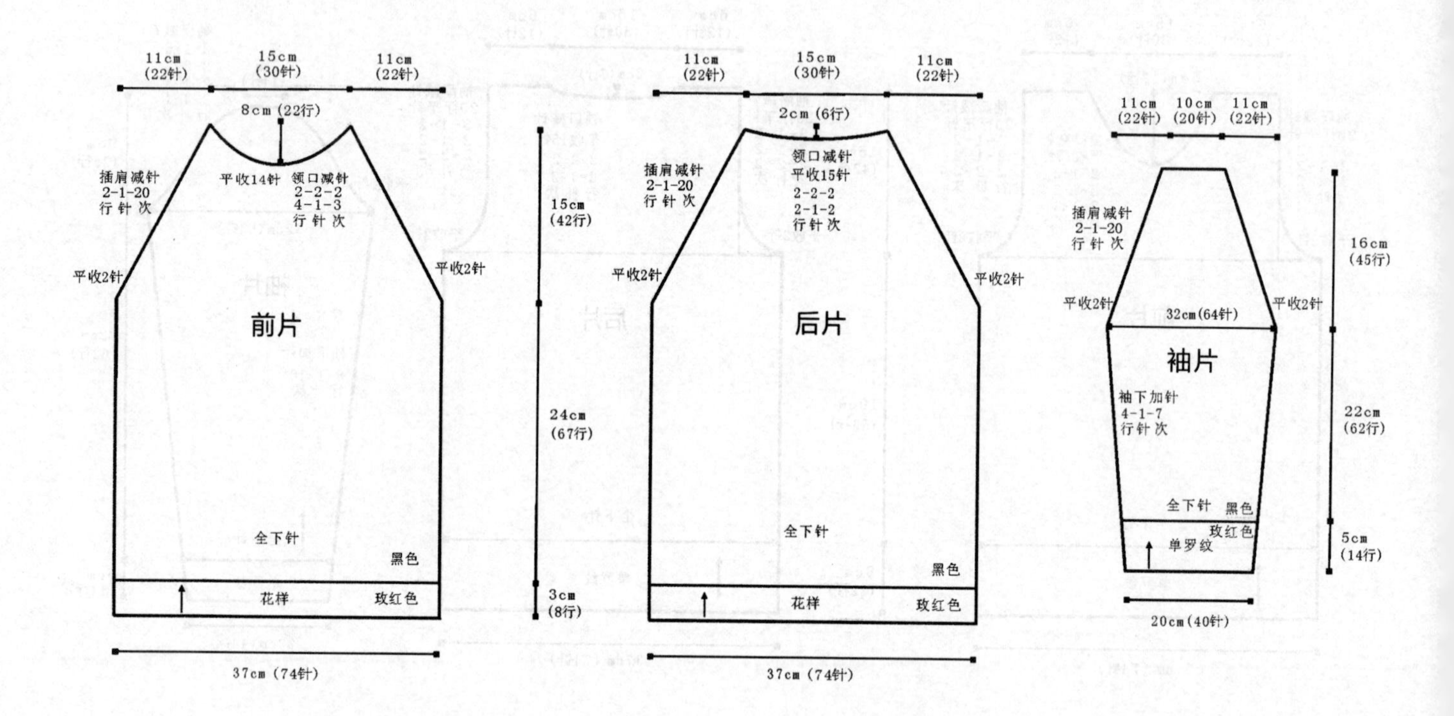

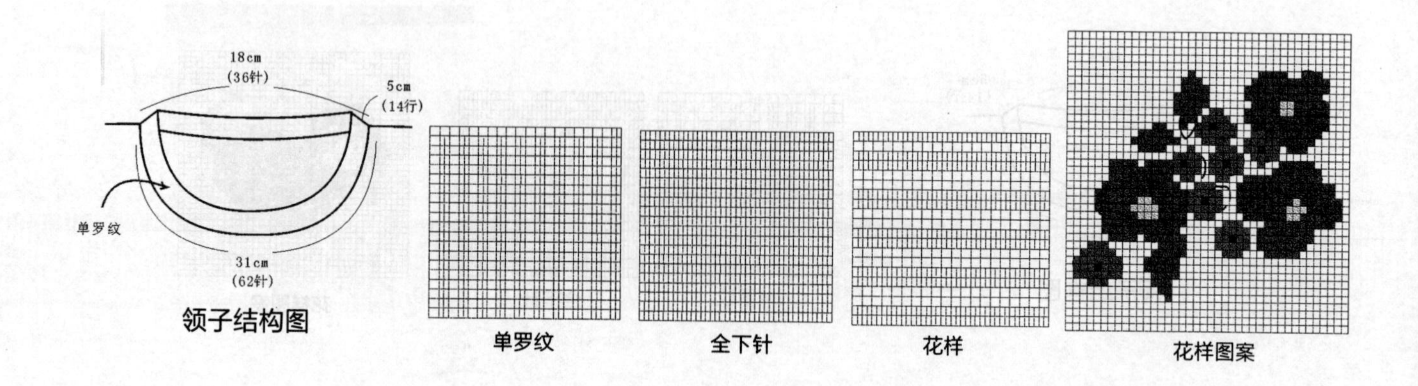

田园图案毛衣

【成品尺寸】衣长 42cm　胸围 74cm　袖长 36cm

【工具】10 号棒针

【材料】蓝色羊毛绒线 300g　橙色、黄色、白色、绿色线等各少许

【密度】10cm²：20 针 ×28 行

【制作过程】

1. 前片：先用黄色线，按图用机器边起针法起 74 针，织 5cm 单罗纹后，改织全下针，并用橙色、黄色、白色、绿色线编入花样图案，织至 22cm 时左右两边开始按图收成袖窿，再织 9cm 开领窝至织完成。
2. 后片：织法与前片一样，只是须按图开领窝，全片用蓝色线编织。
3. 袖片：用蓝色线，按图用机器边起针法起 44 针，织 5cm 单罗纹后，改织全下针，袖下按图加针，织至 22cm 时，按图示均匀减针，收成袖山。
4. 编织结束后，将前后片侧缝、肩部、袖子缝合。
5. 领圈用蓝色线，挑 98 针，织 5cm 单罗纹，形成圆领。

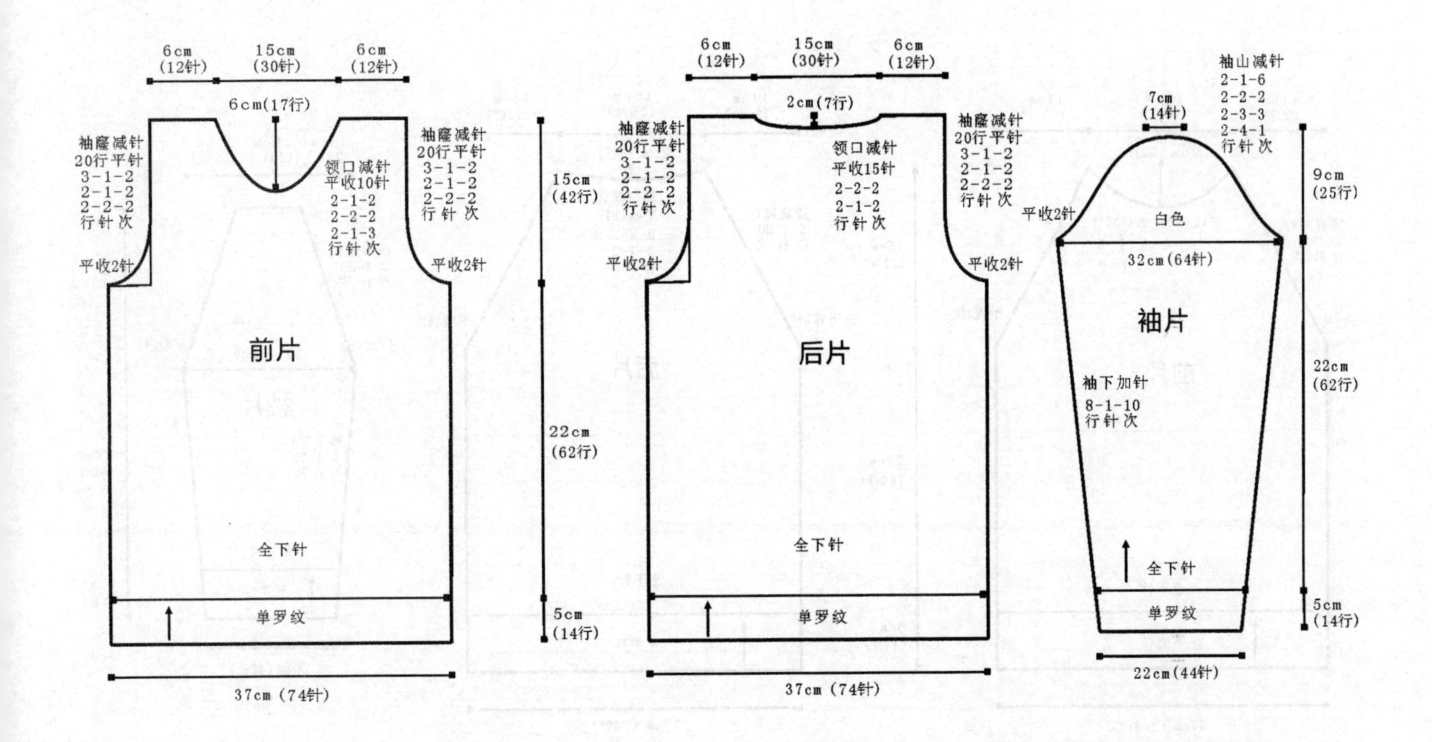

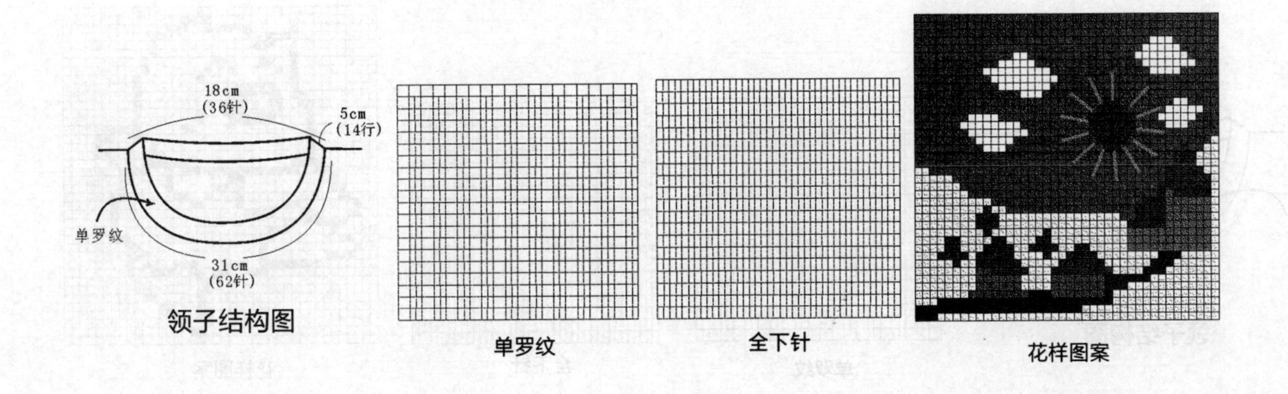

领子结构图　　单罗纹　　全下针　　花样图案

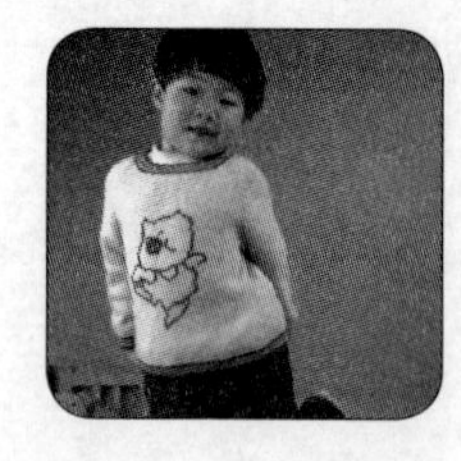

简约图案毛衣

【成品尺寸】衣长 42cm　胸围 74cm　袖长 43cm
【工具】10 号棒针　绣花针
【材料】淡绿色毛线 300g　灰色毛线 50g
【密度】10cm^2：20 针 ×28 行

【制作过程】

1. 前片：用灰色线，按图用一般起针法起 74 针，织 5cm 单罗纹，并间色后，用淡绿色线改织全下针，织至 22cm 时左右两边开始按图收成插肩袖窿，再织 7cm 开领窝，织至完成。
2. 后片：织法与前片一样，只是须按图开领窝。
3. 袖片：用灰色线，按图用一般起针法起 40 针，织 5cm 单罗纹后，用淡绿色线改织全下针，袖下按图加针，织至 22cm 时按图示均匀减针，收成插肩袖山。
4. 编织结束后，将前后片侧缝、袖子缝合。
5. 领圈用灰色线挑 98 针，织 5cm 单罗纹，形成圆领。
6. 装饰：用绣花针，按十字绣的绣法，绣上花样图案。

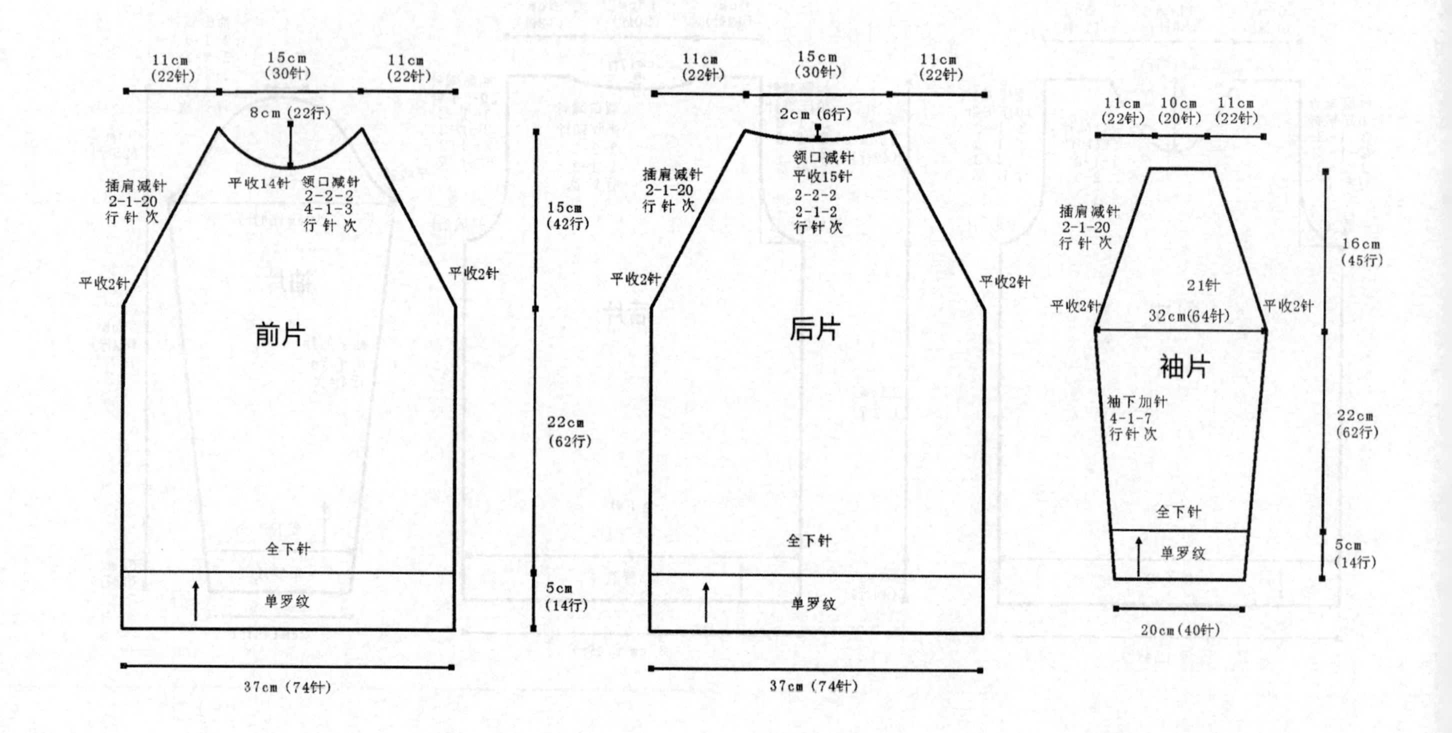

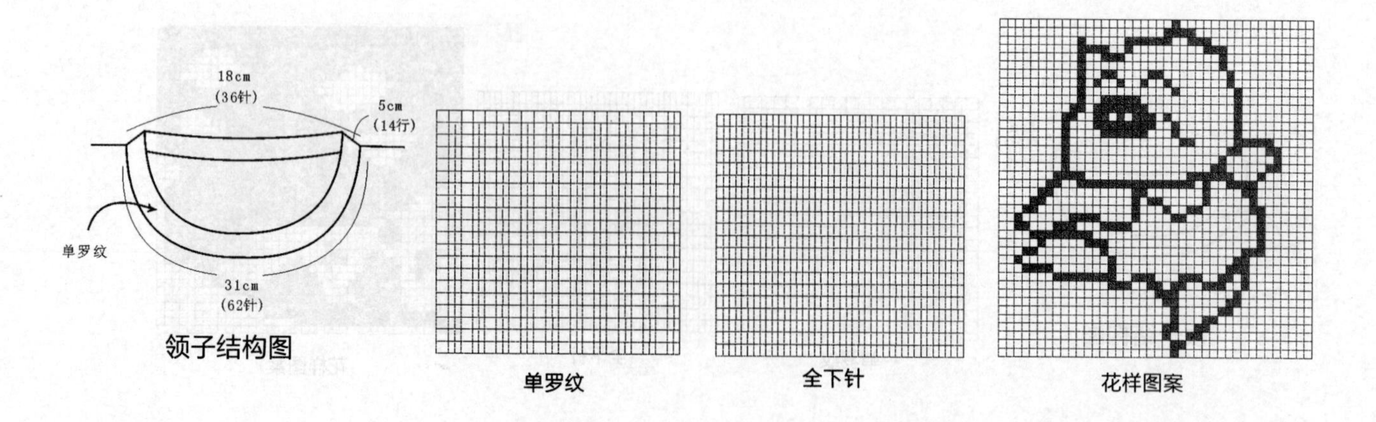

烂漫田园风格毛衣

【成品尺寸】衣长 42cm　胸围 74cm　袖长 36cm

【工具】10 号棒针　绣花针

【材料】绿色羊毛线 200g　橙色、米色、黑色、蓝色线各少许

【密度】$10cm^2$：20 针 ×28 行

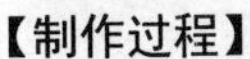

【制作过程】

1. 前片：先用绿色线，按图用机器边起针法起 74 针，织 5cm 单罗纹后，改织全下针，并用橙色、米色、黑色、蓝色线编入花样图案，织至 22cm 时左右两边开始按图收成袖窿，再织 9cm 开领窝至织完成。
2. 后片：织法与前片一样，只是须按图开领窝，全片用绿色线编织。
3. 袖片：先用米色线，按图用机器边起针法起 44 针，织 5cm 单罗纹后，改织全下针，左片用橙色线，右片用米色线，袖下按图加针，织至 22cm 时，按图示均匀减针，收成袖山。
4. 编织结束后，将前后片侧缝、肩部、袖子缝合。
5. 领圈用绿色线，挑 98 针，织 5cm 单罗纹，形成圆领。
6. 装饰：用绣花针按十字绣的方法，绣上花样图案。

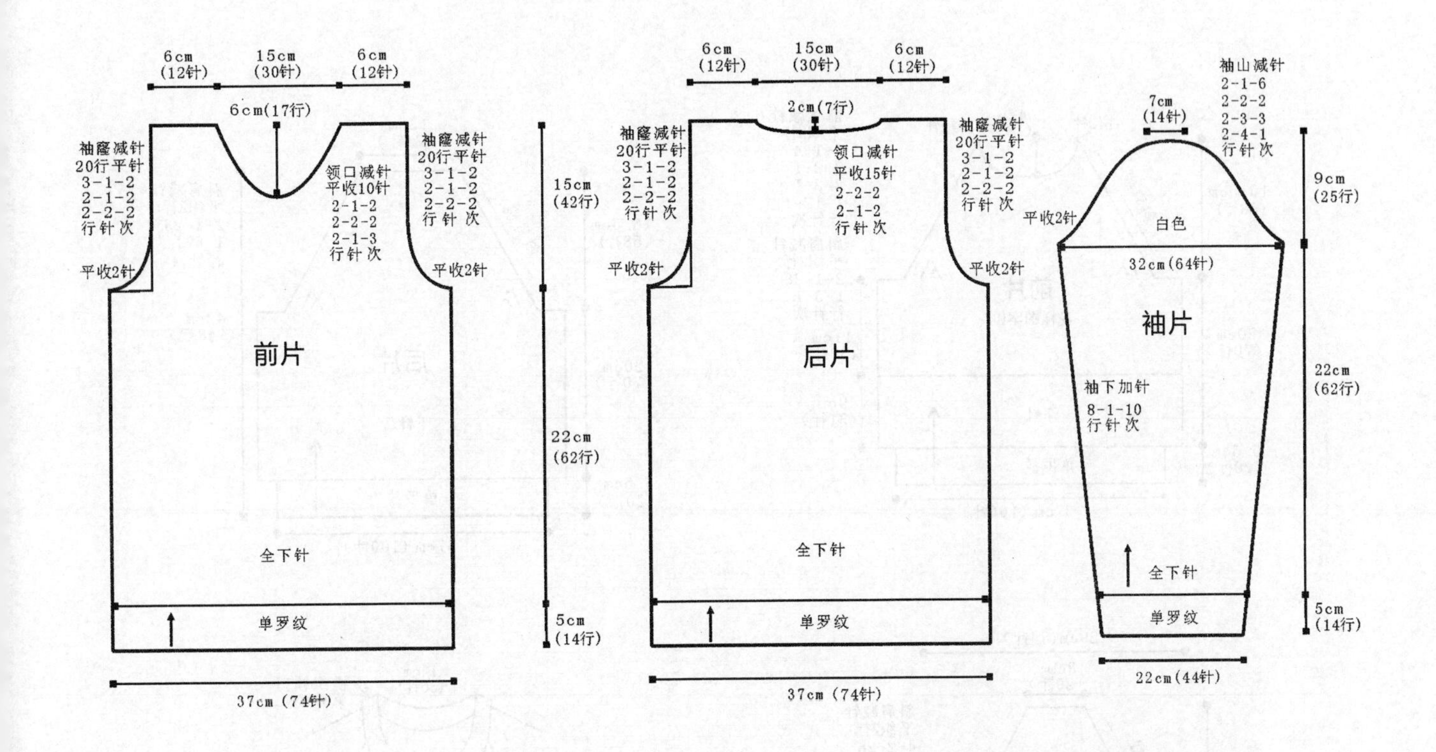

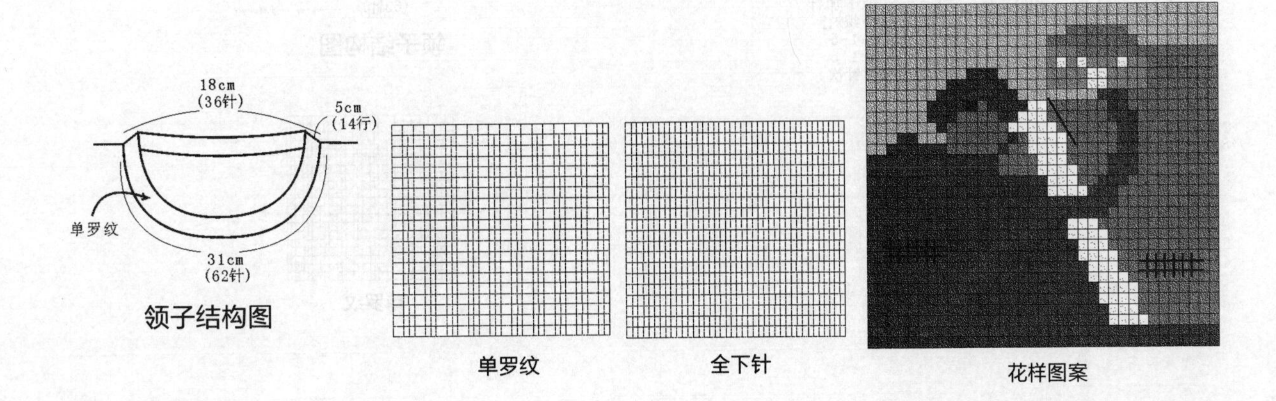

领子结构图　　单罗纹　　全下针　　花样图案

白色条纹字母毛衣

【成品尺寸】 衣长 42cm　胸围 74cm　袖长 45cm
【工具】 9 号、10 号棒针
【材料】 暗红色夹花毛线 300g　白色毛线 30g　黑色毛线少许
【密度】 $10cm^2$：26 针 ×35 行

【制作过程】

1. 后片：用 10 号棒针和黑色毛线起 100 针，按花样图案 A 间色，织 5.5cm 单罗纹，换 9 号棒针和暗红色夹花毛线，再织 20cm 下针到腋下，进行斜肩减针，减针方法如图，减至后领留 34 针，待用。
2. 前片：用 10 号棒针和黑色毛线起 100 针，按花样图案 A 间色，织单罗纹 5.5cm，换 9 号棒针和暗红色夹花毛线织下针 9cm，再换白色毛线编入花样图案 B，织 11cm 到腋下后，开始斜肩减针，减针方法如图，在织到最后 4cm 时，进行领口减针，减针方法如图，此时领口与斜肩同时减针，减至最后领口与肩共留 2 针，待用。
3. 袖片：用 10 号棒针和黑色毛线起 56 针，按花样图案 A 间色，织 5.5cm 单罗纹，均匀加针到 64 针，换 9 号棒针和暗红色夹花毛线织下针 23cm 到腋下，这时加针到 84 针，加针方法如图，然后开始斜肩减针，减针方法如图，减到最后留下 20 针，待用。
4. 缝合前后片的侧缝和袖下线。
5. 领口起 98 针织单罗纹 3cm，按花样图案 C 间色。

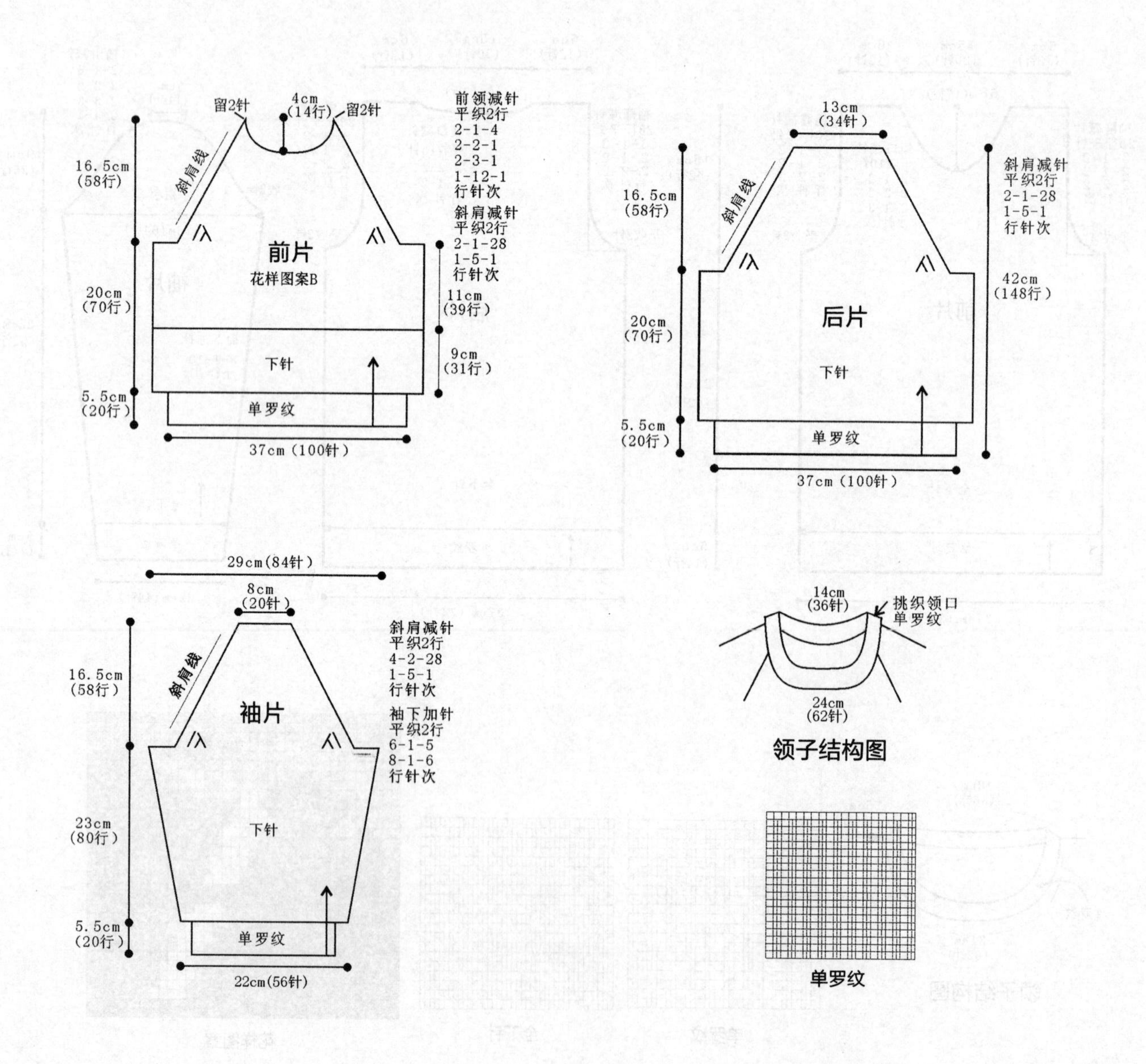

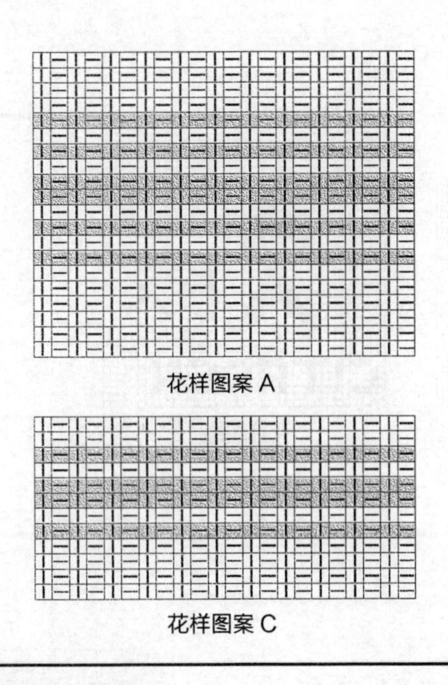

花样图案 A

花样图案 C

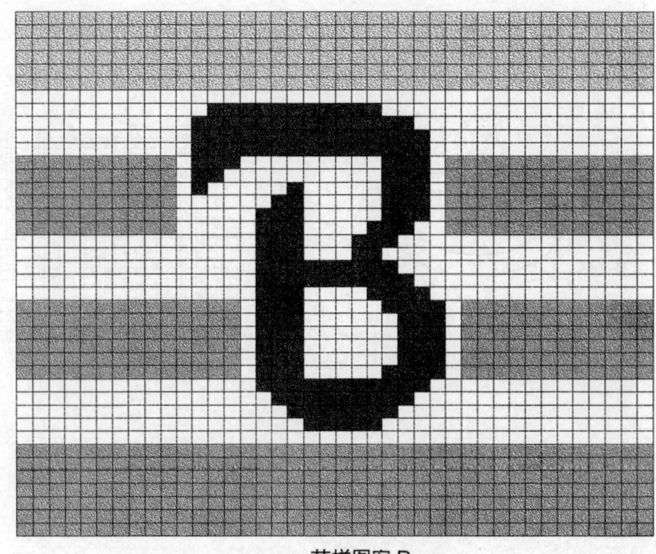

花样图案 B

三色拼接毛衣

【成品尺寸】衣长 45cm　胸围 74cm　袖长 39cm

【工具】10 号棒针　绣花针

【材料】黑色、黄色、灰色羊毛绒线各 150g

【密度】10cm²：20 针 ×28 行

【制作过程】

1. 前片：先用灰色线，按图用机器边起针法起 74 针，织 8cm 单罗纹后，改织全下针，并间色，织至 22cm 时左右两边开始按图收成袖窿，再织 9cm 开领窝至织完成。
2. 后片：织法与前片一样，只是须按图开领窝。
3. 袖片：先用黑色线，按图用机器边起针法起 44 针，织 5cm 单罗纹后，改织全下针，并间色，袖下按图加针，织至 25cm 时按图示均匀减针，收成袖山。
4. 编织结束后，将前后片侧缝、肩部、袖子缝合。
5. 领圈用黄色线挑 98 针，织 5cm 单罗纹，形成圆领。
6. 装饰：用绣花针，按十字绣的绣法，绣上花样图案。

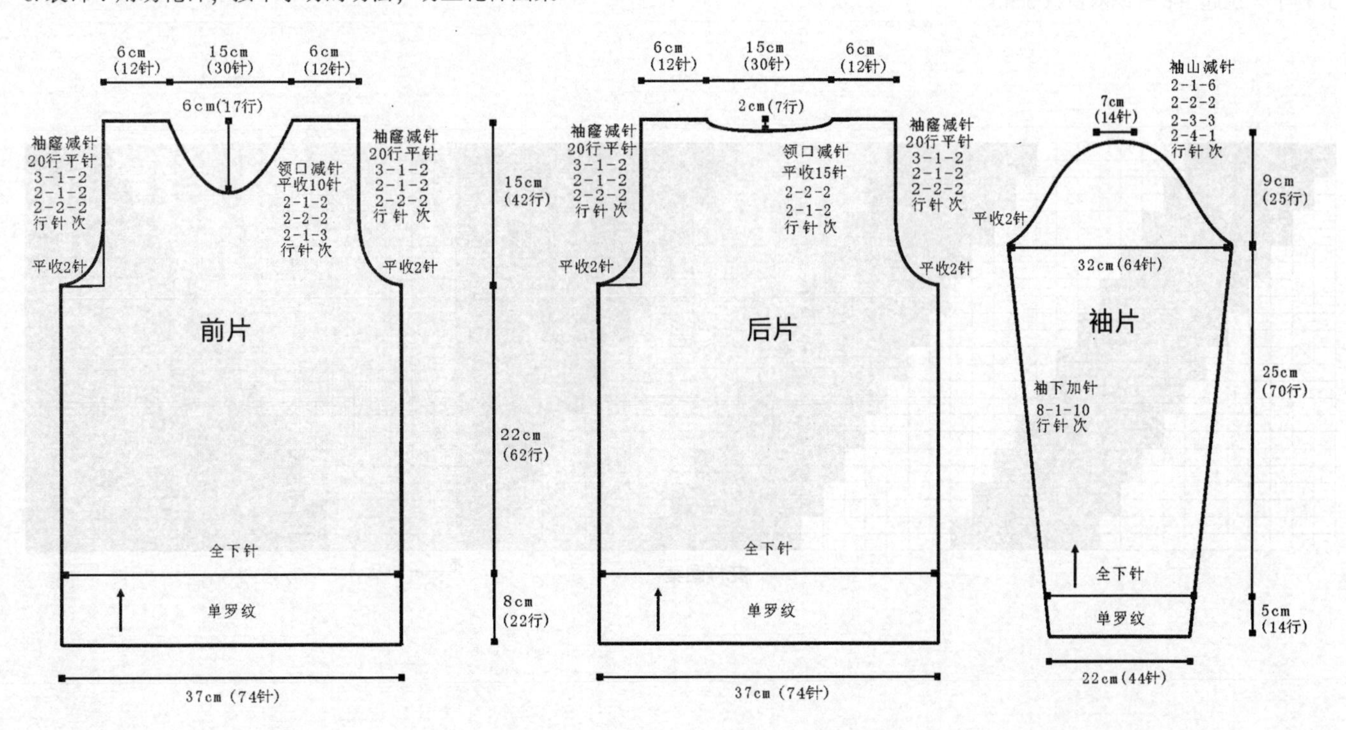

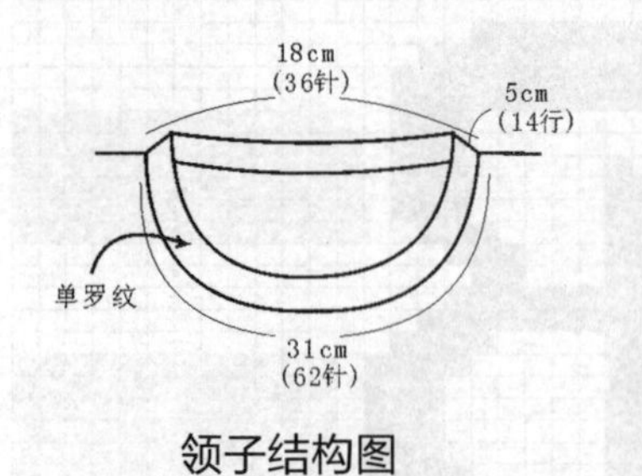

领子结构图

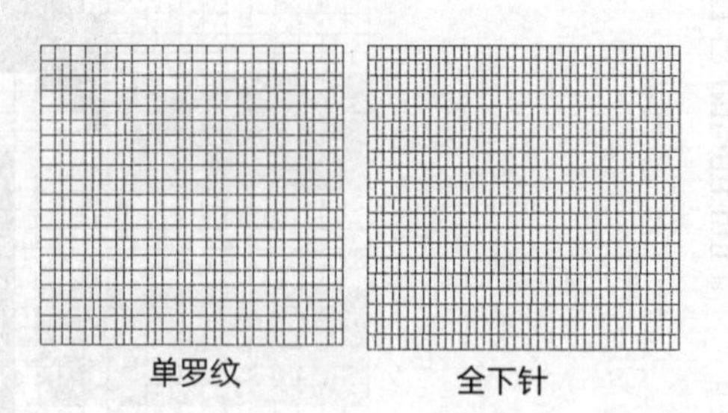
单罗纹　全下针

花样图案

简约男生毛衣

【成品尺寸】衣长 40cm　胸围 72cm　袖长 35cm

【工具】11 号、10 号棒针

【材料】黑色毛线 250g　灰色夹花毛线 100g　白色毛线少许

【密度】$10cm^2$：28 针 ×36 行

【制作过程】

1. 后片：用 11 号棒针和黑色毛线起 102 针，织 5cm 双罗纹后，换 10 号棒针织 19cm 下针到腋下，进行袖窿减针，减针方法如图，肩留 20 针，待用。
2. 前片：用黑色毛线和 11 号棒针起 102 针，织 5cm 双罗纹后，换 10 号棒针织花样图案，织 19cm 到腋下，进行袖窿减针，减针方法如图，织到衣长最后 5.5cm 时，开始领口减针，减针方法如图示，肩留 19 针，待用。
3. 袖片：用 11 号棒针和黑色毛线起 54 针，织双罗纹，织到 5cm 时均匀放针至 66 针，再织下针 20cm 到腋下，进行袖山减针，减针方法如图，减针完毕，袖山形成。
4. 分别合并侧缝线和袖下线，并缝合袖子。
5. 领子：挑起 106 针织双罗纹 3cm。

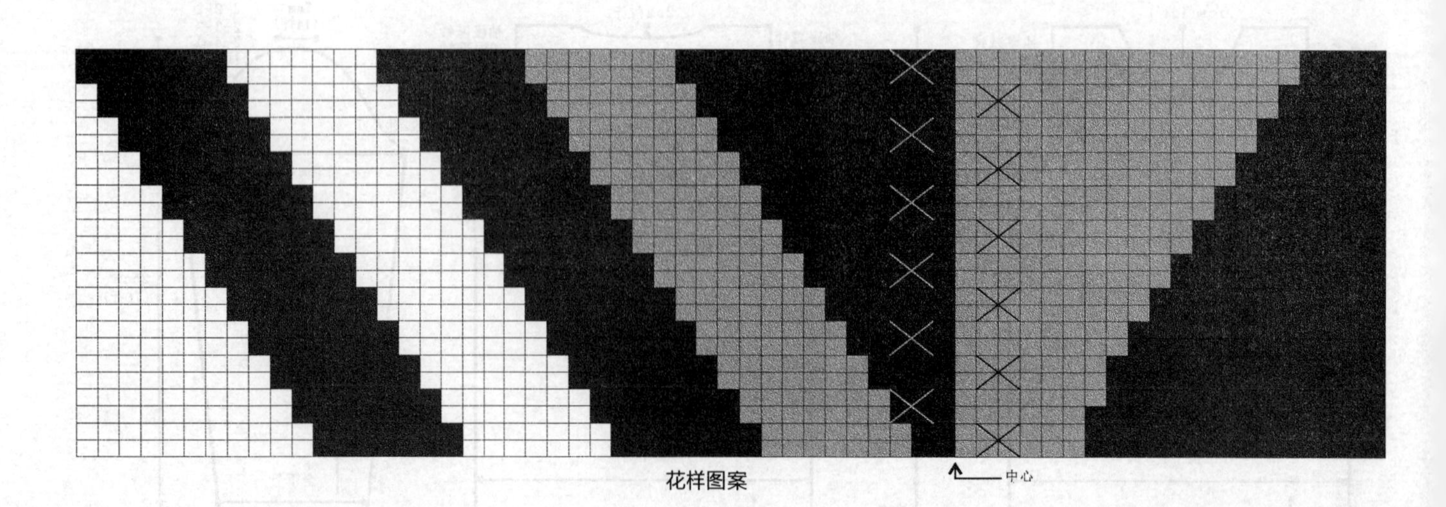

花样图案

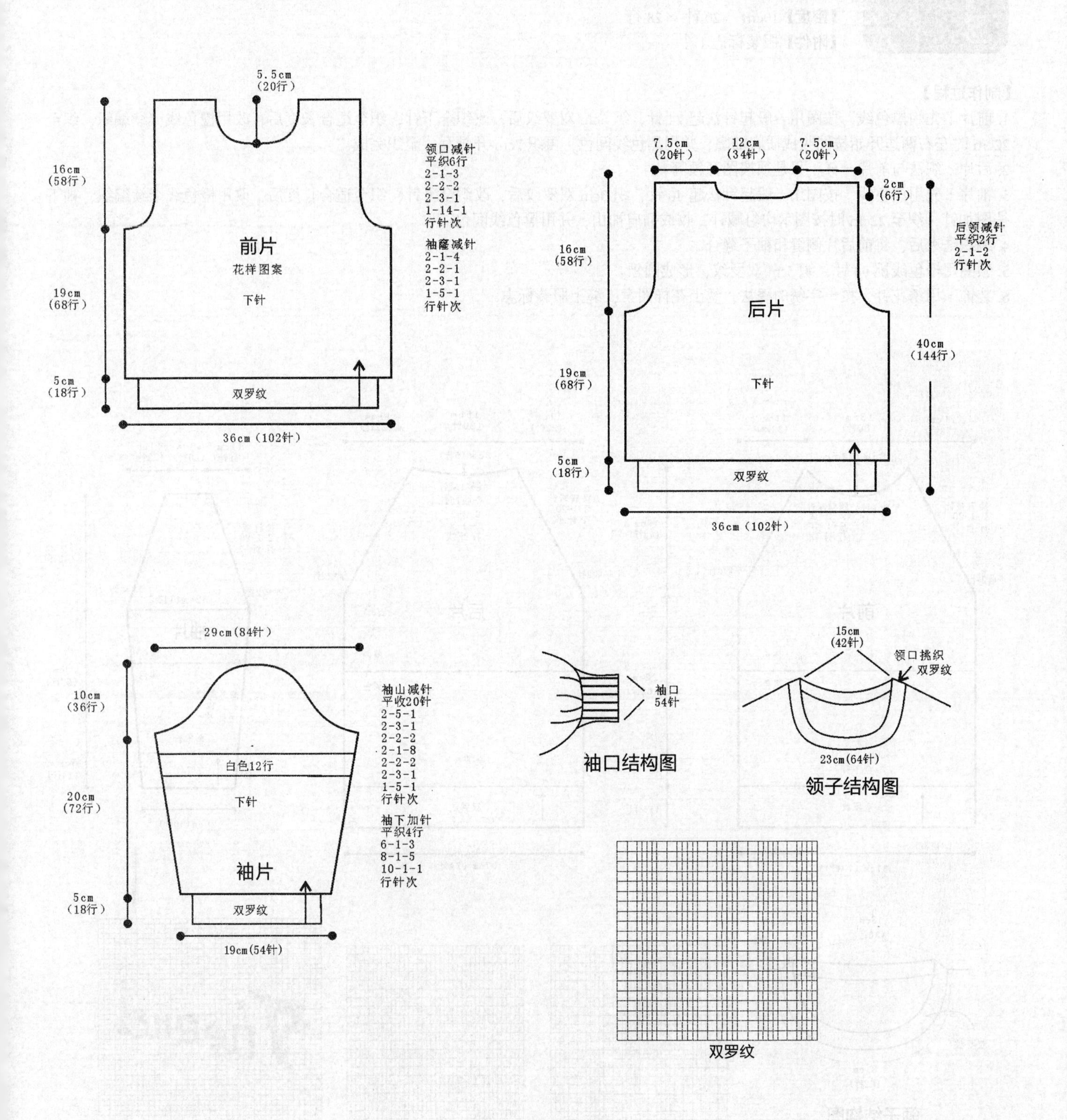

5.5cm
(20行)
16cm
(58行)
领口减针
平织6行
2-1-3
2-2-2
2-3-1
1-14-1
行针次
前片
花样图案
袖窿减针
2-1-4
2-2-1
2-3-1
1-5-1
行针次
19cm
(68行)
下针
5cm
(18行)
双罗纹
36cm（102针）
7.5cm
(20针)
12cm
(34针)
7.5cm
(20针)
2cm
(6行)
后领减针
平织2行
2-1-2
行针次
16cm
(58行)
后片
40cm
(144行)
19cm
(68行)
下针
5cm
(18行)
双罗纹
36cm（102针）
29cm(84针)
10cm
(36行)
袖山减针
平收20针
2-5-1
2-3-1
2-2-2
2-1-8
2-2-2
2-3-1
1-5-1
行针次
白色12行
20cm
(72行)
下针
袖下加针
平织4行
6-1-3
8-1-5
10-1-1
行针次
袖片
5cm
(18行)
双罗纹
19cm(54针)
袖口
54针
袖口结构图
15cm
(42针)
领口挑织
双罗纹
23cm(64针)
领子结构图
双罗纹

休闲字母毛衣

【成品尺寸】衣长 42cm　胸围 74cm　袖长 43cm
【工具】10 号棒针　绣花针
【材料】橙色、黑色羊毛绒线各 200g
【密度】10cm²：20 针 ×28 行
【附件】服装标志 1 个

【制作过程】

1. 前片：先用黑色线，按图用一般起针法起 74 针，织 5cm 双罗纹后，改织全下针，织至适合长度后，改用橙色线继续编织，织至 22cm 时左右两边开始按图收成插肩袖窿，并用黑色线间色，再织 7cm 开领窝，至织完成。
2. 后片：织法与前片一样，只是须按图开领窝。
3. 袖片：先用黑色线，按图用一般起针法起 40 针，织 5cm 双罗纹后，改织全下针，织至适合长度后，改用橙色线继续编织，袖下按图加针，织至 22cm 时按图示均匀减针，收成插肩袖山，并用黑色线间色。
4. 编织结束后，将前后片侧缝和袖子缝合。
5. 领圈用橙色线挑 98 针，织 5cm 双罗纹，形成圆领。
6. 装饰：用绣花针，按十字绣的绣法，绣上花样图案，缝上服装标志。

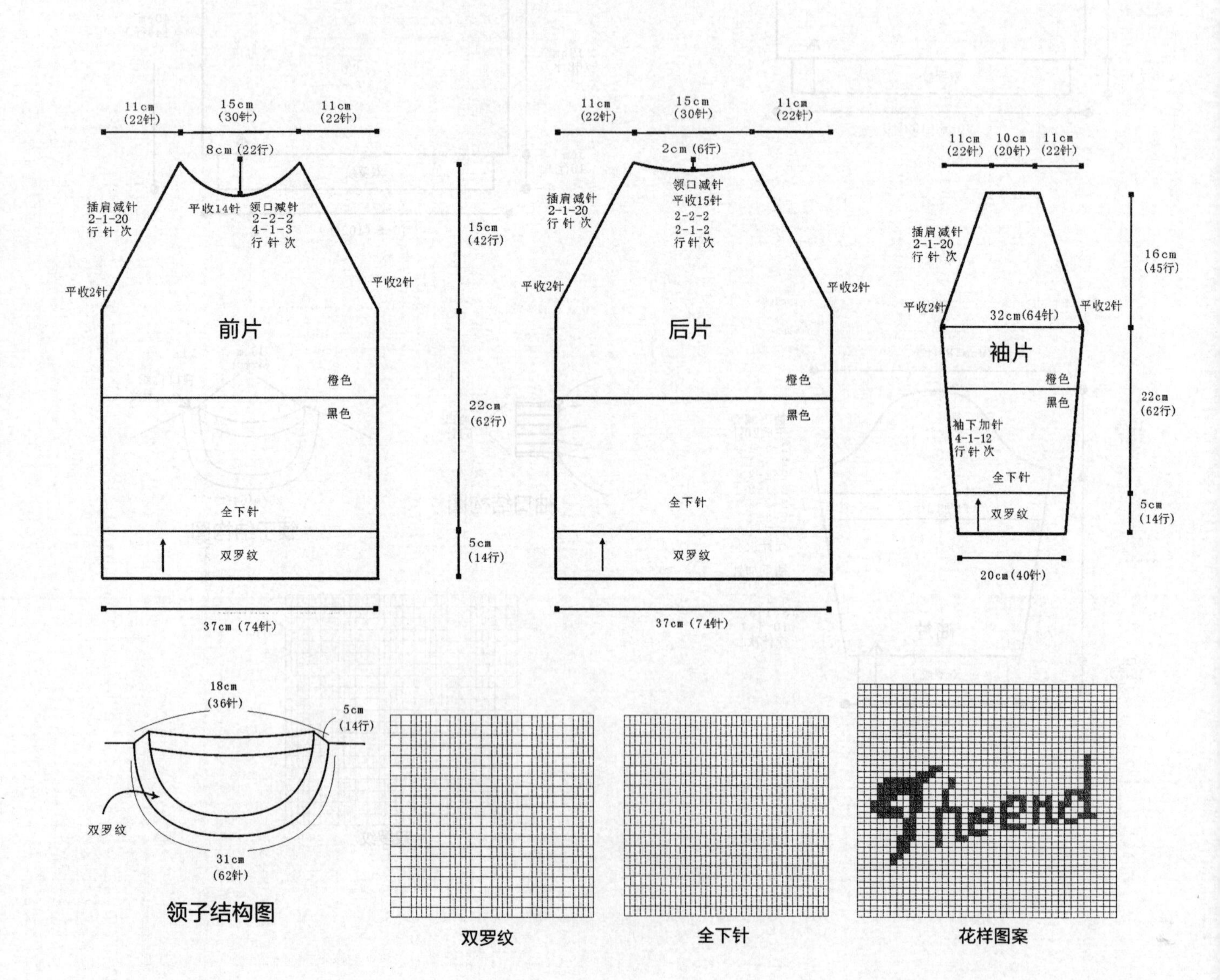

时尚男生毛衣

【成品尺寸】衣长 40cm 胸围 70cm 袖长 34cm

【工具】10 号、11 号棒针

【材料】黑色毛线 300g 米色毛线 25g 黑灰夹花毛线 20g

【密度】10cm^2：28 针 ×38 行

【制作过程】

1. 后片：用 11 号棒针和黑色毛线起 98 针，织 4cm 单罗纹后，换 10 号棒针织 21cm 下针到腋下，进行袖窿减针，减针方法如图，肩留 21 针，待用。
2. 前片：用黑色毛线和 11 号棒针起 98 针，织 4cm 单罗纹后，换 10 号棒针用米色、黑灰夹花毛线织花样图案，织 21cm 到腋下，进行袖窿减针，减针方法如图，织到衣长最后 5cm 时，开始领口减针，减针方法如图，肩留 19 针，待用。
3. 袖片：用 11 号棒针和黑色毛线起 52 针，织单罗纹，织到 4cm 时均匀放针至 64 针，如图，织下针 20cm 到腋下，进行袖山减针，减针方法如图，减针完毕，袖山形成。
4. 分别合并侧缝线和袖下线，并缝合袖子。
5. 领子：挑起 106 针织单罗纹 5cm。

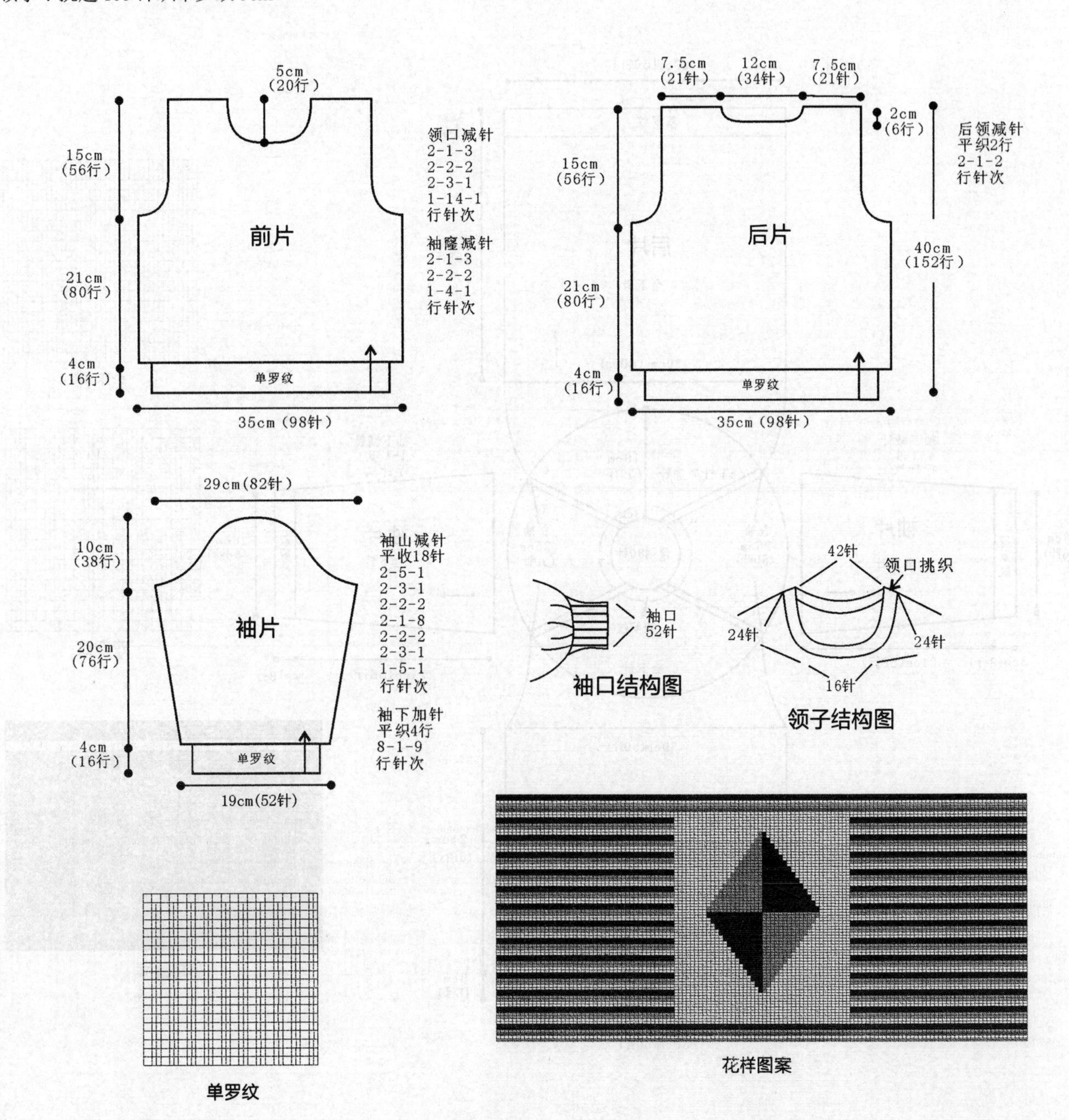

休闲字母圆领毛衣

【成品尺寸】衣长 42cm　胸围 60cm　袖长 39cm

【工具】10 号棒针

【材料】灰色、黑色羊毛绒线各 200g

【密度】10cm^2：20 针 ×28 行

【制作过程】

从领圈往下编织，用一般起针法起 80 针，先织 3cm 双罗纹，作为领子，然后开始分前后片和袖片，每片之间留 2 针，继续编织，并在 2 下针的两边各加 1 针，并用灰色和黑色线间色，如此织至 18cm 时，分前后片编织，织 21cm 全下针（其中织 8cm 花样），并编入花样图案，然后改织 3cm 双罗纹。袖片的袖下按图减针，织 21cm 全下针后，改织 3cm 双罗纹，同时用灰色和黑色线间色。

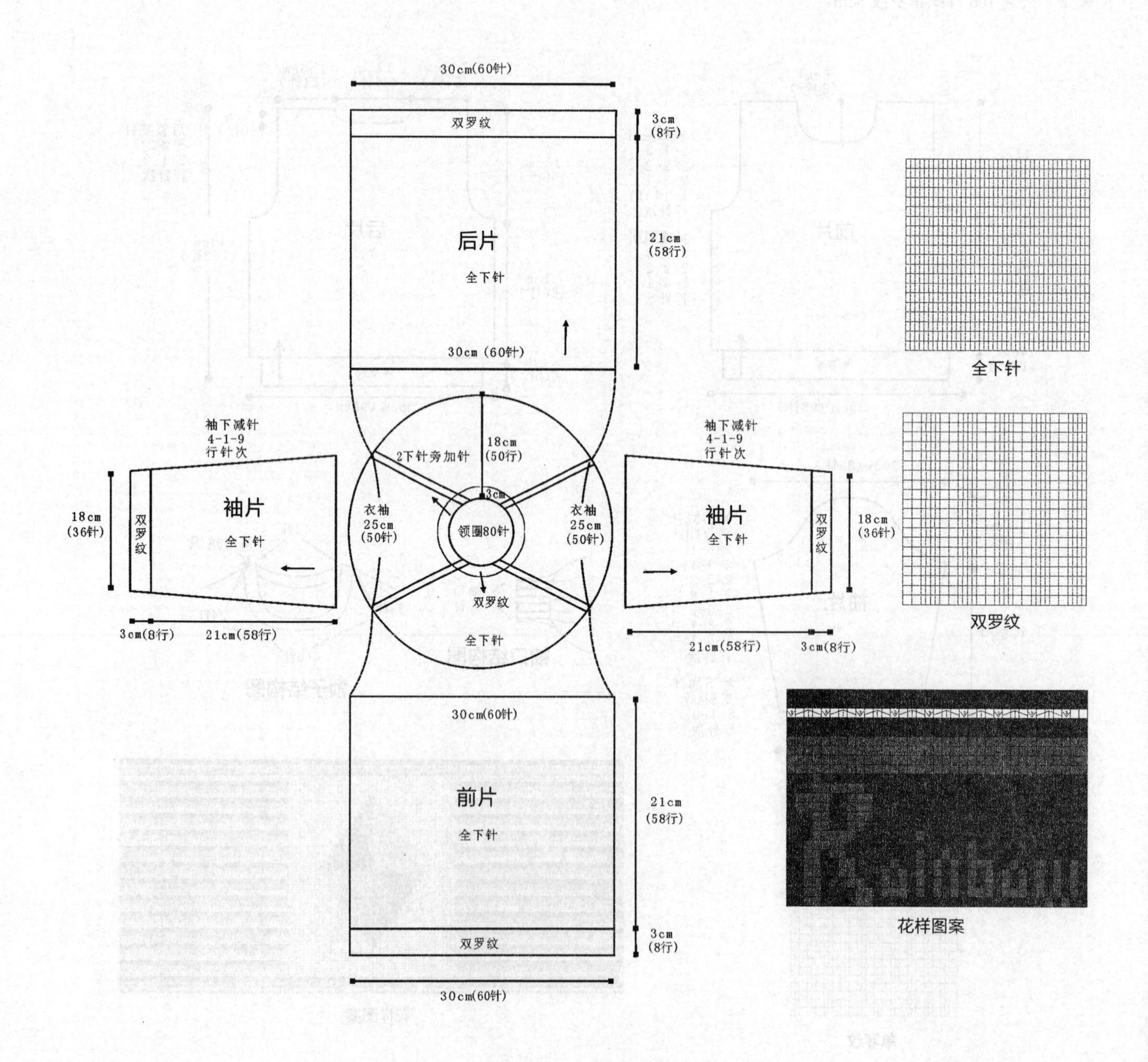

纯白色系带外套

【成品尺寸】衣长 42cm　胸围 74cm　袖长 25cm

【工具】10 号棒针　绣花针

【材料】白色羊毛绒线 300g

【密度】10cm^2：20 针 ×28 行

【附件】纽扣 3 枚

【制作过程】

1 从领圈往下编织，用一般起针法起 50 针，每行加 6 针，加至 92 针，作为领子，然后按花样 D 加针，织至 18cm 时，开始分前后片和袖片，按编织方向，前片分左右两片编织，左、右前片和后片先织 18cm 全下针，左、右前片留 6 针作为织单罗纹的门襟，然后前片和后片改织 3cm 花样 A 和花样 B，作为衣脚。袖片挑 62 针，织 5cm 全下针后改织 2cm 花样 C。

2. 装饰：缝上纽扣。

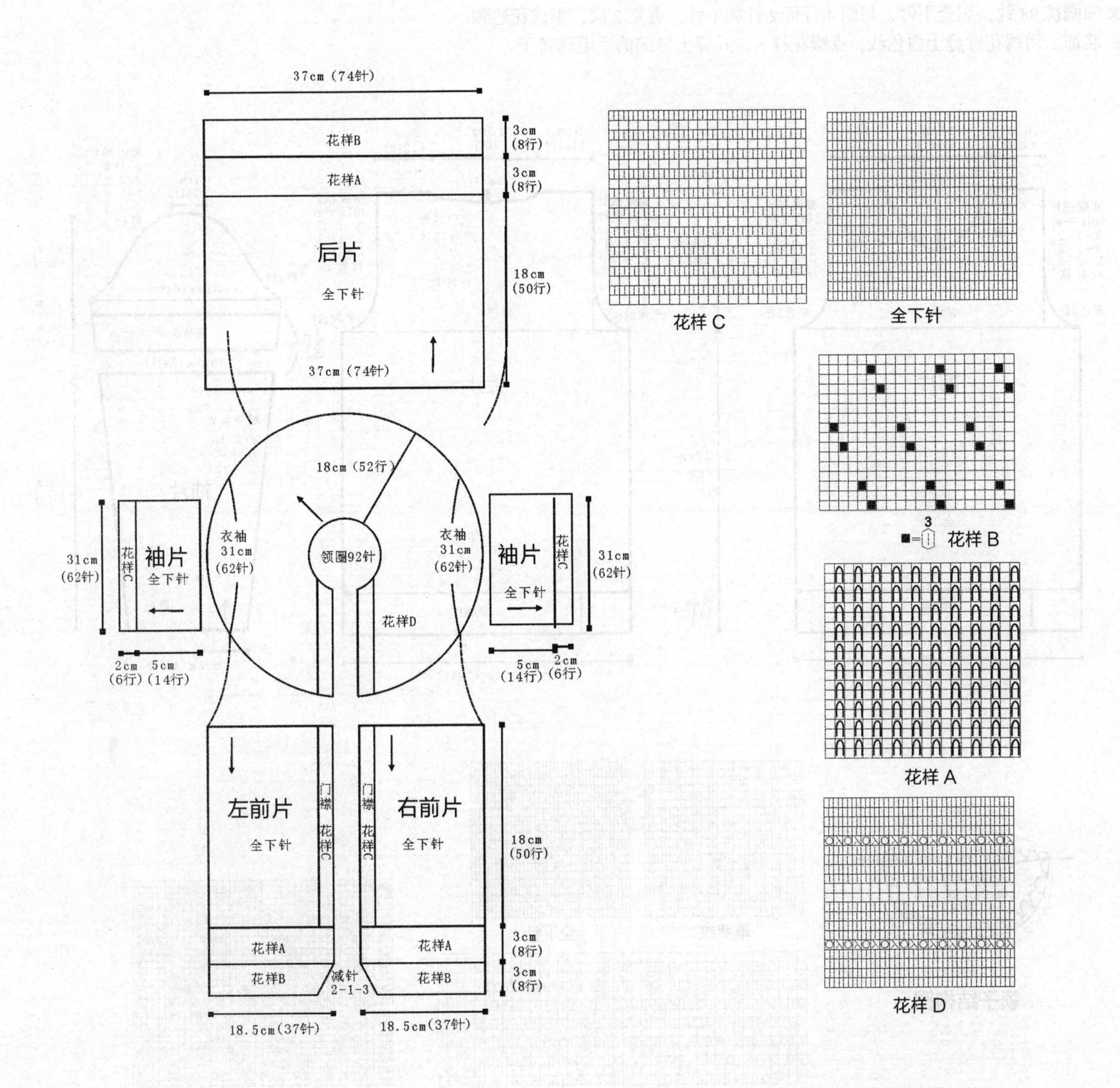

红色毛球系带外套

【成品尺寸】 衣长 42cm　胸围 74cm　袖长 36cm
【工具】 10 号棒针　绣花针
【材料】 红色羊毛绒线 300g　黑色羊毛绒线 100g　白色线少许
【密度】 10cm²：20 针 ×28 行
【附件】 自编毛毛球带子 1 根

【制作过程】

1. 前片：用红色线，按图起 74 针，织 5cm 花样 B 后，改织全下针，织至 22cm 时左右两边开始按图收成袖窿，并改织花样 A，织至 9cm 时开领窝至织完成。
2. 后片：织法与前片一样，只是须按图开领窝。
3. 袖片：分上下两片编织。上片用红色线，按图起 64 针，织 5cm 花样 B 后，改织全下针，织至 7cm，按图示均匀减针，收成袖山。下片用黑色线起 44 针，织 20cm 单罗纹，袖下按图加针，完成后与上片叠压缝合，花样 B 朝外。
4. 编织结束后，将前后片侧缝、肩部、袖子缝合。
5. 领圈挑 98 针，织全下针，每织 4 行每 2 针加 1 针，重复 2 次，形成花边领。
6. 装饰：用绣花针缝上白色线，点缀花样 A，并穿上自编的毛毛球带子。

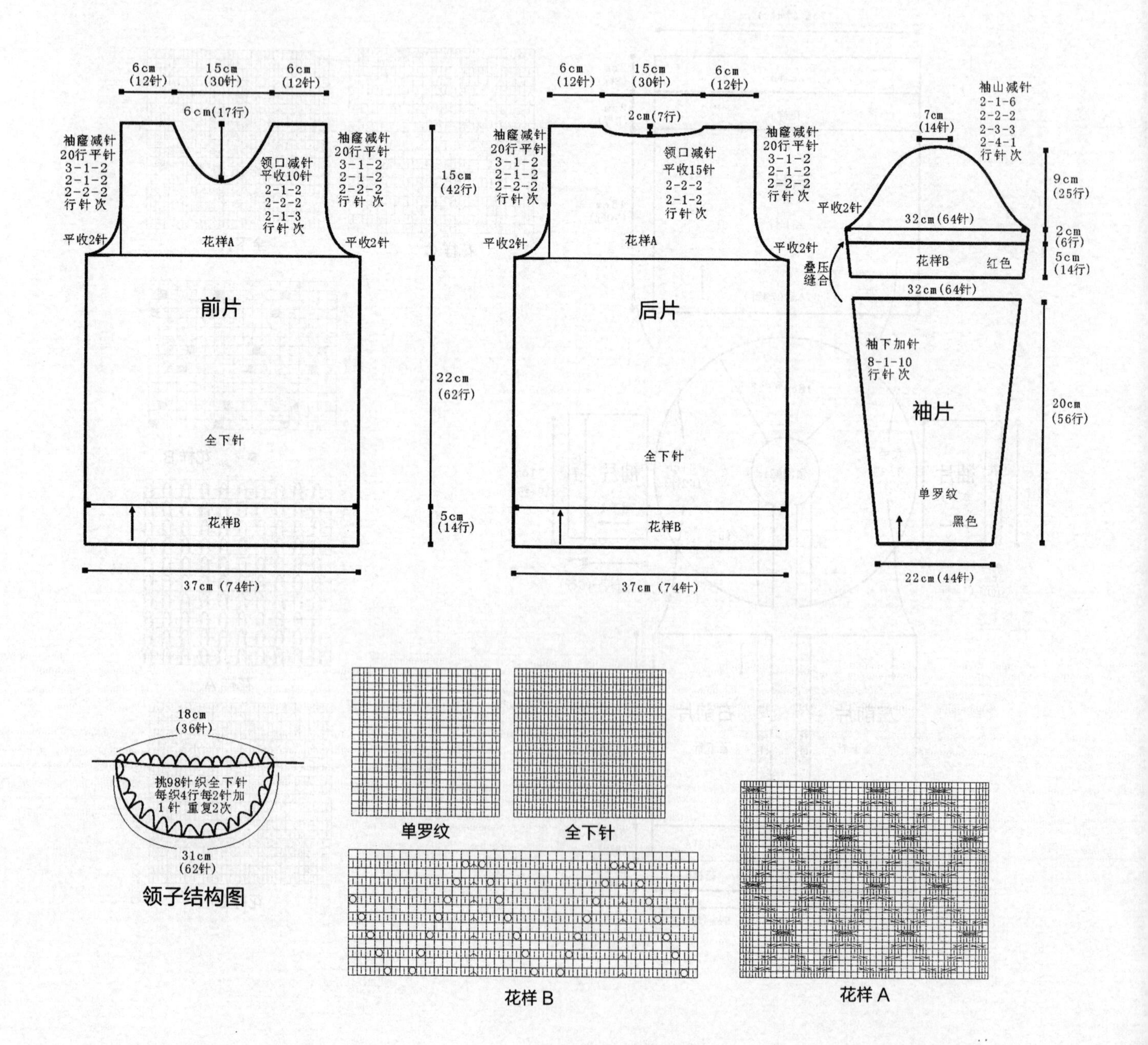

蓝色卡通小背心

【成品尺寸】 衣长 37cm　胸围 64cm

【工具】 10 号棒针

【材料】 深蓝色羊毛绒线 200g　白色羊毛绒线 50g　红色、棕色线各少许

【密度】 $10cm^2$：20 针 ×28 行

【制作过程】

1. 前片：按图起 64 针，用白色线织 2cm 花样后，换深蓝色线改织全下针，并用白色、红色、棕色线编入花样图案，织至 20cm 时左右两边开始按图收成袖窿，再织 9cm 开领窝织至完成。
2. 后片：织法与前片一样，只是须按图开领窝。
3. 编织结束后，将前后片侧缝、肩部缝合。
4. 领圈挑 70 针，织 2cm 单罗纹，形成圆领。两个袖口挑适合针数，织 2cm 单罗纹。

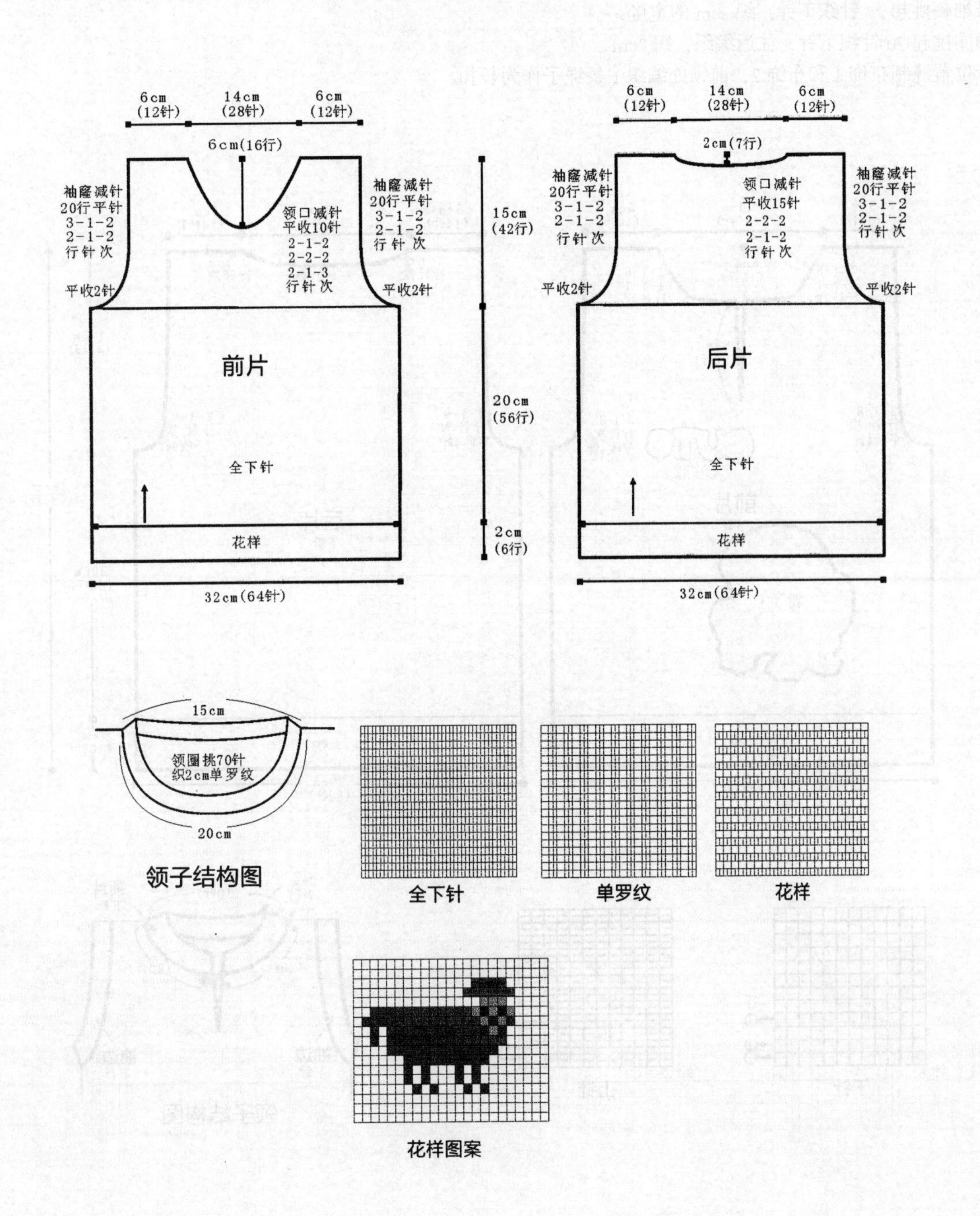

可爱小狗图案背心

【成品尺寸】 衣长 36cm　胸围 58cm
【工具】 12 号棒针　绣花针
【材料】 乳白色棉线 250g
【密度】 $10cm^2$：28 针 ×34 行
【附件】 纽扣 1 枚　布饰 2 片

【制作过程】

1. 后片：用乳白色棉线起 82 针，织上针，织 3cm 的高度，改织下针，织至 23cm，两侧各平收 4 针，然后按 2-1-8 的方法袖窿减针，织至 35cm，中间平收 26 针，两侧按 2-1-2 的方法后领减针，最后两肩部各余下 14 针，后片共织 36cm。
2. 前片：用乳白色棉线起 82 针，织上针，织 3cm 的高度，改织下针，织至 23cm，两侧各平收 4 针，然后按 2-1-8 的方法袖窿减针，织至 25cm，将织片从中间分开成左右两片分别编织，织至 31cm，两侧按 1-7-1，2-1-8 的方法前领减针，最后两肩部各余下 14 针，后片共织 36cm。
3. 袖边：沿袖窿挑起 72 针织下针，织 2cm 的宽度。
4. 领子：领圈挑起 70 针织下针，往返编织，织 2cm。
5. 前片图示位置缝制布饰 1 和布饰 2，前领处编织 1 条绳子作为长扣。

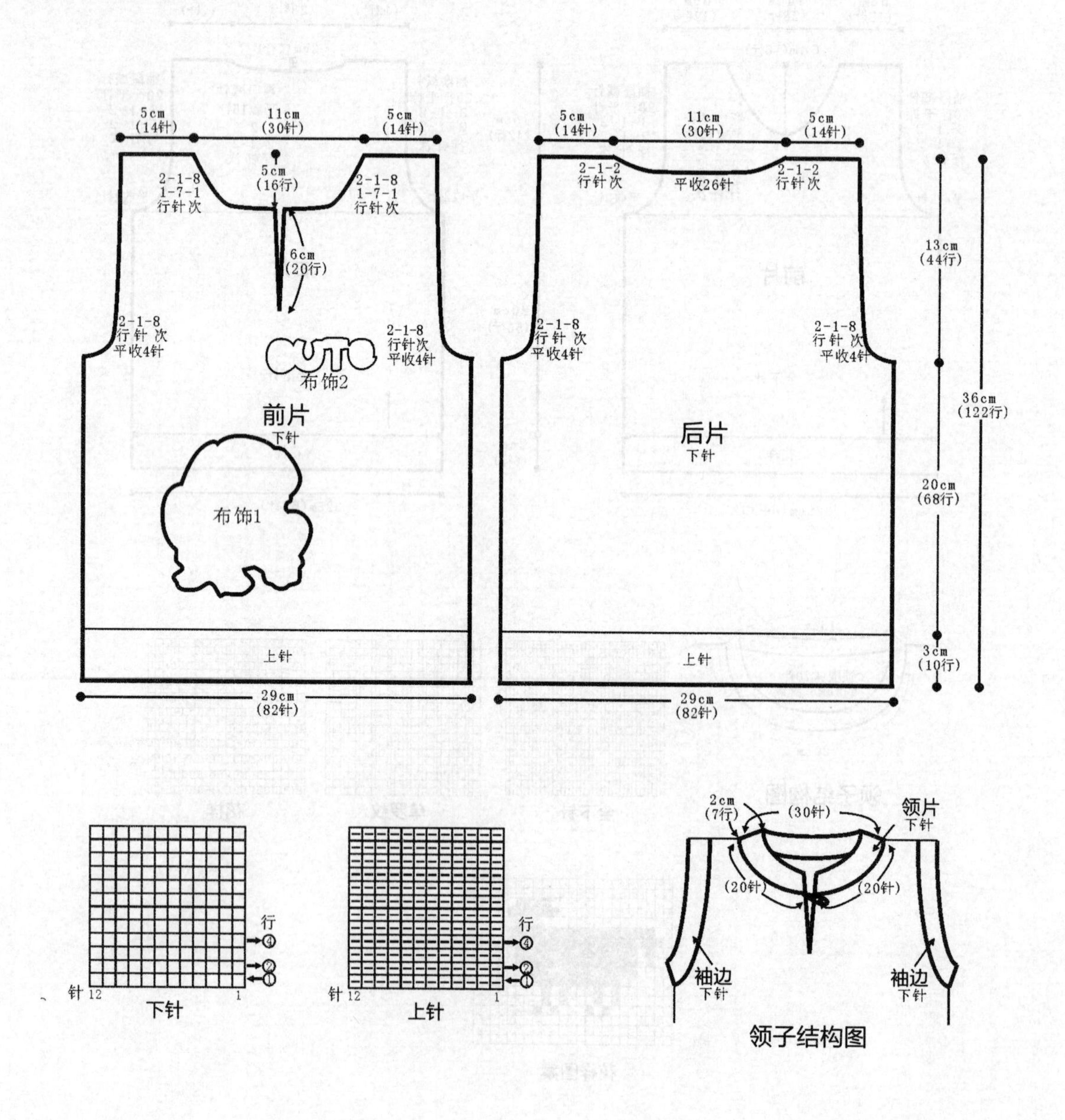

甜美公主小背心

【成品尺寸】衣长 31cm　胸围 52cm
【工具】12 号棒针
【材料】粉红色棉线 250g
【密度】$10cm^2$：27 针 ×34 行

【制作过程】

1. 后片：用粉红色棉线起 70 针，织单罗纹，织 3cm 的高度，改织花样，织至 19cm，两侧各平收 4 针，然后按 2-1-5 的方法袖窿减针，织至 30cm，中间平收 26 针，两侧按 2-1-2 的方法后领减针，最后两肩部各余下 11 针，后片共织 31cm。
2. 前片：用粉红色棉线起 70 针，织单罗纹，织 3cm 的高度，改织花样，织至 19cm，两侧各平收 4 针，然后按 2-1-5 的方法袖窿减针，织至 21.5cm，中间平收 30 针，两侧各余下 11 针继续不加减针往上编织，后片共织 31cm。
3. 袖边：沿袖窿挑起 68 针织搓板针，织 2cm 的宽度。
4. 领子：领圈挑起 112 针织搓板针，环形编织，织 2cm。

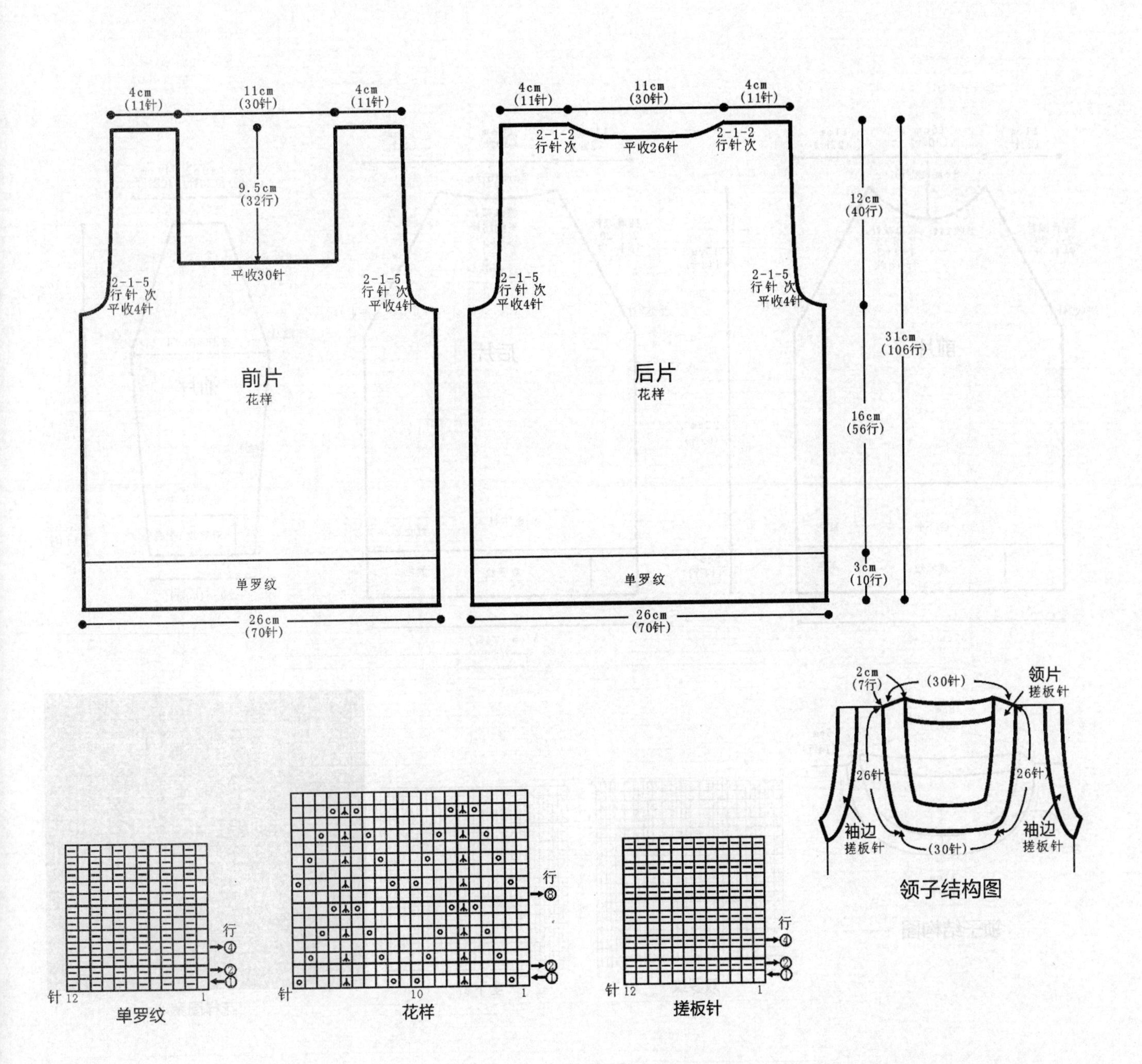

米奇经典毛衣

【成品尺寸】 衣长 42cm　胸围 74cm　袖长 43cm

【工具】 10 号棒针

【材料】 红色羊毛绒线 250g　黑色、灰色羊毛绒线各 100g　白色羊毛绒线少许

【密度】 $10cm^2$：20 针 ×28 行

【制作过程】

1. 前片：用黑色线，按图用一般起针法起 74 针，织 5cm 双罗纹后，改用红色线织全下针，并用白色、黑色、红色线编入花样图案，织至 22cm 时左右两边开始按图收成插肩袖窿，再织 7cm 开领窝，至织完成。
2. 后片：织法与前片一样，只是须按图开领窝。
3. 袖片：用黑色线，按图用一般起针法起 40 针，织 5cm 双罗纹后，改用灰色线织全下针，并用黑色线配色，袖下按图加针，织至 22cm 时按图示均匀减针，收成插肩袖山。
4. 编织结束后，将前后片侧缝、袖子缝合。
5. 领圈用黑色线挑 98 针，织 5cm 双罗纹，形成圆领。

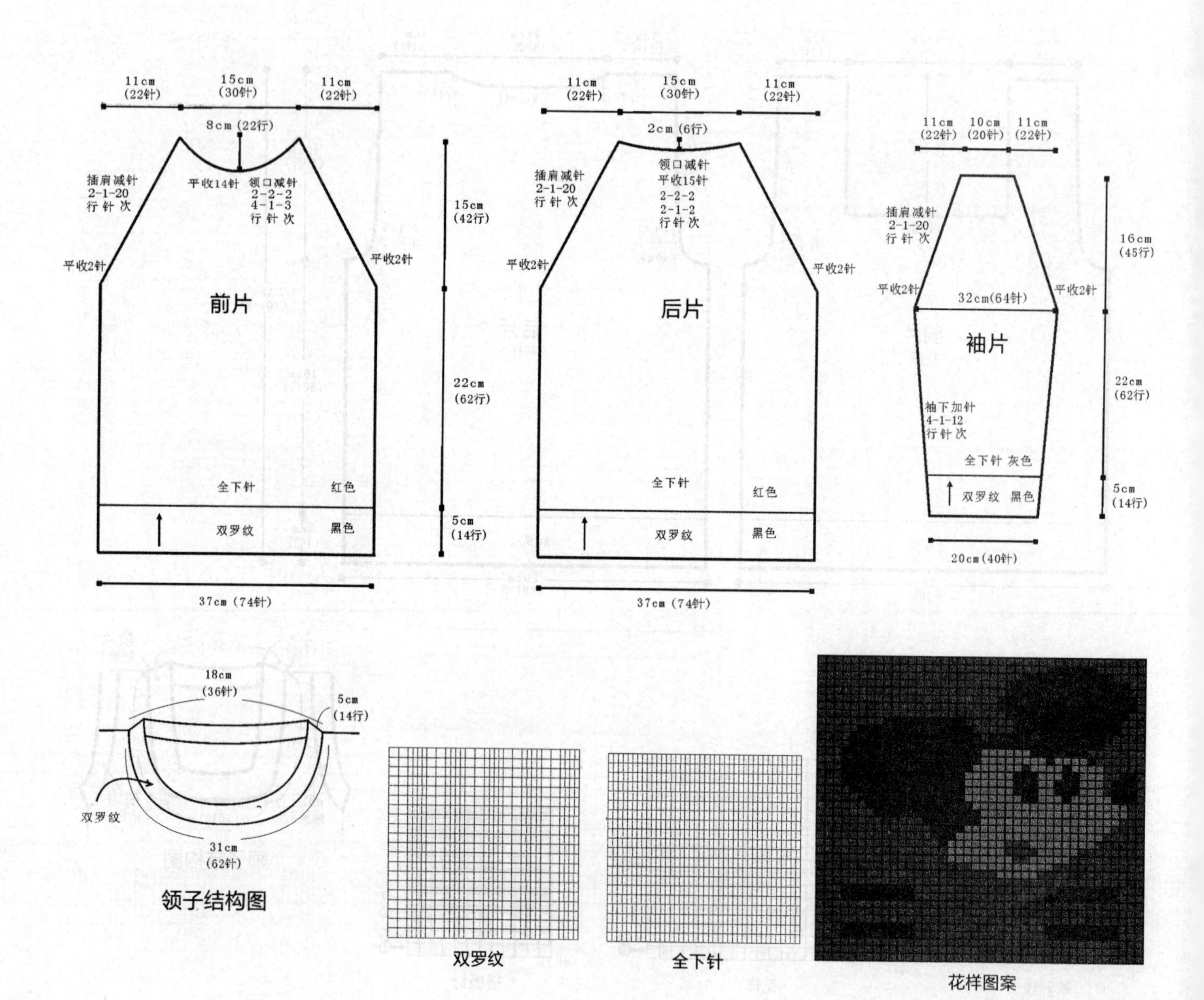

领子结构图

双罗纹

全下针

花样图案

双色套头毛衣

【成品尺寸】衣长 44cm　胸围 74cm　袖长 36cm

【工具】10 号棒针　绣花针

【材料】白色羊毛绒线 250g　棕色羊毛绒线 100g

【密度】10cm^2：20 针 ×28 行

【附件】纽扣 4 枚

【制作过程】

1. 前片：先用棕色线，按图起 74 针，织 8cm 花样后，改织全下针，织至适合长度后，改用白色线继续织，织至 19cm 时左右两边开始按图收成袖窿，再织 9cm 开领窝，肩部织 2cm 双罗纹，织至完成。
2. 后片：分上下片编织，上片按图起 54 针，先织 4cm 双罗纹，再织 5cm 全下针，再改织 2cm 双罗纹。下片先用棕色线按图起 74 针，织 8cm 花样后，改织全下针，并按图间色，织至 19cm 时左右两边开始收成袖窿，织 5cm 后收针。上片叠压下片于缝合线处缝合。
3. 袖片：先用棕色线，按图起 44 针，织 8cm 花样后，改织全下针，袖下按图加针，并间色，织至 22cm 时按图示均匀减针，收成袖山。
4. 编织结束后，将前后片侧缝、袖子缝合。
5. 前后片的肩部重叠后，领圈挑 98 针，用棕色线织 5cm 花样，形成圆领。
6. 装饰：用绣花针，按十字绣的绣法，用棕色线绣上图案。后片衬边另织，缝上纽扣。

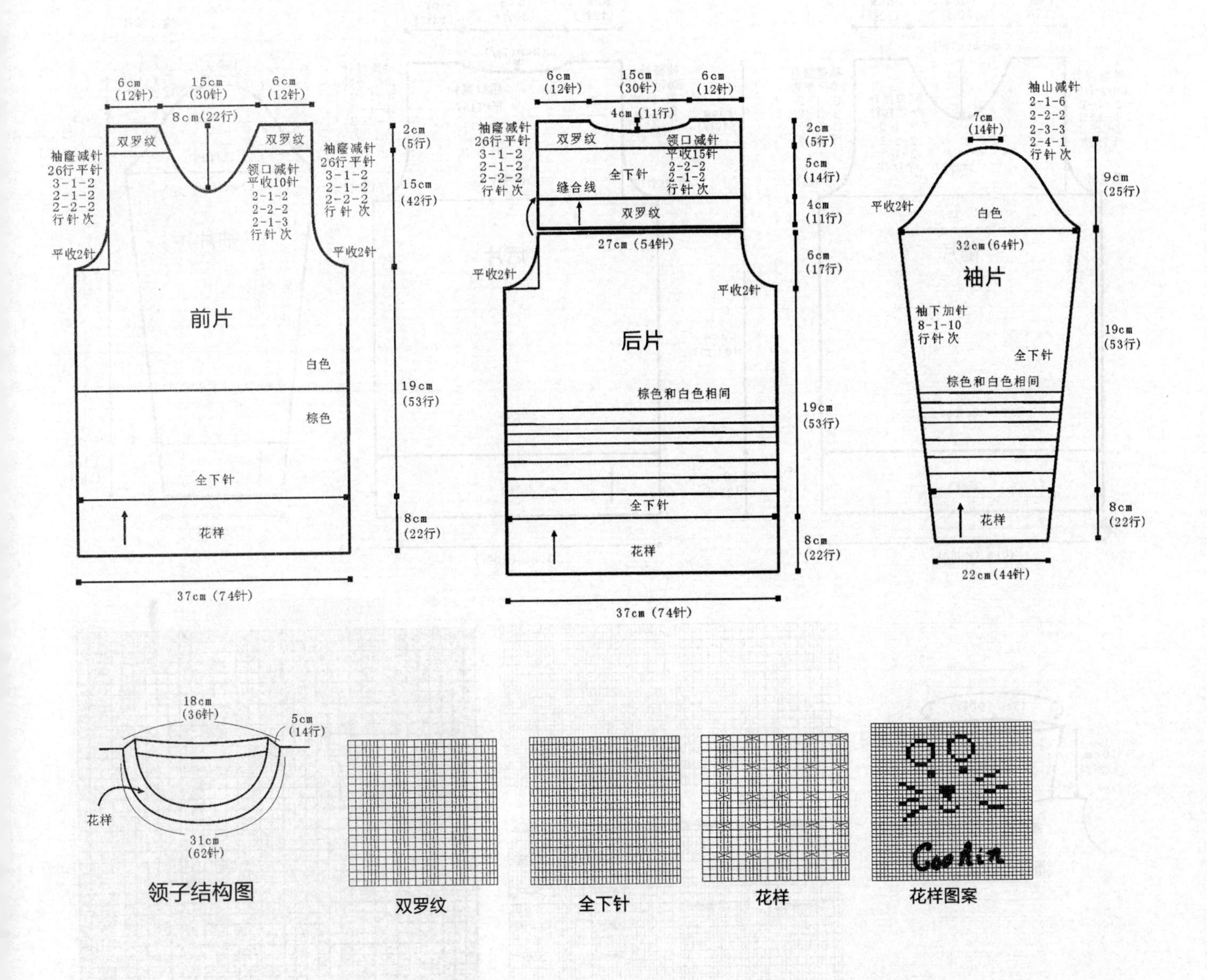

可爱长袖毛衣

【成品尺寸】 衣长 48cm　胸围 80cm　袖长 42cm
【工具】 10 号棒针　绣花针
【材料】 玫红色羊毛绒线 300g　白色、红色、黄色等线各少许
【密度】 10cm²：20 针 ×28 行
【附件】 图案纽扣 2 枚

【制作过程】

1. 前片：用玫红色羊毛绒线按图用机器边起针法起 80 针，织 10cm 花样 A 后，改织全下针，并用白色、红色、黄色线编入花样图案，织至 23cm 时左右两边开始按图收成袖窿，并改织花样 B，再织 9cm 开领窝至织完成。
2. 后片：织法与前片一样，只是须按图开领窝。
3. 袖片：按图用机器边起针法起 48 针，织 10cm 花样 A 后，改织全下针，袖下按图加针，织至 23cm 按图示均匀减针，收成袖山。并改织花样 B。
4. 编织结束后，将前后片侧缝、肩部、袖片缝合。
5. 领圈挑 90 针，织 10cm 双罗纹，形成半高领。
6. 装饰：用绣花针缝上图案纽扣。

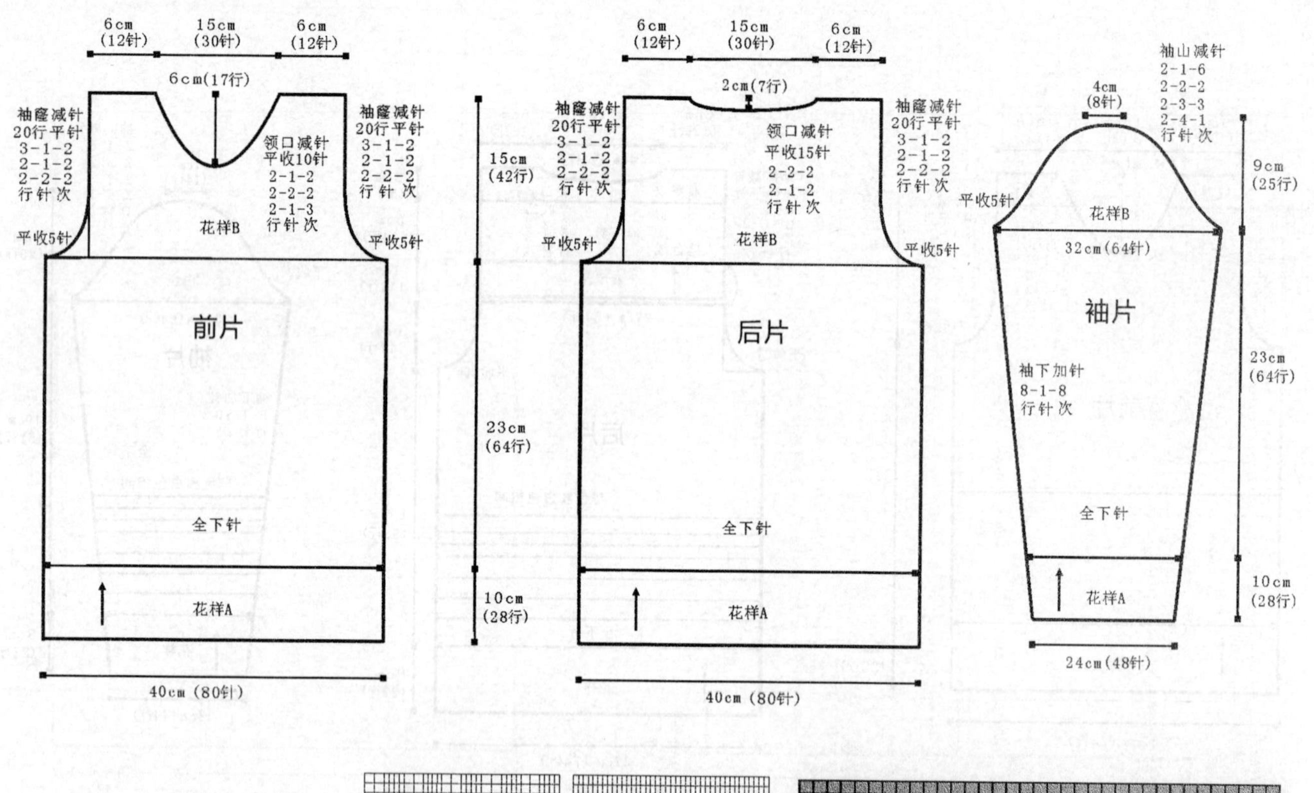

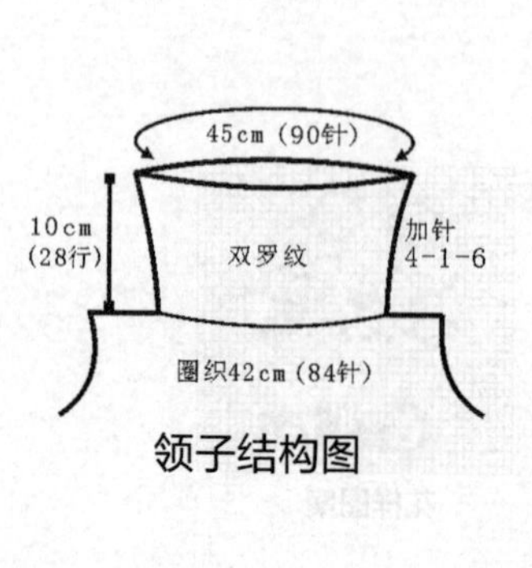

领子结构图

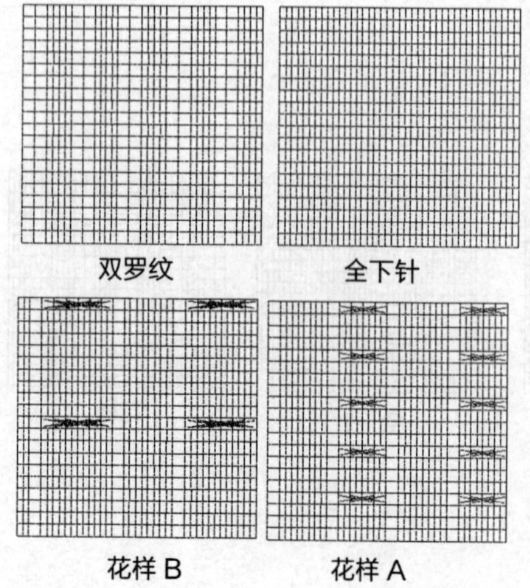
双罗纹　全下针

花样 B　花样 A

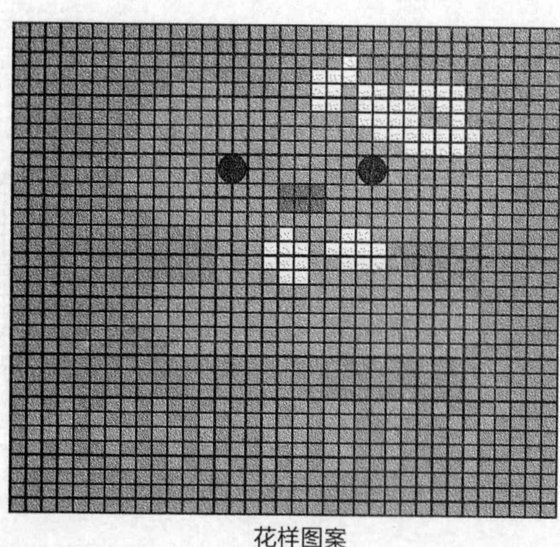
花样图案

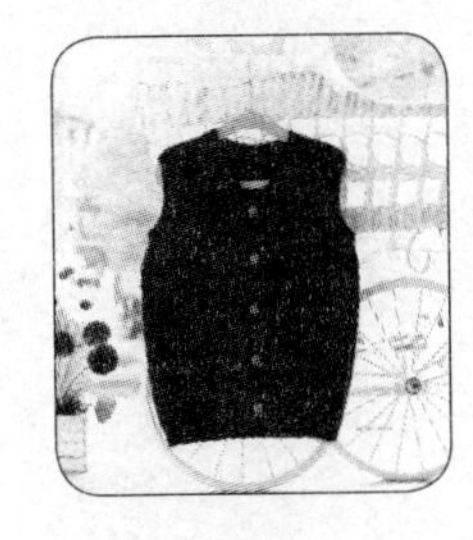

素雅个性马甲

【成品尺寸】 衣长 45cm　胸围 80cm
【工具】 10 号棒针　绣花针
【材料】 枣红色羊毛绒线 250g
【密度】 $10cm^2$：20 针 ×28 行
【附件】 纽扣 5 枚　毛毛球 1 个

【制作过程】

1. 前片：分左、右两片，左前片按图起 40 针，织 4cm 双罗纹后，改织花样，织至 26cm 时左右两边开始按图收成袖窿，再织 9cm 开领窝至织完成，用同样方法对应织右前片。
2. 后片：按图起 80 针，织 4cm 双罗纹后，改织花样，织至 26cm 时左右两边开始按图收成袖窿，再织 13cm 开领窝至织完成。
3. 编织结束后，将前后片侧缝、肩部缝合。门襟挑 84 针，织 4cm 双罗纹。
4. 领圈挑 68 针，织 3cm 双罗纹，形成圆领。
5. 装饰：用绣花针缝上纽扣，领圈衬片另织，与后领圈缝合，缝上毛毛球。

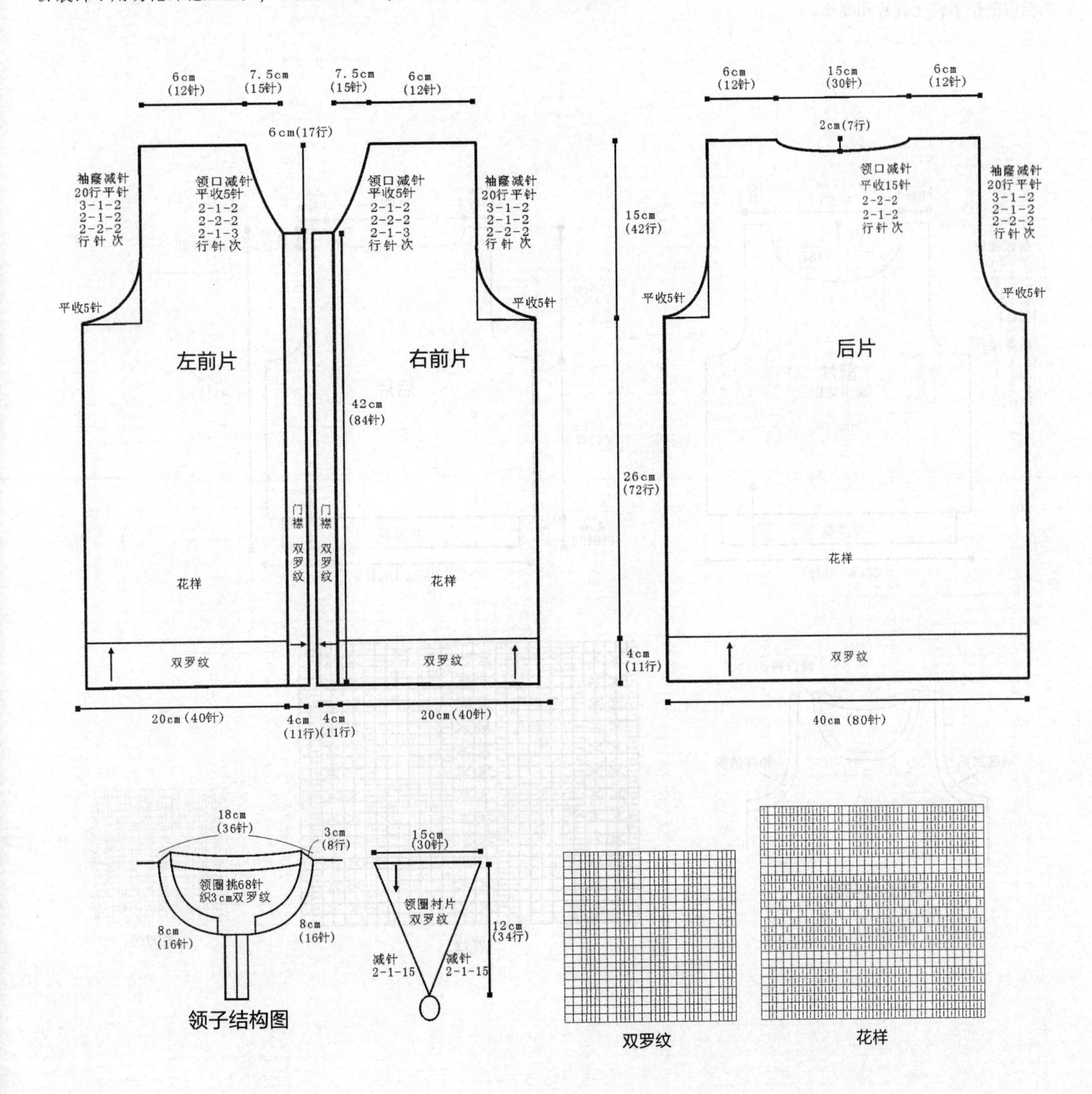

紫色亮片小背心

【成品尺寸】 衣长 35cm　胸围 56cm
【工具】 9 号、10 号棒针　绣花针
【材料】 粉紫色粗棉线 200g
【密度】 $10cm^2$：20 针 ×26 行
【附件】 亮片若干　亮珠若干

【制作过程】

1. 后片：用 10 号棒针和粉紫色粗棉线起 56 针，织单罗纹 4cm，换 9 号棒针织下针，织 16cm 后开始袖窿减针，减针方法见图，织到最后 2cm 时进行后领减针，后领减针按照 2-1-2 方法，如图，肩留 8 针待用。
2. 前片：用 10 号棒针和粉紫色粗棉线起 56 针，织单罗纹 4cm，换 9 号棒针织花样，织至 16cm 时进行袖窿减针，减针方法如图，织到最后 7cm 时进行领口减针，减针方法如图，直到领口收针完成。肩留 8 针，与后片两肩缝合。
3. 缝合前后片的侧缝。
4. 领口、袖窿挑织单罗纹 3cm。
5. 在相应的位置钉上亮片和亮珠。

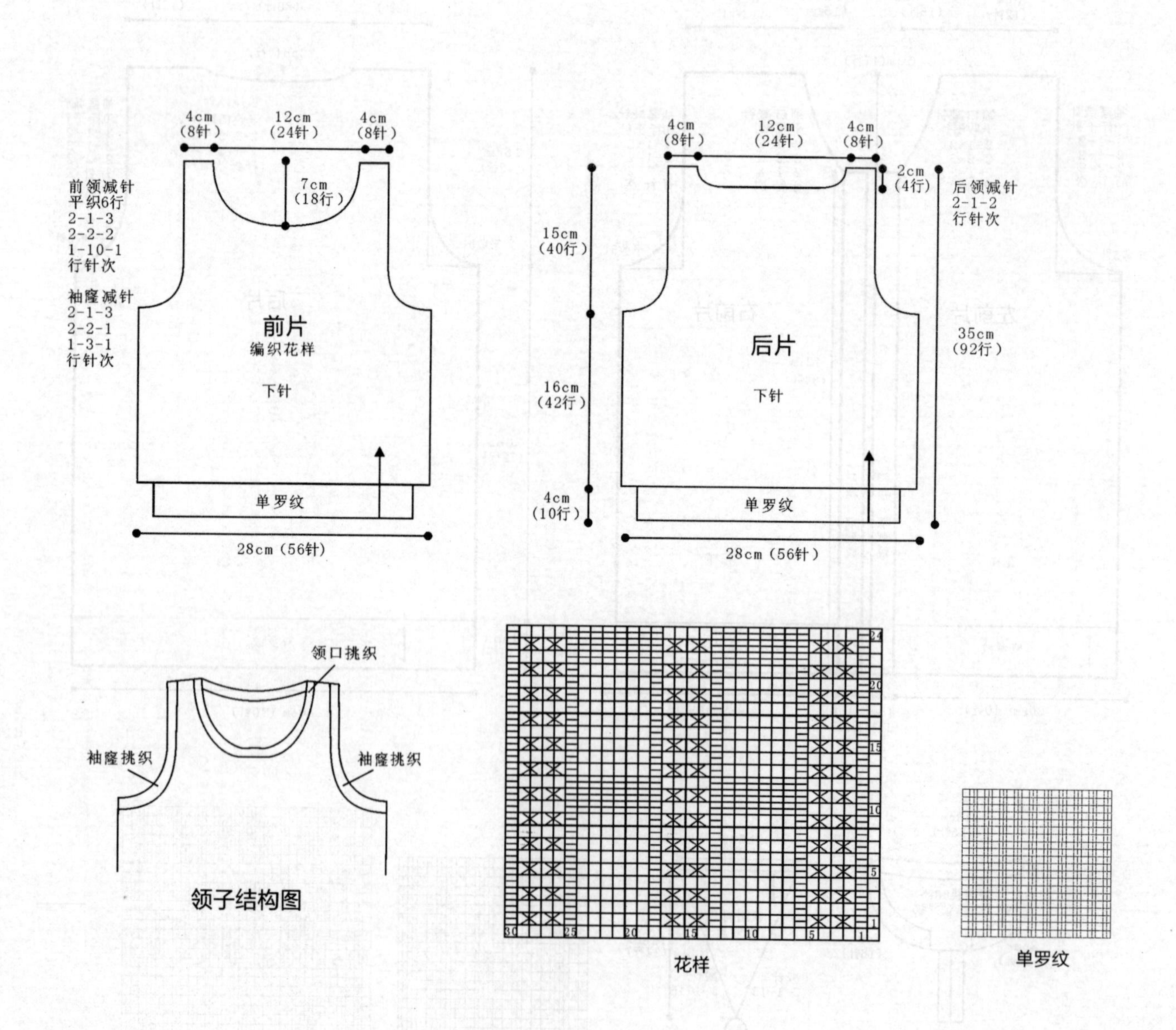